集成式學習

Python實踐！整合全部技術打造最強模型

Hands-On Ensemble Learning with Python

感謝您購買旗標書,
記得到旗標網站
www.flag.com.tw
更多的加值內容等著您…

<請下載 QR Code App 來掃描>

- FB 官方粉絲專頁：旗標知識講堂
- 旗標「線上購買」專區：您不用出門就可選購旗標書！
- 如您對本書內容有不明瞭或建議改進之處，請連上旗標網站，點選首頁的 聯絡我們 專區。

若需線上即時詢問問題，可點選旗標官方粉絲專頁留言詢問，小編客服隨時待命，盡速回覆。

若是寄信聯絡旗標客服 email, 我們收到您的訊息後，將由專業客服人員為您解答。

我們所提供的售後服務範圍僅限於書籍本身或內容表達不清楚的地方，至於軟硬體的問題，請直接連絡廠商。

學生團體　訂購專線：(02)2396-3257 轉 362
傳真專線：(02)2321-2545

經銷商　服務專線：(02)2396-3257 轉 331
將派專人拜訪
傳真專線：(02)2321-2545

國家圖書館出版品預行編目資料

集成式學習：Python 實踐！整合全部技術，打造最強模型 / George Kyriakides , Konstantinos G. Margaritis 著；張康寶 譯. -- 初版. 臺北市：旗標科技股份有限公司, 2022.2　面；公分

ISBN 978-986-312-694-2(平裝)

1. 機器學習 2. 資料探勘

312.831　　110018813

作　　者／George Kyriakides
Konstantinos G. Margaritis

翻譯著作人／旗標科技股份有限公司

發 行 所／旗標科技股份有限公司

台北市杭州南路一段15-1號19樓

電　　話／(02)2396-3257(代表號)

傳　　真／(02)2321-2545

劃撥帳號／1332727-9

帳　　戶／旗標科技股份有限公司

監　　督／陳彥發

執行企劃／李嘉豪

執行編輯／李嘉豪

美術編輯／林美麗

封面設計／林美麗

校　　對／陳彥發、李嘉豪

新台幣售價：750 元

西元 2022 年 2 月 初版

行政院新聞局核准登記-局版台業字第 4512 號

ISBN 978-986-312-694-2

序言

集成式學習（ensemble learning）是使用 2 種或更多的機器學習演算法，來組合出預測能力更好的模型。本書會介紹實務上常見的集成式演算法，並且使用熱門的 scikit-learn、Keras 等 Python 函式庫來實作，建構出一個強大的模型。熟稔本書的內容後，不但可以精通集成式學習，在實際情境中面對問題時，亦能具備充分的專業知識判斷適用的集成式學習方法，並成功實作它們。

書中採用「做中學」的方式，讀者不僅可以快速掌握理論基礎，也能了解各種集成式學習技術的實作，再加上運用真實世界中的資料集，讀者將能夠建立出更佳的機器學習模型，以解決各種問題，包含迴歸（regression）、分類（classification）、分群（clustering）。

本書內容適合資料分析師、資料科學家、機器學習工程師，以及其他尋求使用集成式學習技術來建構先進模型的專業人士。雖然本書會複習一些重要觀念，然而基本的 Python 程式設計經驗，並且了解基礎的機器學習概念是本書的預備知識。此外，讀者需要準備 Python 開發環境，我們推薦使用 Anaconda；若讀者熟悉 Python 的 scikit-learn 模組，將對於學習本書很有助益（但並非必要）。

書中的範例程式碼可以在 **https://www.flag.com.tw/bk/st/F2387** 中下載，讀者可以在上述網站中下載書中圖片的彩色版。

本書主要內容如下：

- 第 1 章，**機器學習的概念**：

  概述機器學習的基本概念，包括訓練資料集、測試資料集、評價指標、監督式、非監督式學習。

- 第 2 章，**初探集成式學習**：

  介紹集成式學習的基本觀念，說明集成式學習能解決的問題以及其所帶來的問題。

- 第 3 章，**投票法**：

  最簡單的集成式學習技術，其中分為硬投票與軟投票。本章會實作自訂的投票法流程，以及直接使用 scikit-learn 中的硬投票、軟投票函式。

- 第 4 章，**堆疊法**：

  堆疊法是一種進階的集成式學習技術，由於 scikit-learn 並沒有提供相關的函式庫，因此本章會帶領讀者建立屬於自己的堆疊函式。

- 第 5 章，**自助聚合法**：

  介紹自助抽樣（bootstrap）的概念，並且應用在集成式學習。本章會講解如何實作集成機制，也會使用 scikit-learn 提供的函式庫。

- 第 6 章，**提升法**：

  討論集成式學習中難度較高的適應提升以及梯度提升演算法。同時也會介紹強大的 XGBoost 梯度提升決策樹函式庫。

- 第 7 章，**隨機森林**：

  探討如何透過特徵的抽樣，來達到集成效果。本章會示範如何使用 scikit-learn 提供的函式，實作隨機森林。

- 第 8 章，**分群**：

  介紹如何把集成式學習的概念用於非監督式學習上，此外我們也會介紹 OpenEnsembles 函式庫使用方法。

- 第 9 章，**檢測詐騙交易**：

  運用前面章節介紹的集成式學習技術，解決真實世界詐騙交易的分類問題。

- 第 10 章，**預測比特幣價格**：

  運用前面章節介紹的集成式學習技術，解決真實世界資料的迴歸問題，同時探討商業問題中，評價指標的設定。

- 第 11 章，**推特 (Twitter) 情感分析**：

  本章說明集成式學習處理真實世界的文字資料集，也會展示怎麼抓取即時的推文，立刻做預測。

- 第 12 章，**推薦電影**：

  本章說明如何應用集成式學習來組合多個神經網路，並且應用在推薦系統上。我們也會在本章解說推薦系統的基本概念。

- 第 13 章，**世界幸福報告分群**：

  最後一章中會使用集成式學習演算法，建立分群模型，來將世界幸福報告中不同國家分門別類。

隨時歡迎您提出寶貴的意見！如果您對本書有任何指教，請上旗標從做中學 AI 的粉絲專頁（https://www.facebook.com/flaglearningbydoing）提問。本書發行後若有任何消息，或是因為後續軟體功能、操作介面、程式版本的變更，導致書中的內容無法適用，會盡可能於敝公司網站（https://www.flag.com.tw/bk/st/F2387）公告。但可能無法即時提供所有最新消息以供解決您遇到的問題，敬請見諒。另若因運用本書而產生直接或間接的損害，作者以及敝公司不負起相關責任，敬請海涵。

接下來，讓我們一起進入集成式學習的世界！

目錄

機器學習基礎知識

非生成式演算法

生成式演算法

Part 4 分群

5 個實務案例

機器學習基礎知識

第一篇我們先複習機器學習的基礎知識，內容包含概述**訓練資料集**（training set）、**測試資料集**（test set）、**監督式學習**（supervised learning）、**非監督式學習**（unsupervised learning）等等。我們也會介紹一些**集成式學習**（ensemble learning）的概念。第一篇包含下列 2 章：

- 第 1 章「機器學習的概念」
- 第 2 章「集成式學習的概念」

機器學習的概念

本章內容

機器學習是**人工智慧**（Artificial Intelligence, AI）的一個子領域，目標是讓電腦能夠自己學習資料中的特性。近年來，由於可用於訓練機器的資料越來越多，使得機器學習技術開始能夠解決困難的問題（**編註：** 像是 DeepMind 集成多個神經網路，預測 Google 資料中心伺服器的溫度，避免儀器過熱而損壞）。機器學習的成功，吸引了許多人投入機器學習函式庫的開發，也使許多企業已經開始意識到機器學習的潛力，因此市場對於資料科學家和機器學習工程師的需求越來越多。

本章將介紹機器學習的一些基本概念，並介紹本書使用的軟體框架，內容如下：

- 各種機器學習問題與資料集
- 如何評估預測模型的效能
- 機器學習演算法
- Python 開發環境設置及所需的函式庫

1.1 資料集

資料（data）即是機器學習的「原料」。經過處理的資料可以提供我們**資訊**（information）。例如，測量部分學生的身高（資料）並計算平均數（處理），可以幫助我們了解全校學生的身高（資訊）。如果我們更進一步處理資料，也許可以獲得更多資訊。比如，將男學生與女學生各分一組，並分別計算平均數，我們可以知道全校男、女學生的身高差異。

機器學習的目標是學習資料中重要的性質，比如，找出學生身高資料中的性質後，可以根據學生的性別，預測學生的身高。機器學習處理的資料稱為**資料集**（dataset），機器學習的輸入變數稱為**特徵**（features），而輸出的預測值要跟**標籤**（labels）比較，判斷是否預測準確。每一個**資料點**（data point）稱為一個**實體**（instance）、或稱一個**樣本**（sample）。上述的範例中，特徵為學生的性別，標籤則是學生的身高，每個學生即是資料集的一個實體。一個機器學習**模型**（model），可以根據特徵，輸出對應的標籤。

當標籤是**數值變數**時，這就是一個**迴歸**（regression）問題，模型會根據特徵，預測標籤應為什麼數值（**編註：** 比如預測溫度）。當標籤是**類別變數**時，這就是一個**分類**（classification）問題，模型嘗試將每一筆資料指定到一個類別項目（**編註：** 比如預測是貓還是狗）。在分類問題中，雖然每個項目可以用一個數值表示，但還是跟迴歸問題不同。透過判斷資料是否可按其標籤排序，可以得知到底是迴歸問題還是分類問題。比如，當標籤是身高，我們可以將學生依身高從大到小排序，所以這是一個迴歸問題。反之，如果標籤是學生最喜歡的顏色，雖然我們可以用不同的數字來代表各種顏色，但數字的先後順序並不具意義。因為假設紅色為 1，藍色為 2，我們不會說藍色大於紅色，所以這是一個分類問題。

我們介紹一些目前熱門的機器學習資料集，全書的各章節都會用到這些資料。

糖尿病資料集

此資料集是 442 名糖尿病患的病程，其中包含 10 個特徵，分別是患者的年齡、性別、身體質量指數（body mass index, BMI）、平均血壓、六個血清量測值（blood serum）等。資料集的標籤是將一年後病程進展量化成數值，由於標籤是可排序的數值，因此這是一個迴歸問題。

在本書中，此資料集的特徵值經過調整，以平均值為中心按比例縮放，使每個特徵（每一欄）的平方和等於 1。下表可見糖尿病資料集的部分樣本：

年齡	性別	身體質量指數	平均血壓	血清量測值 1	血清量測值 2	血清量測值 3	血清量測值 4	血清量測值 5	血清量測值 6	標籤
0.04	0.05	0.06	0.02	-0.04	-0.03	-0.04	0.00	0.02	-0.02	151
0.00	-0.04	-0.05	-0.03	-0.01	-0.02	0.07	-0.04	-0.07	-0.09	75
0.09	0.05	0.04	-0.01	-0.05	-0.03	-0.03	0.00	0.00	-0.03	141
-0.09	-0.04	-0.01	-0.04	0.01	0.02	-0.04	0.03	0.02	0.01	206

乳癌切片資料集

此資料集包含 569 組惡性和良性腫瘤檢體，其中包含從醫學影像中提取的 30 個特徵，如細胞核形狀、大小、和紋理等的 3 個不同數值：平均值、標準誤（standard error）、以及最差（或最大）值。資料集標籤即為診斷結果，也就是腫瘤是惡性還是良性，因此這是一個分類問題。以下列出資料集包含特徵：

- 半徑（radius）平均值、標準誤、最差值
- 紋理（texture）平均值、標準誤、最差值
- 周長（perimeter）平均值、標準誤、最差值
- 面積（area）平均值、標準誤、最差值
- 平滑度（smoothness）平均值、標準誤、最差值
- 緊湊度（compactness）平均值、標準誤、最差值
- 凹度（concavity）平均值、標準誤、最差值
- 凹點（concave points）平均值、標準誤、最差值
- 對稱（symmetry）平均值、標準誤、最差值
- 碎形維度（fractal dimension）平均值、標準誤、最差值

手寫數字資料集

MNIST 手寫數字是機器學習領域常見的影像辨識資料集。每一張影像的特徵是 8 x 8 像素矩陣，每一個像素是 0 到 16 的正整數，影像內容為一個手寫數字。每一張影像的標籤是 0 到 9 的一個數字，因此這是一個分類問題。下圖是手寫數字資料集的部分樣本：

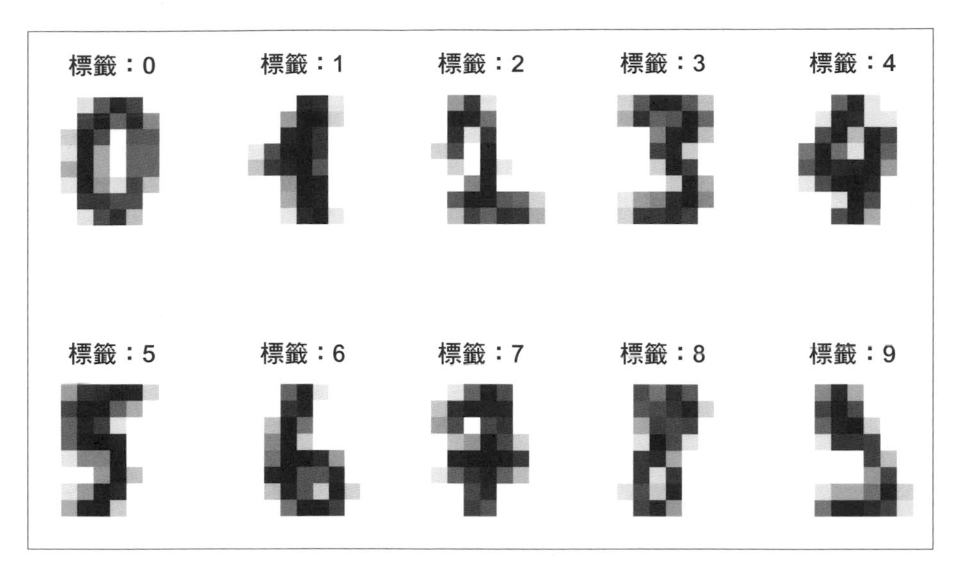

▲ 手寫數字資料集的部分樣本

1.2 監督式學習與非監督式學習

機器學習主要可分為**監督式學習**（supervised learning）與**非監督式學習**（unsupervised learning）。在本節中，我們將介紹一些範例，來說明監督式學習與非監督式學習的差異與應用。

監督式學習

無論是迴歸問題還是分類問題，只要資料集包含特徵與標籤，我們就將這種資料集稱為**標籤資料集**（labeled dataset）。我們嘗試用標籤資料集訓練一個模型，並且使用訓練好的模型來預測僅知特徵、未知標籤的樣本（比如診斷新的腫瘤病例），這樣的應用稱為監督式學習。在簡單的應用中，可以將監督式學習模型**視覺化**（visualize）為一條線：對分類問題，我們要找一條線，來將不同標籤的資料區分開來；對迴歸問題，我們要找一條線，可以將資料點全部連起來。

我們來看一個簡單的迴歸問題。下圖中 x 是特徵、y 是標籤、模型是一個簡單的直線方程式： y=2x-5。從圖中可以看見代表模型的直線方程式很貼近所有資料點，因此如果有一個前所未見的 x 值，我們可以將 x 值代入模型，也就是代入直線方程式，即可計算出預測的 y 值。

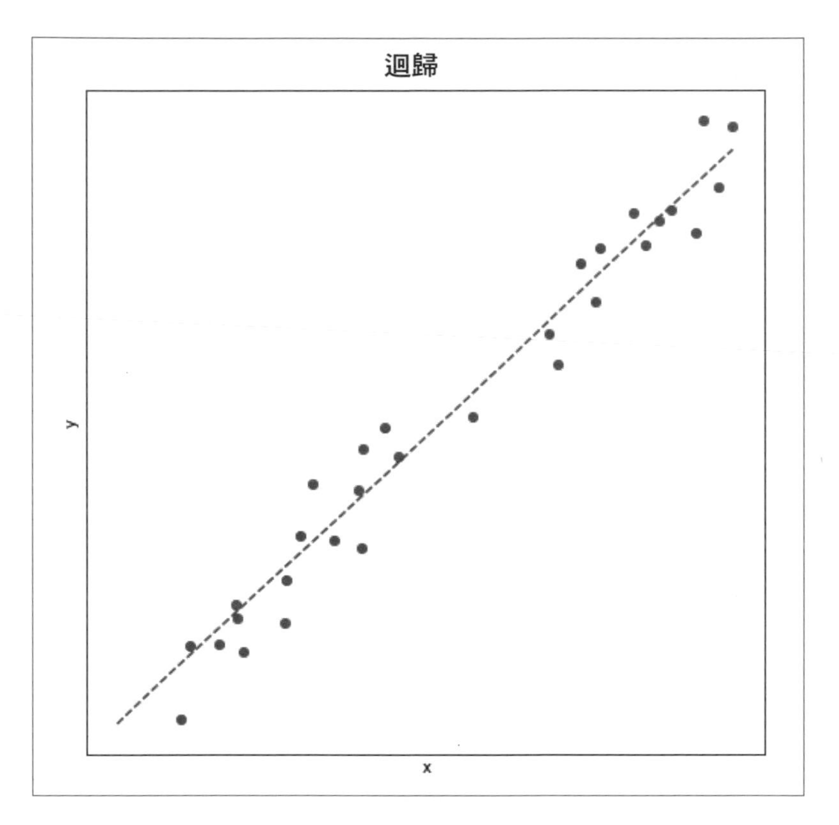

▲ 簡單的迴歸問題

現在我們來看一個簡單的分類問題。下圖中 x 與 y 是特徵、圓點跟叉叉代表不同的標籤、模型一樣是簡單的直線方程式：y=2x-5。不過這次的直線方程式將不同標籤的資料，區分在直線的左上方及右下方。如果有一個前所未見的 x 與 y 值，我們將 x 值代入模型，算出來的結果比 y 值還大，就將該資料標為叉叉；反之，若算出來的結果比 y 值還小，我們就標成圓點。

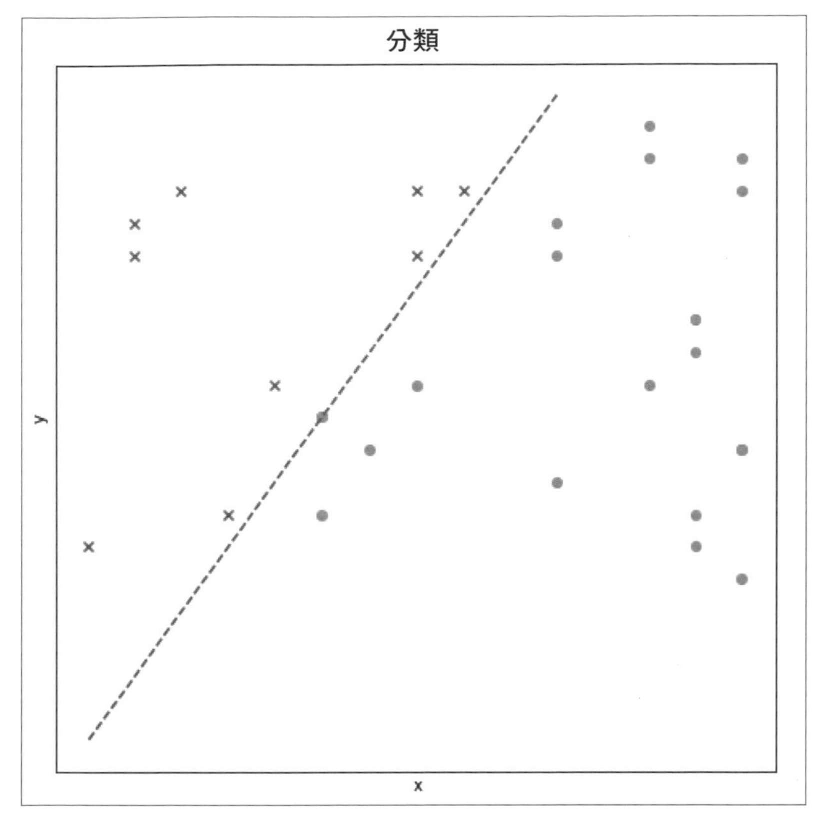

▲ 簡單的分類問題

非監督式學習

在上述迴歸或分類問題中，我們都很清楚知道每一筆資料對應的標籤（**編註：** 知道正確答案）。但有時我們並不知道資料的標籤，在這些情況下，可以利用非監督式學習來找資料的特性，從而發覺有用的資訊。非監督式學習的方法之一是**分群**（clustering），目標是將資料分成不同的子集，同一個子集的資料會類似，不同子集的資料差異較大。下圖是一個具有三個子集的簡單範例，此資料集的特徵是 x 和 y，資料不含標籤。分群演算法找到了三個不同的子集，子集的中心點分別為（0, 0）、（1, 1）、和（2, 2）。

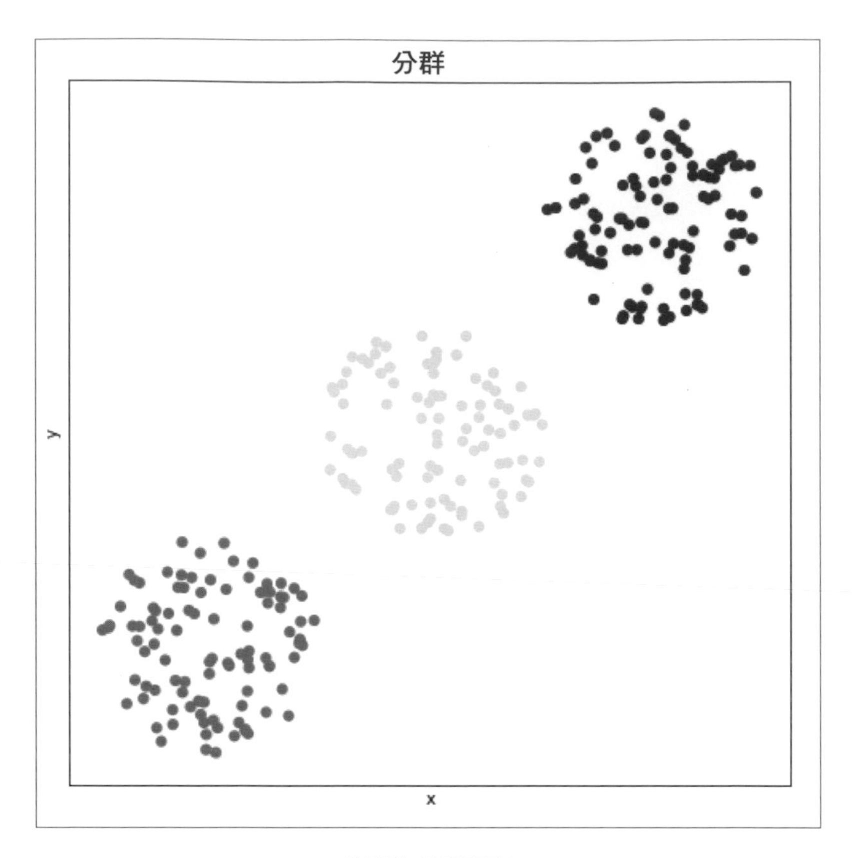

▲ 簡單的分群問題

除了分群之外，非監督式學習的另一種常見的方法是**降維**（dimensionality reduction）。一個資料集的特徵個數稱為資料集的**維度**（dimension），通常特徵之間可能有**相關性**（correlation），或是特徵可能含有**雜訊**（noisy），甚至特徵沒有含有太多資訊。透過降維，我們可以萃取出資料集裡重要的資訊，減少資料集的維度，有助於減少建立模型時所需的運算資源。

降維的另一個用途是將高維度資料**視覺化**（visualization）。舉例來說，使用**t-分佈隨機鄰居嵌入**（t-distributed Stochastic Neighbor Embedding, t-SNE）演算法，我們可以把乳癌切片資料集的維度從 30 降低到 2，如此一來就可以把資料畫在二維平面上，接著判斷降維後的資訊是否足以用來將資料集分為不同的類別。下圖中，我們可以看到 x 與 y 分別是降維後的兩個**成分**（components），而圖形表示資料的類別。透過繪製兩個成分，確實可以看出惡性腫瘤的一些特性，比觀察 30 個特徵還方便。

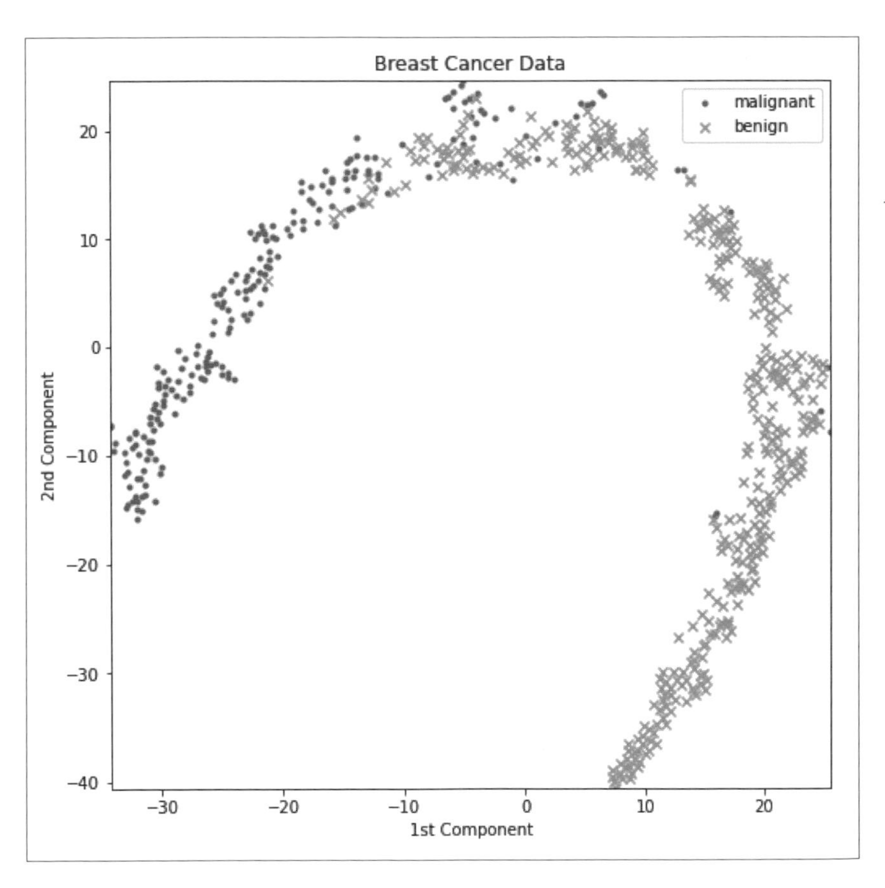

▲ 使用 t-SNE 降低乳癌切片資料集的維度

1.3 效能指標（Performance Measures）

雖然我們可以透過繪製圖表，來觀察模型如何進行預測。即使如此，我們仍然需要定量的指標來更準確地評估模型性能。在本節中，我們介紹**代價函數**（cost functions）與**評價指標**（evaluation metrics），兩者都是用來評估模型的效能。

代價函數

為了評估每種模型的效能，我們可以定義**目標函數**（objective functions）。訂定目標函數的方法之一，是量化模型的**代價**（cost）。可量化的代價包含計算模型的**損失**（loss），或是計算模型的**殘差**（residual）。通常代價函數會看模型預測每一筆資料的狀況，最後給出一個整體的分數。

以下我們將介紹一些常用的代價函數。假設資料集有 n 筆資料，對第 i 筆而言，真實標籤值為 t_i，而模型的預測是 y_i。

平均絕對誤差（Mean Absolute Error, MAE）

此函數計算真實標籤值與模型預測的平均差異絕對值，又稱 **L1 損失**（L1 loss）。計算公式如下：

$$\text{MAE} = \sum_{i=1}^{n} \frac{|y_i - t_i|}{n}$$

均方誤差（Mean Squared Error, MSE）

此指標計算真實標籤值與模型預測的平均差異平方值，又稱 **L2 損失**（L2 loss）。計算公式如下：

$$\mathrm{MSE} = \sum_{i=1}^{n} \frac{(y_i - t_i)^2}{n}$$

二元交叉熵損失（Cross Entropy Loss）

二元交叉熵損失通常用於模型的預測為機率值（數值介於 0 和 1 之間），也就是預測某一筆資料是屬於某一個類別的機率。預測機率與真實標籤值差距越大，則損失會越大。對於類別數只有 2 種的二元分類問題，二元交叉熵損失的計算方式如下：

$$\mathrm{CEL} = \frac{1}{n}\sum_{i=1}^{n} -(t_i \log(y_i) + (1-t_i)\log(1-t_i))$$

小編補充 多元分類的交叉熵損失計算方式

假設資料集有 n 筆資料，m 個類別。當第 i 筆資料屬於類別 m 時，$y_{i,m}$ 為 1，反之為 0。$p_{i,m}$ 代表模型預測第 i 筆資料屬於類別 m 的機率。則交叉熵損失計算方式為：

$$\mathrm{loss} = \frac{1}{n}\sum_{i=1}^{n}\sum_{j=1}^{m} -y_{i,j} \log p_{i,j}$$

評價指標

訓練模型的目標是要對代價函數做最佳化，但是，我們需要有其他指標可以更直覺理解模型效能，因此定義了許多評價指標。以下各節介紹常見的幾種評價指標。

混淆矩陣（Confusion Matrix）

混淆矩陣可以詳細記錄每個類別中，正確或錯誤預測的資料筆數。針對一個類別數只有 2 種的二元分類問題，混淆矩陣的形式如下：

<table>
<tr><th colspan="2" rowspan="2">n = 200</th><th colspan="2">預測</th></tr>
<tr><th>陽性</th><th>陰性</th></tr>
<tr><th rowspan="2">標籤</th><th>陽性</th><td>80</td><td>20</td></tr>
<tr><th>陰性</th><td>30</td><td>70</td></tr>
</table>

此矩陣共有 4 個元素，分別如下：

- **真陽性**（True Positives, TP）：標籤為「陽性」且模型預測為「陽性」。
- **真陰性**（True Negatives, TN）：標籤為「陰性」且模型預測為「陰性」。
- **偽陽性**（False Positives, FP）：標籤為「陰性」但模型預測為「陽性」。
- **偽陰性**（False Negatives, FN）：標籤為「陽性」但模型預測為「陰性」。

準確率（Accuracy）

準確率是分類問題中最容易理解的評價指標，此指標反應出正確預測佔全體資料的百分比。計算方式如下：

$$\text{Accuracy} = \frac{\text{預測正確的資料數}}{\text{總資料數}} = \frac{TP + TN}{TP + TN + FP + FN}$$

需特別注意的是，只有在資料集裡每個類別所包含的資料筆數相近時，這個評價指標才適用。如果資料集的各類別數**不平衡**（unbalanced），則準確率會失去意義。例如，如果資料集有 90% 的 A 類別和 10% 的 B 類別資料，則直接將每一筆資料都預測為 A 類別，模型將會具有 90% 的準確率，但這樣的模型用處不大。

靈敏度（Sensitivity）

靈敏度又稱**召回率**（recall）或**真陽性率**（true positive rate），代表正確預測為陽性的資料數佔所有陽性資料的百分比。計算公式如下：

$$\text{Sensitivity} = \frac{\text{正確預測陽性的資料數}}{\text{陽性的資料總數}} = \frac{TP}{TP + FN}$$

特異性（Specificity）

特異性又稱**真陰性率**（true negative rate），代表正確預測為陰性的資料數佔所有陰性資料的百分比。計算公式如下：

$$\text{Specificity} = \frac{\text{正確預測陰性的資料數}}{\text{陰性的資料總數}} = \frac{TN}{FP + TN}$$

偽陽性率（False Positive Rate）

偽陽性率代表所有的陰性資料中誤判為陽性的比例。計算公式如下：

$$\text{FPR} = \frac{\text{陰性的資料被誤判為陽性個數}}{\text{陰性的資料總數}} = \frac{FP}{FP + TN}$$

曲線下方面積（Area Under the Curve, AUC）

我們可以透過依序調整模型的**閾值**（threshold），計算偽陽性率與靈敏度，來評估模型的預測能力。例如，將模型的閾值設定為 0.05，代表模型預測某一筆資料是陽性的機率大於 0.05，就將該資料判定為陽性，得到所有資料的判定結果後即可計算出偽陽性率與靈敏度；接著將閾值設定為 0.10，依此類推。最後可以畫出如下圖的結果，此圖稱為**接收者操作特性曲線**（Receiver Operating Characteristic, ROC）。

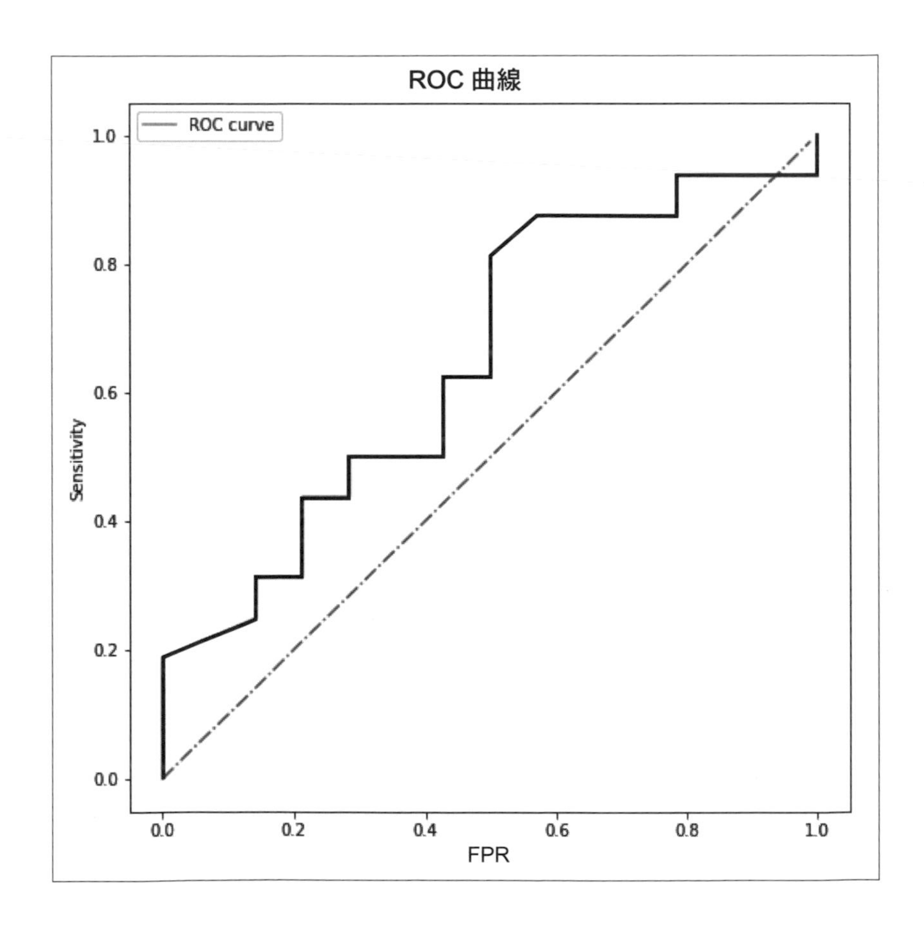

圖中的虛線表示無論標籤是陽性或是陰性，被分類為陽性的機率就是 50%，也就是完全沒有預測能力的模型。實線代表某一個模型的預測能力，當實線越接近圖中的左上角（靈敏度為 1、偽陽性率為 0），也就是曲線下面積越大，代表模型預測能力越好。如果曲線的位置在虛線以下，則意味該模型的效能比隨機預測還要差。

精確率（Precision）

精確率代表代表所有預測為陽性的資料中，標籤真正是陽性的百分比。計算公式如下：

$$\text{Precision} = \frac{\text{標籤是陽性的資料數}}{\text{預測是陽性的資料總數}} = \frac{TP}{TP + FP}$$

F1 分數（F1-score）

精確率與召回率的**幾何平均**（harmonic mean）稱為 F1 分數。幾何平均受到精確率和召回率的不平衡影響較大，比如精確率遠小於召回率，則 F1 分數會明顯下降。F1 分數計算公式如下：

$$\text{F1} = \frac{2 \times \text{Precision} \times \text{Recall}}{\text{Precision} + \text{Recall}}$$

> **編註** 精確率與召回率互為取捨（trade-off）的關係，如果不看其中一方，就有機會讓另一方的數值趨近於 1。若要同時考慮精確率與召回率，通常會選擇 F1 分數。

1.4 模型驗證（Validation）

有些問題，即便有測試資料集，但可能沒有含標籤，無法得知模型面對不曾看過的資料，是否有好的表現。此時為了要驗證模型，解決方法之一便是將具有標籤的資料集分為訓練資料集跟**驗證資料集**（validation dataset），建立模型的時候只使用訓練資料集，當模型訓練完成後，可以使用驗證資料集來確認模型對未曾看過的資料的預測能力。來避免訓練模型的演算法產生一個在訓練資料集上表現良好的模型（**樣本內效能**，in-sample performance），但同樣的模型不能在其他資料上表現良好（**樣本外效能**，out-of-sample performance），這又稱為模型的**普適性**（generalization）不足。影響模型普適性的因素很多，我們將在下一章提及。當發生普適性不足的問題時，有些時候可以運用集成方法解決，但如果資料本身品質就不佳，集成方法可能也無法解決問題。

為了獲得較好的驗證結果，有時我們會將資料分割 K 個子集，每次都使用一個子集作為驗證資料集，其餘作為訓練資料集，這個方法稱 **K 折交叉驗證**（K-fold cross validation）。比如將資料分為 10 個子集，讓每一個子集都輪流當過一次驗證資料集，最後計算 10 次平均的分數，即為 10 折交叉驗證。

1.5 機器學習演算法

本節我們將介紹每種常用的機器學習演算法，以及背後的關鍵概念，並且使用 Python 函式庫實作。

實作環境設置

Python 的函式庫提供了便捷且經過測試的程式碼，可以方便進行機器學習建模。在本書中，我們將使用 Python 的以下函式庫： NumPy 提供高速的數值運算與矩陣實作；Pandas 有方便的資料處理函式；Matplotlib 可以視覺化資料；scikit-learn 包含機器學習演算法函式；Keras 框架提供建構神經網路的函式，事實上 Keras 的後台運算是 TensorFlow 框架。Python 以及上述函式庫的版本如下：

- **Python**：3.7.10
- **numpy**：1.19.5
- **pandas**：1.3.3
- **scikit-learn**：0.23.2
- **matplotlib**：3.4.3
- **Keras**：2.6.2

小編補充 讀者可以使用以下程式碼來檢查自己環境的函式庫版本

```
import sys
import numpy
import pandas as pd
import sklearn
import matplotlib
import keras
print("Python version:", sys.version)
print("Numpy version:", numpy.version.version)
print("Pandas version:", pd.__version__)
print("Scikit-learn version:", sklearn.__version__)
print("Matplotlib version:", matplotlib.__version__)
print("Keras version:", keras.__version__)
```

監督式學習實作範例

監督式學習用來處理已知答案的資料，也就是說，每個資料點都有一個對應的答案，而我們希望根據資料特徵來預測答案。

線性迴歸問題

迴歸是常見的機器學習演算法。例如，使用**一般最小平方法**（Ordinary Least Squares, OLS）來**擬合**（fit）資料，以找到模型 y=ax+b 中最佳的 a 與 b 參數，使用代價函數為均方誤差。以下的範例中，我們可以用 scikit-learn 裡的 OLS 函式來預測糖尿病患者一年後病程進展，資料來源為 scikit-learn 內建的資料集。程式第 1 部分載入函式庫與資料集，我們使用 linear_model 裡的 LinearRegression 函式來建模。

```
# ---第 1 部分---
# 載入函式庫與資料集
from sklearn.datasets import load_diabetes
from sklearn.linear_model import LinearRegression
from sklearn import metrics
diabetes = load_diabetes()
```

第 2 部分把資料集分割為訓練資料集與驗證資料集。在這個例子中，我們將前 400 筆資料作為訓練資料集，將剩下的 42 筆資料做為驗證資料集。

```
# ---第 2 部分---
# 把資料分為訓練資料集與驗證資料集
train_x, train_y = diabetes.data[:400], diabetes.target[:400]
test_x, test_y = diabetes.data[400:], diabetes.target[400:]
```

第 3 部分先初始化一個線性迴歸模型 ols = LinearRegression()。接下來我們要找到模型中最佳的參數，也就是將模型對訓練資料集做擬合：ols.fit(train_x, train_y)。最後用 metrics 套件來計算模型在驗徵資料集上的均方誤差以及決定係數（coefficient of determination, R^2 ）。

```
# ---第 3 部分---
# 初始化、訓練並評估模型
ols = LinearRegression()
ols.fit(train_x, train_y)
err = metrics.mean_squared_error(test_y, ols.predict(test_x))
r2 = metrics.r2_score(test_y, ols.predict(test_x))
```

小編補充 決定係數的意義與計算

- **第一步**：先算出「所有資料的被解釋變數（Y）的平均數」，接著將「每一筆資料的被解釋變數」減去「被解釋變數的平均數」再「平方」，最後「加總」。
- **第二步**：計算「每一筆資料的被解數變數值」減去「每一筆資料的解釋變數（X）值帶入模型後得到的預測值」再「平方」，最後「加總」。
- **第三步**：將「第二步計算出來的值」除以「第一步計算出來的值」。
- **第四步**：1 減去「第三步計算出來的值」，就得到決定係數了。

從上述的計算步驟可以得知，如果模型的預測值跟答案越相似，第二步算出來的數字就會很小，因此第三步的數字也會很小，最後第四步的數字就會很大。因此，決定係數越大，代表模型越好。

最後一部分的程式碼，我們將訓練結果印出來。

```
# ---第 4 部分---
# 顯示模型訓練結果
print('---OLS on diabetes dataset---')
print('Coefficients:')
print('Intercept(b): %.2f'%ols.intercept_)
for i in range(len(diabetes.feature_names)):
    print(diabetes.feature_names[i]+': %.2f'%ols.coef_[i])
print('-'*30)
print('R-squared: %.2f'%r2, ' MSE: %.2f \n'%err)
```

程式碼的輸出如下：

```
---OLS on diabetes dataset---
Coefficients:
Intercept (b): 152.73
age:    5.03
sex:    -238.41
bmi:    521.63
bp: 299.94
s1: -752.12
s2: 445.15
s3: 83.51
s4: 185.58
s5: 706.47
s6: 88.68
------------------------------
R-squared: 0.70  MSE: 1668.75
```

編註 關於 Python 的語法，以及 Python 建立機器學習模型的細節，可以參考旗標出版的「Python 技術者們 - 實踐！帶你一步一腳印由初學到精通 第二版」。

應用邏輯斯迴歸處理分類問題

邏輯斯迴歸（logistic regression）可以處理某一筆資料是屬於哪一個類別的分類問題，實作方式是將模型 $y = \frac{1}{1+\exp(-(a+bx))}$ 對資料做擬合後，找到模型中最佳的 a 與 b 參數。我們可以使用 scikit-learn 提供的 LogisticRegression 函式，處理乳癌切片資料集。以下的程式碼與之前的類似，差異主要只在改用混淆矩陣來評估模型。

```
# ---第 1 部分---
# 載入函式庫與資料集
from sklearn.linear_model import  LogisticRegression
from sklearn.datasets import load_breast_cancer
from sklearn import metrics
bc = load_breast_cancer()

# ---第 2 部分---
# 把資料分為訓練資料集與驗證資料集
train_x, train_y = bc.data[:400], bc.target[:400]
test_x, test_y = bc.data[400:], bc.target[400:]

# ---第 3 部分---
# 初始化、訓練並評估模型
logit = LogisticRegression(solver = 'liblinear',
                           random_state = 0)
logit.fit(train_x, train_y)
acc = metrics.accuracy_score(test_y, logit.predict(test_x))

# ---第 4 部分---
# 顯示模型訓練結果
print('---Logistic Regression on breast cancer dataset---')
print('Coefficients:')
print('Intercept(b): %.2f'%logit.intercept_)
for i in range(len(bc.feature_names)):
    print(bc.feature_names[i]+': %.2f'%logit.coef_[0][i])
print('-'*30)
print('Accuracy: %.2f \n'%acc)
print(metrics.confusion_matrix(test_y, logit.predict(test_x)))
```

程式輸出結果：

```
---Logistic Regression on breast cancer dataset---
Coefficients:
Intercept(b): 0.31
mean radius: 1.70
mean texture: 0.02
mean perimeter: 0.22
mean area: -0.01
mean smoothness: -0.11
```

接下頁

```
mean compactness: -0.31
mean concavity: -0.43
mean concave points: -0.24
mean symmetry: -0.12
mean fractal dimension: -0.02
radius error: -0.00
texture error: 1.03
perimeter error: -0.10
area error: -0.09
smoothness error: -0.01
compactness error: -0.01
concavity error: -0.04
concave points error: -0.03
symmetry error: -0.03
fractal dimension error: 0.00
worst radius: 1.27
worst texture: -0.33
worst perimeter: -0.28
worst area: -0.02
worst smoothness: -0.19
worst compactness: -0.99
worst concavity: -1.24
worst concave points: -0.48
worst symmetry: -0.44
worst fractal dimension: -0.10
------------------------------
Accuracy: 0.95

[[ 38   1]
 [  8 122]]
```

此模型在驗證資料集上的準確率為 95%，算是相當好。而且混淆矩陣也顯示，模型並沒有因為良性的資料比較多，就全部預測良性。

n = 169		預測	
		惡性	良性
標籤	惡性	38	1
	良性	8	122

之後的章節裡，我們將學習如何使用集成方法來進一步提高分類的準確率。

支援向量機（Support Vector Machines, SVM）

支援向量機是利用每個類別最邊緣的資料點，或稱為**支援向量**（support vectors），來定義一個**分離超平面**（separating hyperplane）。SVM 的目標是找到一個分離超平面，可以最大化支援向量間的距離，或稱**邊界**（margin）。比如，在 2 個特徵的資料中，分離超平面即是一條線，SVM 就是找一條線，讓線到不同標籤的資料距離最大。SVM 可以使用**核技巧**（kernel trick）將資料轉換到高維度的空間中，使得無法**線性分離**（linearly separable）的資料在高維空間中變成線性可分離。

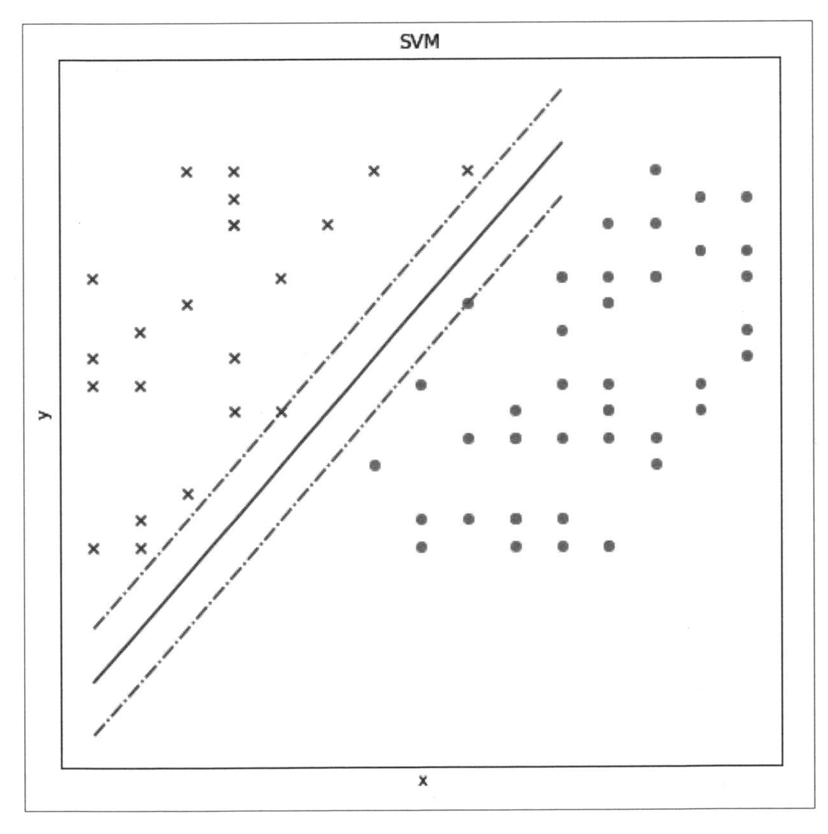

▲ SVM 邊界與支援向量

如果您想更深入了解核技巧，請參考以下連結：

https://en.wikipedia.org/wiki/Kernel_method#Mathematics:_the_kernel_trick

scikit-learn 中實作 SVM 處理分類問題要使用 sklearn.svm.SVC；處理迴歸問題則使用 sklearn.svm.SVR。我們使用 SVM 來處理糖尿病患資料集上，可以得到模型的決定係數為 0.71、均方誤差為 1622.36，比線性模型略佳。

```
# ---第 1 部分---
# 載入函式庫與資料集
from sklearn.datasets import load_diabetes
from sklearn.svm import SVR
from sklearn import metrics
diabetes = load_diabetes()

# ---第 2 部分---
# 把資料分為訓練資料集與驗證資料集
train_x, train_y = diabetes.data[:400], diabetes.target[:400]
test_x, test_y = diabetes.data[400:], diabetes.target[400:]

# ---第 3 部分---
# 初始化、訓練並評估模型
svm = SVR(kernel = 'linear', C = 1e3)
svm.fit(train_x, train_y)
err = metrics.mean_squared_error(test_y, svm.predict(test_x))
r2 = metrics.r2_score(test_y, svm.predict(test_x))

# ---第 4 部分---
# 顯示模型訓練結果
print('---SVM on diabetes dataset---')
print('Coefficients:')
print('Intercept(b): %.2f'%svm.intercept_)
for i in range(len(diabetes.feature_names)):
    print(diabetes.feature_names[i]+': %.2f'%svm.coef_[0][i])
print('-'*30)
print('R-squared: %.2f'%r2, ' MSE: %.2f \n'%err)
```

接下頁

輸出

```
---SVM on diabetes dataset---
Coefficients:
Intercept(b): 149.23
age: -4.20
sex: -290.10
bmi: 430.60
bp: 387.09
s1: -133.86
s2: -72.82
s3: -184.98
s4: 106.40
s5: 476.10
s6: 80.63
-------------------------------
R-squared: 0.71  MSE: 1622.36
```

以下範例程式是使用 SVM 處理乳癌切片資料集，程式以及執行結果如下。

```
# ---第 1 部分---
# 載入函式庫與資料集
from sklearn.svm import SVC
from sklearn.datasets import load_breast_cancer
from sklearn import metrics
bc = load_breast_cancer()

# ---第 2 部分---
# 把資料分為訓練資料集與驗證資料集
train_x, train_y = bc.data[:400], bc.target[:400]
test_x, test_y = bc.data[400:], bc.target[400:]

# ---第 3 部分---
# 初始化、訓練並評估模型
svm = SVC()
svm.fit(train_x, train_y)
acc = metrics.accuracy_score(test_y, svm.predict(test_x))
```

接下頁

```
# ---第 4 部分---
# 顯示模型訓練結果
print('---SVM on breast cancer dataset---')
print('Accuracy: %.2f \n'%acc)
print(metrics.confusion_matrix(test_y, svm.predict(test_x)))
```

程式執行結果跟邏輯斯迴歸差不多，準確率可以到 95%。

```
---SVM on breast cancer dataset---
Coefficients:
Intercept(b): 15.30
mean radius: 0.73
mean texture: 0.07
mean perimeter: 0.06
mean area: -0.00
mean smoothness: -0.13
mean compactness: -0.11
mean concavity: -0.36
mean concave points: -0.17
mean symmetry: -0.11
mean fractal dimension: -0.01
radius error: -0.03
texture error: 0.93
perimeter error: -0.11
area error: -0.08
smoothness error: -0.02
compactness error: 0.09
concavity error: -0.03
concave points error: -0.03
symmetry error: -0.02
fractal dimension error: 0.02
worst radius: 0.35
worst texture: -0.35
worst perimeter: -0.21
worst area: -0.01
worst smoothness: -0.30
worst compactness: -0.58
worst concavity: -1.54
worst concave points: -0.47
worst symmetry: -0.39
```

接下頁

```
worst fractal dimension: -0.08
Accuracy: 0.95

[[ 39   0]
 [  9 121]]
```

n = 169		預測	
		惡性	良性
標籤	惡性	39	0
	良性	9	121

小編補充 SVM 模型的超參數

SVM 模型的超參數 C 是常規化的強度，數值越大越能避免模型過度配適 (overfitting)，但也會造成模型準確率下降。超參數 kernel 是將資料轉換到高維空間的演算法，選擇 linear 其實就是只用線性轉換，此時可以透過 coef_ 來查看訓練後模型的參數。

神經網路（Neural Network）

神經網路是由許多以分層形式連接的**神經元**（neurons）或**計算模組**（computational modules）所組成，資料餵給神經網路的**輸入層**（input layer），經過多個**隱藏層**（hidden layers）中的神經元運算，**輸出層**（output layer）就會產生預測的結果。

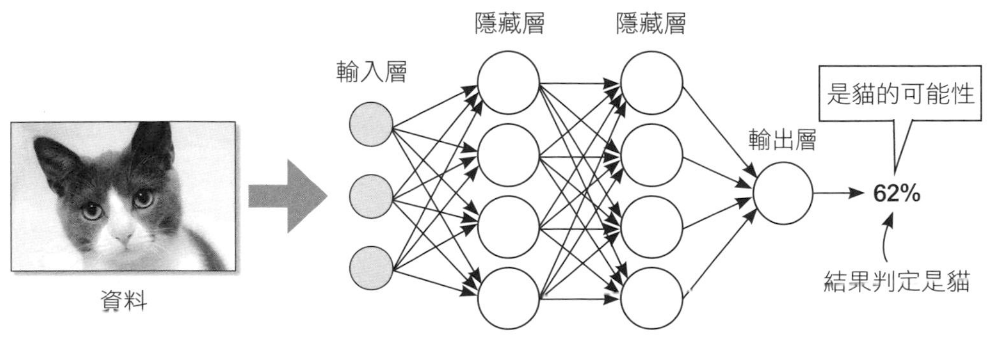

▲ 神經網路

神經網路的基本架構是**前饋式神經網路**（feed-forward neural network）：屬於同一層的神經元並不相互連接，而是只接收前一層神經元的輸出，拿來作運算，再傳遞給後一層神經元。每個神經元可以接收數個前一層神經元的輸出值，其中神經元的輸出值都會先乘以特定的**權重**（weight）、再加上**偏值**（bias），最後加總並通過**激活函數**（activation function），才會做為下一層神經元的輸入。以下是一些常見的激活函數：

Sigmoid	雙曲正切函數（Tanh）	整流線性單元（Rectified Linear Unit, ReLU）	線性（Linear）
$f(z)=\frac{1}{1+e^{-z}}$	$f(z)=\frac{e^{z}+e^{-z}}{e^{z}+e^{-z}}$	$f(z)=\max(0,z)$	$f(z)=z$

我們訓練神經網路的目標即是要優化每個神經元的**參數**（parameter），也就是權重跟偏值，使代價函數降至最低。神經網路用於迴歸問題時，輸出層只有一個神經元；用於分類問題時，輸出層的神經元個數通常等於類別的個數。有許多可用於神經網路的優化演算法，又稱為**優化器**（optimizer），比如常見的**隨機梯度下降法**（stochastic gradient descent, SGD），這是用代價函數**梯度**（gradient，又稱為**一階導數**，first derivative）乘上**學習率**（learning rate）後的值來更新參數。基於此方法的改進演算法如考慮**二階導數**（second derivative）、動態調整學習率、或者使用先前參數變化的**動量**（momentum）來更新參數。

神經網路的已經發展很久，但是近年來隨著**深度學習**（deep learning）的出現，神經網路變得非常熱門。現代的神經網路架構包含**卷積層**（convolutional layers）：輸出值是來自輸入值跟參數矩陣作**卷積**（convolutions）；**最大池化層**（max pooling layers）：輸出值來自部分輸入值取最大值；**循環層**（recurrent layers）：當前的輸出值由當前的輸入值以及過去的輸出值共同決定。

我們可以使用 scikit-learn 的 sklearn.neural_network 來建立神經網路模型，以下範例為神經網路處理糖尿病患資料集。我們使用 MLPRegressor 並搭配隨機梯度下降法優化器，最後可以得到的決定係數為 0.69，以及均方誤差為 1694.53。

```
# ---第 1 部分---
# 載入函式庫與資料集
from sklearn.datasets import load_diabetes
from sklearn.neural_network import MLPRegressor
from sklearn import metrics
diabetes = load_diabetes()

# ---第 2 部分---
# 把資料分為訓練資料集與驗證資料集
train_x, train_y = diabetes.data[:400], diabetes.target[:400]
test_x, test_y = diabetes.data[400:], diabetes.target[400:]

# ---第 3 部分---
# 初始化、訓練並評估模型
mlpr = MLPRegressor(solver = 'sgd', random_state = 0)
mlpr.fit(train_x, train_y)
err = metrics.mean_squared_error(test_y, mlpr.predict(test_x))
r2 = metrics.r2_score(test_y, mlpr.predict(test_x))

# ---第 4 部分---
# 顯示模型訓練結果
print('---NN on diabetes dataset---')
print('-'*30)
print('R-squared: %.2f'%r2, ' MSE: %.2f \n'%err)
```

輸出

```
---NN on diabetes dataset---
R-squared: 0.69  MSE: 1694.53
```

對於乳癌切片資料集，我們採用的神經網路搭配**限制記憶體 BFGS**（Limited-memory Broyden－Fletcher－Goldfarb－Shanno, LBFGS）優化器，可以得到 90% 的分類準確率。

```
# ---第 1 部分---
# 載入函式庫與資料集
from sklearn.neural_network import MLPClassifier
from sklearn.datasets import load_breast_cancer
from sklearn import metrics
bc = load_breast_cancer()

# ---第 2 部分---
# 把資料分為訓練資料集與驗證資料集
train_x, train_y = bc.data[:400], bc.target[:400]
test_x, test_y = bc.data[400:], bc.target[400:]

# ---第 3 部分---
# 初始化、訓練並評估模型
mlpc = MLPClassifier(solver = 'lbfgs', random_state = 0)
mlpc.fit(train_x, train_y)
acc = metrics.accuracy_score(test_y, mlpc.predict(test_x))

# ---第 4 部分---
# 顯示模型訓練結果
print('---NN on breast cancer dataset---')
print('Accuracy: %.2f \n'%acc)
print(metrics.confusion_matrix(test_y, mlpc.predict(test_x)))
```

以下即此神經網路模型在乳癌切片資料集上的輸出以及混淆矩陣。

```
---NN on breast cancer dataset---
Accuracy: 0.90

[[ 38   1]
 [ 16 114]]
```

n = 169		預測	
		惡性	良性
標籤	惡性	38	1
	良性	16	114

> **TIP** 關於神經網路有一個要特別注意的重點：參數的初始化是隨機的，因此，相同的程式碼重複執行多次，可能會有不同的效果。為了確保程式執行結果沒有過多**隨機**（random, stochastic）因素，參數的初始狀態必須要一致。scikit-learn 提供 random_state 超參數來控制每次程式執行結果都相同，作法是將 random_state 設定為一個固定的**種子值**（seed value），比如 mlpc = MLPClassifier（solver = 'lbfgs', random_state = 12418）。

決策樹（Decision Tree）

與其他的機器學習演算法相比，決策樹算是比較直觀，也就是說，模型的高度**可解釋性**（interpretability）可以幫助我們理解模型怎麼產出預測值。決策樹的主要概念是一再地用特徵來分割訓練資料集，分割過程可以畫成樹狀圖。下圖是一個決策樹的範例，其中特徵包含了某人的年齡以及預算，而標籤則是旅遊地：夏令營、湖泊、或巴哈馬。從圖中我們可以很清楚看出模型的決策方式：年齡大於 18 歲且預算小於 10,000，就會選擇到湖泊。

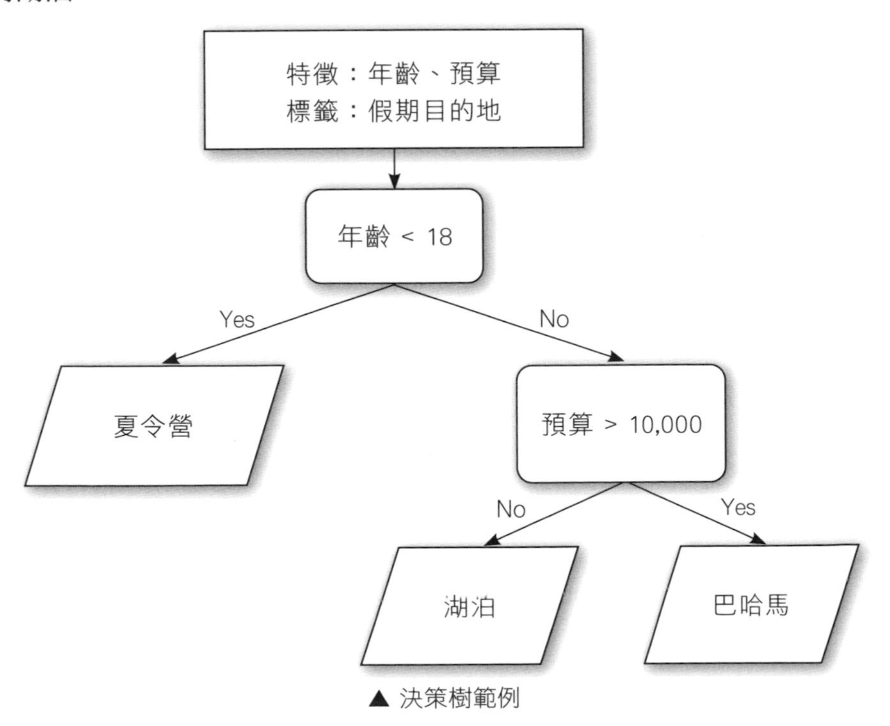

▲ 決策樹範例

使用決策樹，我們很容易解釋該模型是如何產生預測。建構這個模型的方法即是不斷尋找能夠將資料分成 2 個差異最大子集的特徵以及閾值。然而，過度分割資料集會造成決策樹模型不符合實際運用，比如不斷分割資料集導致模型給每一筆資料一個子集，這稱為**過度配適**（overfitting）。為了避免這類的情形，我們可以限制分支的深度，或是規定每一個子集的資料數下限值。

scikit-learn 中，sklearn.tree 的 DecisionTreeRegressor 可以建立一個決策樹（迴歸樹）來處理糖尿病患資料集迴歸問題。程式執行後結果得到決定係數為 0.52，均方誤差為 2655。

```
# ---第 1 部分---
# 載入函式庫與資料集
from sklearn.datasets import load_diabetes
from sklearn.tree import DecisionTreeRegressor
from sklearn import metrics
diabetes = load_diabetes()

# ---第 2 部分---
# 把資料分為訓練資料集與驗證資料集
train_x, train_y = diabetes.data[:400], diabetes.target[:400]
test_x, test_y = diabetes.data[400:], diabetes.target[400:]

# ---第 3 部分---
# 初始化、訓練並評估模型
tree = DecisionTreeRegressor(random_state = 0, max_depth = 2)
tree.fit(train_x, train_y)
err = metrics.mean_squared_error(test_y, tree.predict(test_x))
r2 = metrics.r2_score(test_y, tree.predict(test_x))

# ---第 4 部分---
# 顯示模型訓練結果
print('---Decision Tree on diabetes dataset---')
print('R-squared: %.2f'%r2, ' MSE: %.2f \n'%err)
```

輸出

```
---Decision Tree on diabetes dataset---
R-squared: 0.52  MSE: 2655.65
```

我們可以使用 sklearn.tree 的 DecisionTreeClassifier 建立一個決策樹（分類樹）來處理乳癌切片分類問題使用。程式執行後結果得到 89% 的準確率。

```
# ---第 1 部分---
# 載入函式庫與資料集
from sklearn.tree import DecisionTreeClassifier
from sklearn.datasets import load_breast_cancer
from sklearn import metrics
bc = load_breast_cancer()

# ---第 2 部分---
# 把資料分為訓練資料集與驗證資料集
train_x, train_y = bc.data[:400], bc.target[:400]
test_x, test_y = bc.data[400:], bc.target[400:]

# ---第 3 部分---
# 初始化、訓練並評估模型
tree = DecisionTreeClassifier(random_state = 0, max_depth = 2)
tree.fit(train_x, train_y)
acc = metrics.accuracy_score(test_y, tree.predict(test_x))

# ---第 4 部分---
# 顯示模型訓練結果
print('---Decision Tree on breast cancer dataset---')
print('Accuracy: %.2f \n'%acc)
print(metrics.confusion_matrix(test_y, tree.predict(test_x)))
```

輸出

```
---Decision Tree on breast cancer dataset---
Accuracy: 0.89

[[ 37   2]
 [ 17 113]]
```

n = 169		預測	
		惡性	良性
標籤	惡性	37	2
	良性	17	113

我們可以將決策樹模型的決策方式，以 graphviz 格式匯出，或是畫出決策過程。

```
from sklearn.tree import export_graphviz
import graphviz
dot = export_graphviz(tree,
                      feature_names = bc.feature_names,
                      class_names = bc.target_names,
                      impurity = False)
graphviz.Source(dot)
```

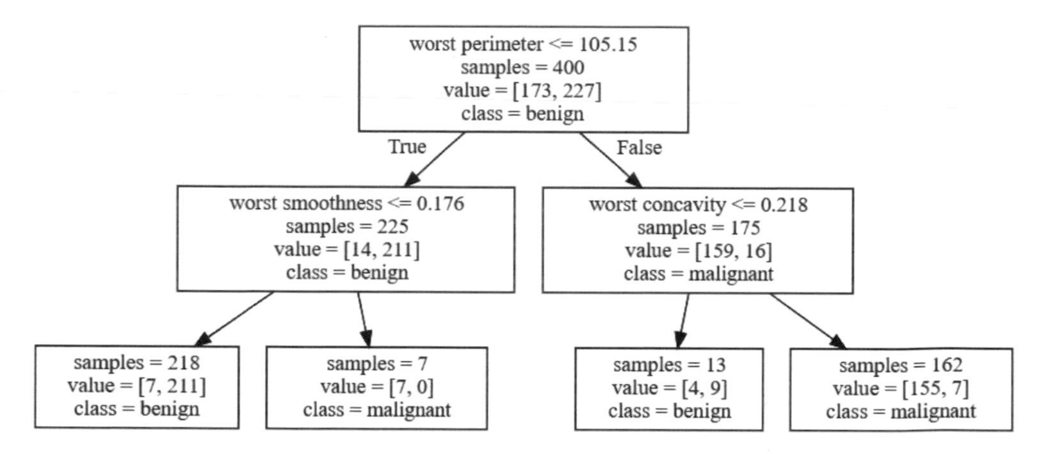

▲ 決策樹處理乳癌切片資料集

K 近鄰法（k-Nearest Neighbors, k-NN）

K 近鄰法是把每一筆資料與最近（最相似）的 K 筆資料作比較，並將此資料歸類到這 K 筆裡出現最多類別。若是處理迴歸問題時，則是計算這 K 筆資料的平均值。scikit-learn 裡的 sklearn.neighbors 中，有 KNeighborsRegressor 可以處理糖尿病患資料集迴歸問題。程式執行後得到決定係數為 0.51，均方誤差為 2697.83。

```
# ---第 1 部分---
# 載入函式庫與資料集
from sklearn.datasets import load_diabetes
from sklearn.neighbors import KNeighborsRegressor
from sklearn import metrics
diabetes = load_diabetes()

# ---第 2 部分---
# 把資料分為訓練資料集與驗證資料集
train_x, train_y = diabetes.data[:400], diabetes.target[:400]
test_x, test_y = diabetes.data[400:], diabetes.target[400:]

# ---第 3 部分---
# 初始化、訓練並評估模型
knn = KNeighborsRegressor()
knn.fit(train_x, train_y)
err = metrics.mean_squared_error(test_y, knn.predict(test_x))
r2 = metrics.r2_score(test_y, knn.predict(test_x))

# ---第 4 部分---
# 顯示模型訓練結果
print('---KNN on diabetes dataset---')
print('R-squared: %.2f'%r2, ' MSE: %.2f \n'%err)
```

輸出

```
---KNN on diabetes dataset---
R-squared: 0.51  MSE: 2697.83
```

scikit-learn 裡的 sklearn.neighbors 中，有 KNeighborsClassifier 可以用來處理乳癌切片資料集分類問題。程式執行後得到 93% 的準確率。

```
# ---第 1 部分---
# 載入函式庫與資料集
from sklearn.neighbors import KNeighborsClassifier
from sklearn.datasets import load_breast_cancer
from sklearn import metrics
bc = load_breast_cancer()
```

接下頁

```
# ---第 2 部分---
# 把資料分為訓練資料集與驗證資料集
train_x, train_y = bc.data[:400], bc.target[:400]
test_x, test_y = bc.data[400:], bc.target[400:]

# ---第 3 部分---
# 初始化、訓練並評估模型
knn = KNeighborsClassifier()
knn.fit(train_x, train_y)
acc = metrics.accuracy_score(test_y, knn.predict(test_x))

# ---第 4 部分---
# 顯示模型訓練結果
print('---KNN on breast cancer dataset---')
print('Accuracy: %.2f \n'%acc)
print(metrics.confusion_matrix(test_y, knn.predict(test_x)))
```

輸出

```
---KNN on breast cancer dataset---
Accuracy: 0.93

[[ 37   2]
 [  9 121]]
```

n = 169		預測	
		惡性	良性
標籤	惡性	37	2
	良性	9	121

K 平均法（k-means）

K 平均法是非監督式學習中常見的演算法。使用 K 平均法，首先我們要隨機產生一些子集，每個子集都有一個**中心**（cluster centers）。第二步，將每一筆資料歸類到最接近的中心所代表的子集。第三步，根據子集中所有的資料，計算出新的中心。最後重複第二步跟第三步。以下的程式我們使用 scikit-learn 裡的 sklearn.cluster.KMeans 來根據乳癌切片資料集的前兩個特徵（平均半徑與平均紋理）作分群。我們載入所需的資料和函式庫，並只保留資料集的前兩個特徵。

```
# --- 第 1 部分 ---
# 載入函式庫與資料集
import numpy as np
import matplotlib.pyplot as plt

from sklearn.datasets import load_breast_cancer
from sklearn.cluster import KMeans
bc = load_breast_cancer()
bc.data=bc.data[:,:2]
```

再來，我們就直接對資料做擬合。

```
# --- 第 2 部分---
# 初始化與訓練
km = KMeans(n_clusters = 3)
km.fit(bc.data)
```

最後，我們建立一個二維平面，並繪製資料點以及模型的決策邊界。

```
# ---第 3 部分 ---
# 建立網狀圖以繪製群集區域
# 網狀圖的步增值
h = .02
# 繪製決策邊界；每個類別指定一種顏色
```

接下頁

```
x_min, x_max = bc.data[:, 0].min() - 1, bc.data[:, 0].max() + 1
y_min, y_max = bc.data[:, 1].min() - 1, bc.data[:, 1].max() + 1
# 建立網格並集群
xx, yy = np.meshgrid(np.arange(x_min, x_max, h), np.arange(y_
min, y_max, h))
Z = km.predict(np.c_[xx.ravel(), yy.ravel()])
# 將結果繪為彩色圖
Z = Z.reshape(xx.shape)
plt.figure(1)
plt.clf()
plt.imshow(Z, interpolation='nearest',
           extent=(xx.min(), xx.max(), yy.min(), yy.max()),
           aspect='auto', origin='lower')
# 繪製實際資料
c = km.predict(bc.data)
r = c == 0
b = c == 1
g = c == 2
plt.scatter(bc.data[r, 0], bc.data[r, 1],
            label = 'cluster 1', marker = 'o')
plt.scatter(bc.data[b, 0], bc.data[b, 1],
            label = 'cluster 2', marker = 'x')
plt.scatter(bc.data[g, 0], bc.data[g, 1],
            label = 'cluster 3', marker = '.')
plt.title('K-means')
plt.xlim(x_min, x_max)
plt.ylim(y_min, y_max)
plt.xticks(())
plt.yticks(())
plt.xlabel(bc.feature_names[0])
plt.ylabel(bc.feature_names[1])
plt.legend()
```

最終的結果是一張二維圖像，其中包含決策邊界，不同群的資料均以不同的圖形表示。

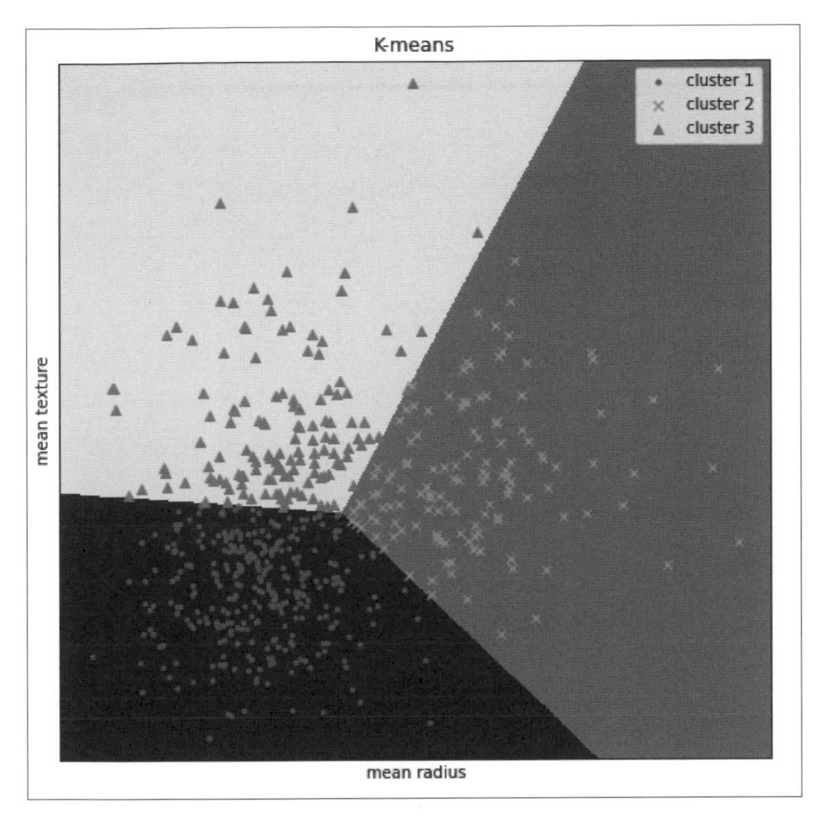

▲ K 平均法對乳癌切片資料集的前兩個特徵做分群

1.6 小結

在本章中，我們介紹了本書將使用的資料集、演算法與評價指標。我們討論了迴歸和分類問題，其中資料集含有特徵與標籤，則稱為標籤資料集。我們示範了各種常見的監督式學習演算法，如線性迴歸、邏輯斯迴歸、支援向量機、神經網路、決策樹、K 近鄰法，另外也簡介了非監督式學習中的分群與降維。本章也說明了衡量模型效能的代價函數以及評價指標。最後，本章也示範基本的模型實作方式。

當標籤是一個連續數值且其值具有大小的含義（例如速度、成本、血壓等）時，則是迴歸問題。在分類問題中，我們可以將標籤用不同的數值來表示，但是我們並不能像迴歸問題那樣比較它們的大小。例如，我們給不同的顏色或食物一個不同的數值，則依照這個數值來「排序」並沒有任何意義。

代價函數可以用來量化模型的效能，評價指標提供較易理解的模型訓練成果。

本章介紹的所有演算法，在 scikit-learn 裡都有對應的函式。使用預設的超參數設定，有些模型就可以表現非常好。另外，決策樹模型還額外提供高度可解釋性。

在下一章中，我們將介紹**偏誤**（bias）、**變異**（variability）、以及**集成式學習**（ensemble learning）的基本概念。

初探集成式學習（Ensemble Learning）

本章內容

集成式學習（ensemble learning）是統整多個機器學習**基學習器**（base learners），或稱**弱學習器**（weak learners）的輸出，來獲得一個最佳的預測。集成式學習嘗試解決的主要問題是資料中的**偏誤**（bias）與**變異**（variability）。在本章中，我們將簡述這 2 個問題，以及這 2 個問題之間的關係，藉此了解為何單一模型效能可能不好，以及為何可以用集成式學習來解決問題。

本章也會介紹現有的集成式學習的基本分類，以及實作這些方法時可能遇到的困難。本章涵蓋的主題如下：

- 偏誤與變異之間的**權衡**（trade-off）
- 為什麼要使用集成式學習
- 單一模型效能不好的原因
- 集成式學習方法簡述
- 應用集成式學習時可能遇到的困難

小編補充 本書使用「模型」跟「基學習器」這 2 個名詞的準則

為了避免名詞上的混淆，我們先說明「模型」跟「基學習器」這 2 個名詞的使用時機。「模型」是指**最終**要拿來實務應用的解決方案，因此本書會說「訓練一個模型來預測房價」、「使用集成式學習產生一個模型來預測房價」。

本書描述到的「基學習器」並不是最終要來實務應用的解決方案，很多「基學習器」參與集成後，得到一個「模型」，該「模型」才是最終的解決方案。

訓練一個「模型」跟訓練一個「基學習器」，基本上是一樣的操作流程。本書會拿一個「模型」去處理實務上的問題，但是只會拿「基學習器」去參與集成。

2.1 何謂偏誤與變異

機器學習模型並不完美，常常含有各種誤差。其中 2 種誤差是偏誤和變異。儘管是 2 個不同的問題，但這 2 個問題其實有相關：都受模型的**複雜度**（complexity）影響。

偏誤

當模型無法正確預測標籤時，其誤差即為偏誤。這個概念並不侷限於機器學習，例如在統計學裡，我們要測量**母體**（population）的平均值，但並未做公平的**抽樣**（sample），則估計的平均值就會有偏誤。用數學的方式描述偏誤，則是「模型預測的期望值 $E[y]$」與「實際標籤值 t」之間的差異。

$$Bias = E[y] - t$$

訓練模型的過程中如果無法適當地擬合訓練資料集，可能會導致樣本內效能（預測訓練資料集的結果）和樣本外效能（預測驗證資料集的結果）都很差。比如，用線性迴歸去擬合**正弦函數**（sine function），其模型的偏誤就會很大，不管是拿來預測訓練資料集或是驗證資料集，結果都很會差。這個問題稱為**低度配適**（underfitting）。

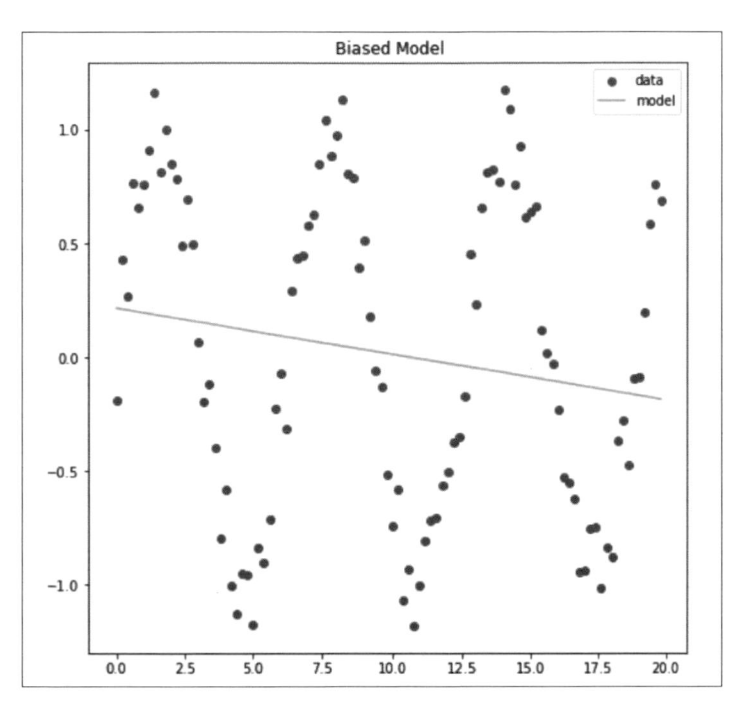

▲ 用線性迴歸去擬合正弦函數

變異

變異是指在一個群體中，個體間的差異程度。變異也是源自於統計學的概念：同樣母體、抽樣方法，不同次抽樣，樣本所得估計值的差異程度，即為變異。變異的數學公式其實就是統計學裡**母體變異數**（population variance）的計算方法：

$$Variance = E[y - E[y]]^2$$

在機器學習中，變異指的是模型對資料變動的**敏感性**（sensitivity）。也就是說，變異很高的模型即使可以擬合訓練資料集（具有良好的樣本內效能），但預測驗證資料（樣本外效能）的成果就比較差。變異很高的模型通常是因為模型的複雜度也很高。比如，我們可以訓練一個非常複雜的決策樹，該樹給每一筆訓練資料一個獨立的判斷規則，如此一來預測準確率便是 100%。但是，這個模型預測驗證資料，通常準確率不會到 100%，這個現象稱為**過度配適**（overfitting）。下圖是用決策樹模型來完美擬合訓練資料集，但是模型並沒有辦法在驗證資料集得到一樣好的成果。

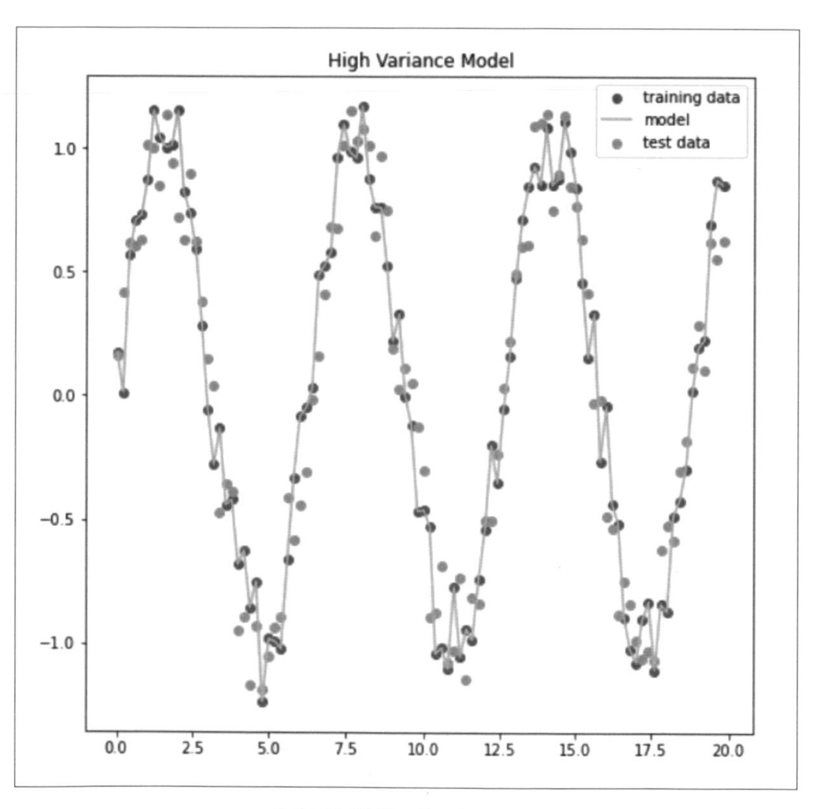

▲ 以決策樹模型擬合正弦函數

變異會造成同一個機器學習演算法在不同的情況（例如訓練集不同），可能會訓練出不同的模型。例如我們在第 1 章提過，神經網路的初始參數不同，可能產生不同的訓練結果。也就是說，即便所有神經網路的架構相同，只要初始參數不同，訓練這些神經網路，將會得到一堆不同的模型。

編註 也許會有讀者覺得驗證資料集的效果降低一點點，好像沒關係，但其實是要看應用場景。比如，在醫學相關的應用，模型的實際效果比預期低，就要謹慎。如果訓練資料上的成果跟驗證資料相似，會是比較好的模型。

偏誤與變異的權衡關係

模型的誤差主要有三個因素，分別為偏誤、變異、**不可避免的誤差**（irreducible error）：

$$\begin{aligned}\text{Error} &= \text{Reducible Error} + \text{Irreducible Error}\\ &= \text{Bias}^2 + \text{Variance} + \text{Irreducible Error}\end{aligned}$$

不可避免的誤差如量測資料的過程中，儀器可能會有**雜訊**（noise）。偏誤和變異都與模型的複雜度密切相關，高偏誤通常是因為模型的複雜度太低，但是高變異通常是因為模型的複雜度太高。也就是說，降低偏誤，變異可能會增加，反之亦然。儘管如此，通常存在一個較合適的模型複雜度，當模型複雜度處於此最佳點時（下頁圖中垂直線），增加複雜度會導致變異增加（垂直線往右移），減少複雜度會導致偏誤增加（垂直線往左移）。

因此，並不是一直減小偏誤（或是變異），因為變異（或是偏誤）仍然是模型的誤差，即使能得到偏誤（或是變異）很低的模型，其模型並不一定能夠解決實務上的問題。

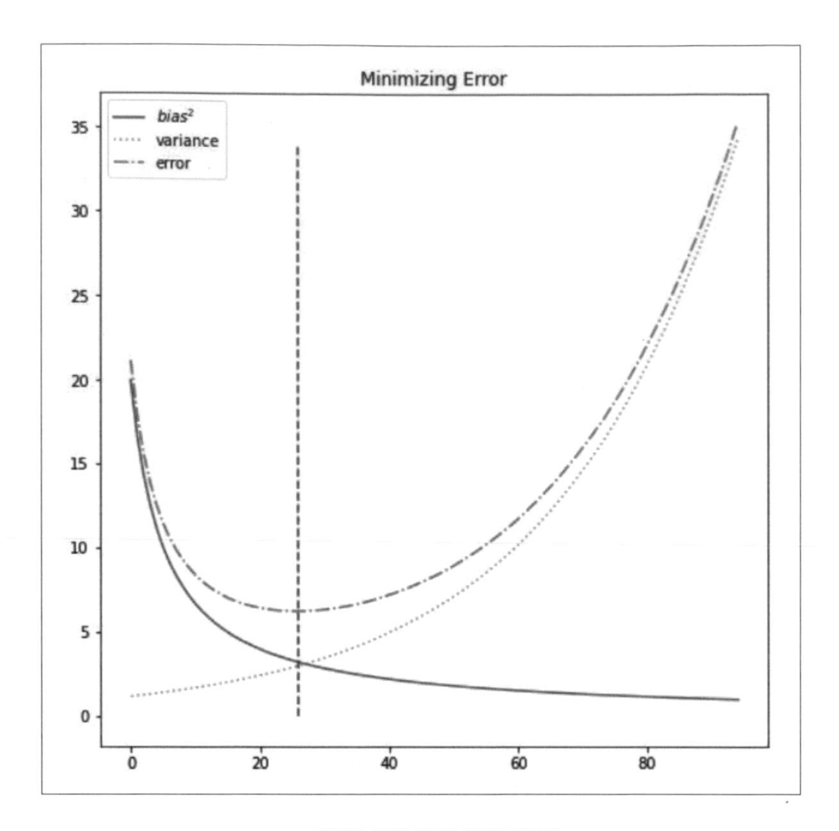

▲ 偏誤與變異的權衡關係

最佳的模型，通常是有最小的「偏誤平方」與「變異」的總和，也就是最小的**可避免誤差**（reducible error）。下圖是一個最佳複雜度的模型，雖然此模型不能完美地擬合資料，但這可能是因為量測資料時有雜訊干擾。如果此時我們提高模型複雜度，則會得到過度配適、高變異的模型。反之，如果我們降低模型複雜度，則會得到低度配適、高偏誤的模型。

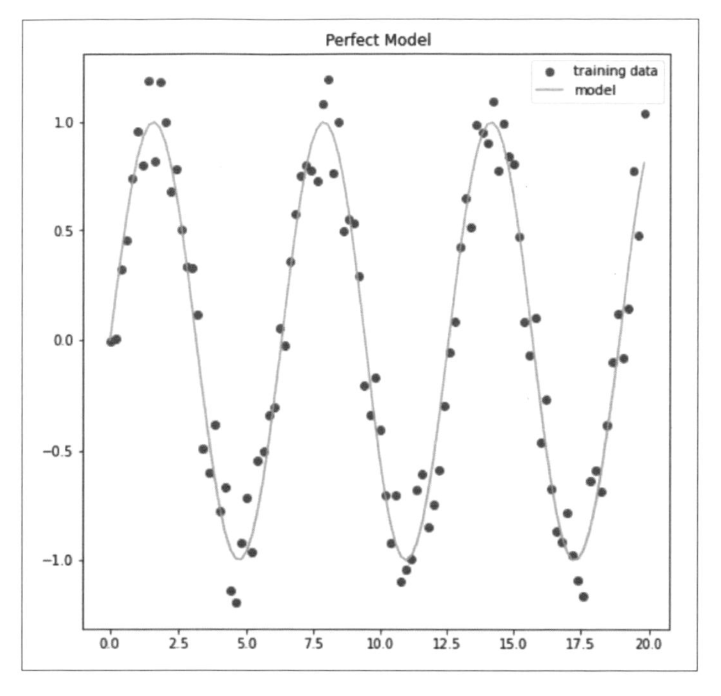

▲ 複雜度模型

2.2 評估偏誤和變異

我們已知偏誤和變異的數學公式，接下來要介紹實務上評估偏誤和變異的方法：**驗證曲線**（validation curves）和**學習曲線**（learning curves）。

驗證曲線

驗證曲線是可以表現出同一個演算法在不同**超參數**（hyperparameter）下所獲得的模型效能。我們對每個超參數都做 K 折交叉驗證，並記錄每一折的訓練資料集以及驗證資料集的分數，計算出分數的平均數和標準差，即可了解模型的偏誤和變異程度。

我們現在使用第 1 章的 KNeighborsClassifier 範例，並嘗試參考不同數量的鄰居來決定預測值。第一部分程式中載入函式庫與資料集：

```
# --- 第 1 部分 ---
# 載入函式庫與資料集
import numpy as np
import matplotlib.pyplot as plt

from sklearn.datasets import load_breast_cancer
from sklearn.model_selection import validation_curve
from sklearn.neighbors import KNeighborsClassifier
bc = load_breast_cancer()
```

第二部分程式當中，我們初始化特徵、標籤、模型。參考的鄰居數有 2、3、4、5。初始化模型後呼叫 validation_curve 函式，此函式的輸入有模型、資料集的特徵、資料集的標籤、欲調整的超參數、超參數的範圍、交叉驗證的折數、評價指標。得到的傳回值分別是訓練資料的準確率、驗證資料的準確率。

```
# --- 第 2 部分 ---
# 計算訓練資料集以及驗證資料集準確率
x, y = bc.data, bc.target
learner = KNeighborsClassifier()
param_range = [2,3,4,5]
train_scores, test_scores = validation_curve(learner, x, y,
                                             param_name = 'n_neighbors',
                                             param_range = param_range,
                                             cv=10,
                                             scoring = "accuracy")
```

接下來，我們計算訓練資料集以及驗證資料集準確率的平均數和標準差。

```
# --- 第 3 部分 ---
# 對每個超參數計算模型準確率的平均數與標準差
train_scores_mean = np.mean(train_scores, axis=1)
train_scores_std = np.std(train_scores, axis=1)
test_scores_mean = np.mean(test_scores, axis=1)
test_scores_std = np.std(test_scores, axis=1)
```

最後，繪製平均數和標準差。我們使用折線圖來表示準確率平均值跟鄰居數的關係；同時，我們將準確率平均值加減一個標準差的範圍，也畫在同一張圖上。

```
# --- 第 4 部分 ---
# 繪製折線圖
plt.figure()
plt.title('Validation curves')
# 繪製標準差
plt.fill_between(param_range, train_scores_mean - train_scores_std,
                 train_scores_mean + train_scores_std, alpha=0.1,
                 color="C1")
plt.fill_between(param_range, test_scores_mean - test_scores_std,
                 test_scores_mean + test_scores_std, alpha=0.1,
                 color="C0")

# 繪製平均數
plt.plot(param_range, train_scores_mean, 'o-', color="C1",
        label="Training score")
plt.plot(param_range, test_scores_mean, 'o-', color="C0",
        label="Cross-validation score")
plt.xticks(param_range)
plt.xlabel('Number of neighbors')
plt.ylabel('Accuracy')
plt.legend(loc="best")
plt.show()
```

第 3 部份與第 4 部份的程式碼是修改自 scikit-learn 的範例：

https://scikit-learn.org/stable/auto_examples/model_selection/plot_validation_curve.html

此程式的輸出如下圖。當兩條曲線間的距離縮短時，通常表示變異降低，但同時訓練資料集的準確率也會距離 100% 越遠，通常表示偏誤增加。

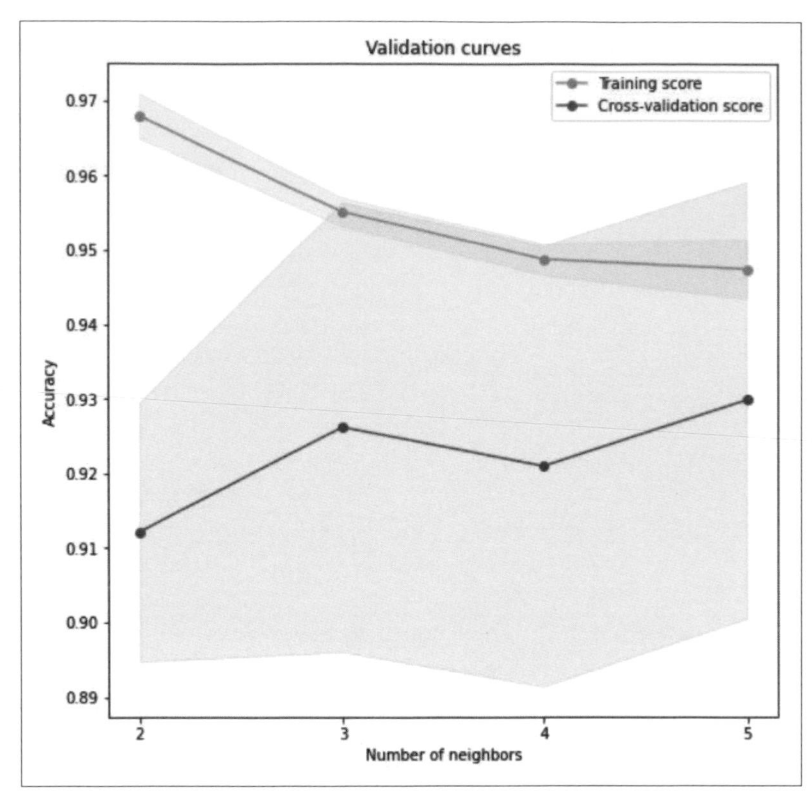

▲ K 近鄰法的驗證曲線

此外，標準差也可作為評估變異的一項指標。標準差越大，通常也代表模型的變異較大。我們可以根據驗證曲線圖，得到偏誤和變異的通則。

	大	小
曲線之間的距離	高變異	低變異
距期望達到準確率的距離	高偏誤	低偏誤
平均數加減一個標準差的面積	高變異	低變異

學習曲線

評估偏誤和變異的另一種方法是使用學習曲線。我們嘗試不同大小的訓練資料集，並透過交叉驗證來計算模型在訓練資料集以及驗證資料集的分數平均數和標準差，藉此評估模型的偏誤和變異程度。

我們一樣使用第 1 章的 KNeighborsClassifier 範例。首先，載入所需的函式庫以及資料集。

```
# --- 第 1 部分 ---
# 載入函式庫與資料集
import numpy as np
import matplotlib.pyplot as plt

from sklearn.datasets import load_breast_cancer
from sklearn.neighbors import KNeighborsClassifier
from sklearn.model_selection import learning_curve
bc = load_breast_cancer()
```

接著，設定訓練資料集的大小，我們嘗試 50、100、150、200、250、300 筆訓練資料。初始化模型後呼叫 learning_curve 函式，此函式的輸入是模型、資料集的特徵、資料集的標籤、訓練集大小、交叉驗證的折數。得到的傳回值分別是訓練資料集的大小、訓練資料的準確率、驗證資料的準確率。

```
# --- 第 2 部分 ---
# 計算訓練資料集以及驗證資料集準確率
x, y = bc.data, bc.target
learner = KNeighborsClassifier()
train_sizes = [50, 100, 150, 200, 250, 300]
train_sizes, train_scores, test_scores = learning_curve(
    learner, x, y,
    train_sizes = train_sizes,
    cv=10)
```

第 3 部分的程式計算訓練資料集以及驗證資料集的模型準確率平均數與標準差。

```
# --- 第 3 部分 ---
# 對準確率平均數與標準差
train_scores_mean = np.mean(train_scores, axis=1)
train_scores_std = np.std(train_scores, axis=1)
test_scores_mean = np.mean(test_scores, axis=1)
test_scores_std = np.std(test_scores, axis=1)
```

最後，我們一樣畫出準確率跟不同訓練資料集大小的折線圖。

```
# --- 第 4 部分 ---
# 繪製折線圖
plt.figure()
plt.title('Learning curves')
# 繪製標準差
plt.fill_between(train_sizes, train_scores_mean - train_scores_std,
                 train_scores_mean + train_scores_std, alpha=0.1,
                 color="C1")
plt.fill_between(train_sizes, test_scores_mean - test_scores_std,
                 test_scores_mean + test_scores_std, alpha=0.1,
                 color="C0")

# 繪製平均值
plt.plot(train_sizes, train_scores_mean, 'o-', color="C1",
         label="Training score")
plt.plot(train_sizes, test_scores_mean, 'o-', color="C0",
         label="Cross-validation score")

plt.xticks(train_sizes)
plt.xlabel('Size of training set (instances)')
plt.ylabel('Accuracy')
plt.legend(loc="best")
plt.show()
```

此程式的最終輸出如下圖，可以發現達到 200 筆訓練資料之前，增加訓練集的大小，能降低訓練資料準確率跟驗證資料的準確率距離，也就是降低模型變異。但訓練資料超過 200 筆後，訓練資料準確率跟驗證資料的準確率距離變大，而且準確率的標準差也增加，這表示模型變異增加了。

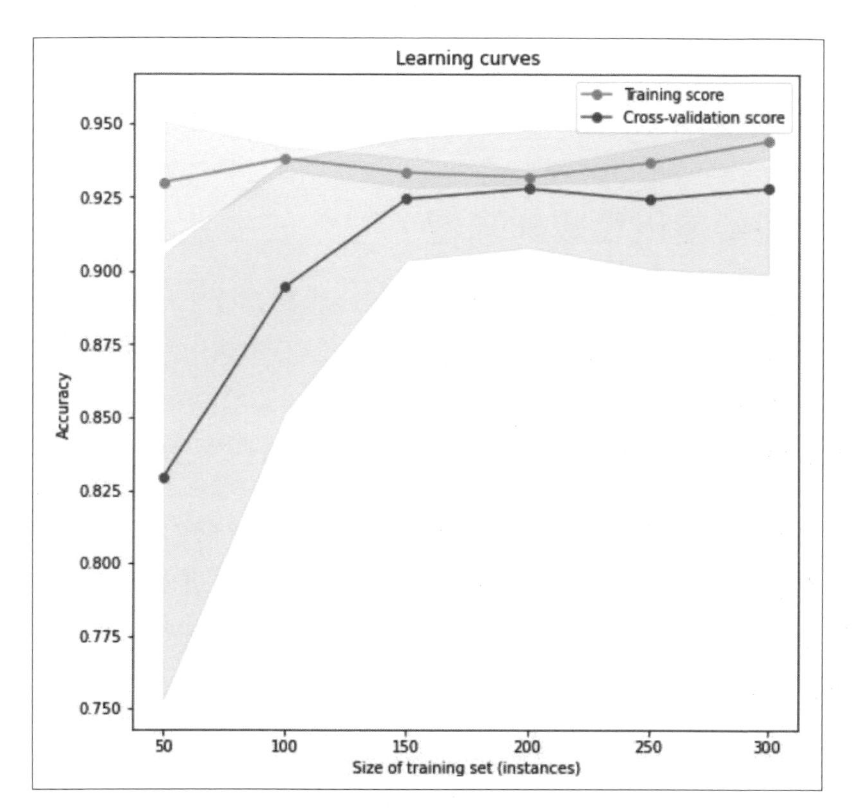

▲ K 近鄰法的學習曲線

請注意，儘管訓練資料超過 150 筆之後，訓練資料集跟驗證資料集的準確率都高過 90%，並不代表偏誤低。偏誤的大小，是要看我們的模型應用在何處，然後比較學習曲線和驗證曲線與該應用可以接受的準確率。

2.3 集成式學習（Ensemble Learning）

集成式學習是經由整合多個基學習器，來解決單一基學習器高偏誤或高變異引起的問題，以提高預測效能的方法。我們將分析為何要使用集成式學習，以及常見的集成式學習方法，最後說明集成式學習可能的問題。

為什麼要使用集成式學習？

如前文所述，每個基學習器都有一個最佳複雜度，以及對應的誤差。集成式學習可以經由整合不同的基學習器，降低集成後的誤差。甚至即便是同一種架構，只要初始條件、超參數、或其他因素的不同，可能訓練出不同的基學習器。組合這些基學習器，也有機會降低集成後的誤差。

這其實是統計學上的結果。假設集成 11 個基學習器，其中每個基學習器分類錯誤的機率為 0.15，如果這 11 個基學習器具有高度的多樣性，也就是統計上**無相關**（uncorrelated），則超過一半的基學習器都預測錯誤的機率只有 0.0026！

$$\sum_{k=6}^{11}\binom{11}{k}(0.15)^k(1-0.15)^{11-k}=0.0026$$

在每個基學習器彼此無相關的情況下，我們集成越多基學習器，分類錯誤的機率就會降低。然而，當基學習器越多，彼此之間相關性就會增加。我們也可以思考**報酬遞減法則**（law of diminishing returns）：每加入一個基學習器，能降低的集成後誤差會越來越少。下圖顯示彼此無相關的基學習器數目與集成後誤差的關係。

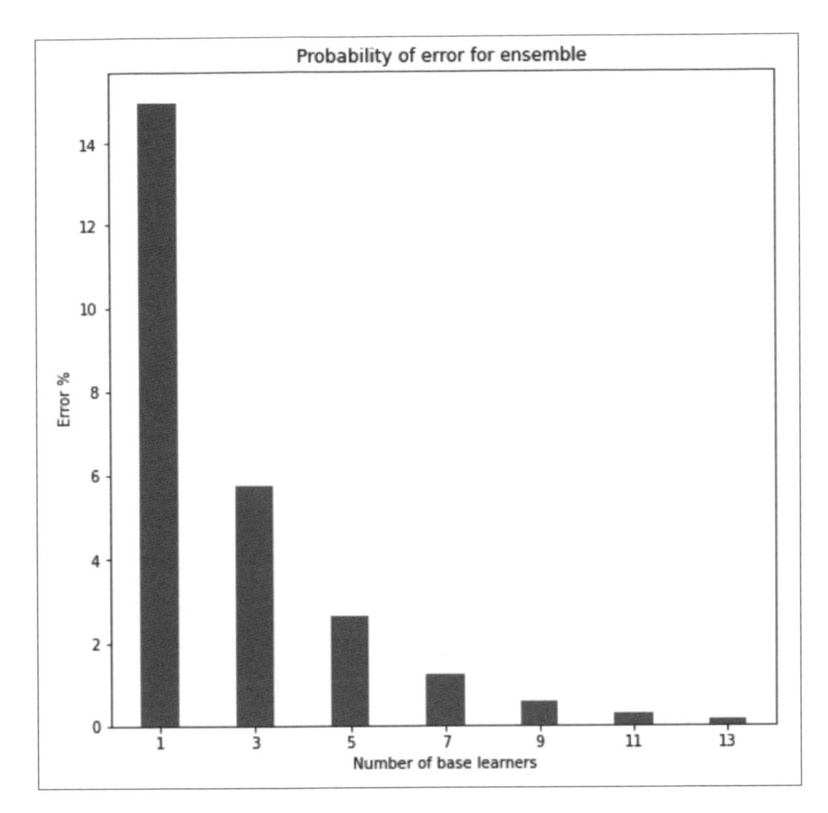

▲ 基學習器數目與集成後誤差的關係

集成式學習的方法

集成式學習的方法分為兩大類：**非生成式**（non-generative）以及**生成式**（generative）。非生成式方法著重於統整「一群已經訓練好的基學習器」的預測值，這些基學習器通常是彼此獨立訓練出來，集成演算法的任務即是決定如何將所有預測值整合在一起。在非生成式方法裡，我們只使用所有基學習器的預測值，並不去更動基學習器的預測機制。

本書將介紹兩種主要的非生成式方法：**投票法**（voting）與**堆疊法**（stacking）。本書第 3 章介紹的投票法是讓所有基學習器透過「投票」產生最終預測值，類似民主國家中人民投票選舉。本書第 4 章介紹的堆疊法則是訓練一個**超學習器**（meta-learner）來學習如何統整基學習器的預測值。儘管堆疊法需要建立新的基學習器，但新的基學習器並不影響其他基學習器的預測機制，因此堆疊法仍是一種非生成式演算法。

生成式方法可以影響基學習器的預測機制，或是再次使用訓練資料集，來提升集成後的效能。此外，有些演算法也在基學習器中引入隨機性，以進一步加強基學習器之間的多樣性。

本書中會介紹的生成式方法是**自助聚合法**（bootstrap aggregation）、**提升法**（boosting）、**隨機森林**（random forests）。自助聚合法目標是降低變異，作法為對訓練資料集進行**取後放回抽樣**（sample with replacement）來產生多個資料集，最後針對每一個資料集訓練一個基學習器並做集成，以確保集成後多樣性高且對資料集的敏感性低。提升法目標是降低偏誤，主要概念為依序生成許多基學習器，其中每個新的基學習器都逐漸改善目前所有基學習器中的偏誤，最終降低集成後誤差。隨機森林則也會對訓練資料集進行取後放回抽樣；然而，此方法的抽樣對象是特徵，而非對資料。這麼做的好處是比較不會同時使用高度相關的特徵來訓練一個基學習器，因此可以產生多樣性較高的基學習器。

集成式學習的無效與問題

雖然集成式學習可以大幅提升集成後效能，但集成方法也會產生新的問題。以下我們討論使用集成式學習，可能會遇到的無效與問題。

資料集品質不佳

想要訓練好一個模型，需要有好的訓練資料集。如果資料有太多雜訊，甚至根本不堪使用，則任何訓練演算法都無法得到好的模型。而集成一堆效能不佳的基學習器，集成後的成果可能依然無效。

我們來看一個簡單的範例：假設我們要猜測某一部車的廠牌，因此收集了顏色、車型和廠牌的資料，結果如下表。

顏色	車型	廠牌
黑色	轎車	BMW
黑色	轎車	Audi
黑色	轎車	Alfa Romeo
藍色	掀背車	Ford
藍色	掀背車	Opel
藍色	掀背車	Fiat

用這樣的資料訓練模型來預測汽車廠牌，可能是辦不到。因為不管是什麼模型，看到黑色轎車就只能從 BMW、Audi、Alfa Romeo 隨便猜一個，所以最佳分類準確率僅為 33%。如果我們集成很多這種基學習器，結果也只是 33% 的基學習器猜 BMW、33% 的猜 Audi、最後 33% 的猜 Alda Romeo，所以最終集成後準確率還是 33%。

小編補充 用程式驗證預測汽車廠牌

我們來用程式驗證預測汽車廠牌，首先把顏色為黑色跟藍色分別編碼為 0 跟 1。車型為轎車跟掀背車分別編碼為 0 跟 1，6 個不同廠牌則分別編碼為 1 到 6。我們訓練 6 個神經網路，並且預測黑色轎車的廠牌。

```
import numpy as np
from sklearn.neural_network import MLPClassifier

np.random.seed(1102439428)

x = np.array([[0, 0],
              [0, 0],
              [0, 0],
              [1, 1],
              [1, 1],
              [1, 1]])
```

接下頁

```
y = np.array([1, 2, 3, 4, 5, 6])

t = np.array([0, 0]).reshape(1, -1)

model_pred = np.zeros(6)

model0 = MLPClassifier().fit(x, y)
model1 = MLPClassifier().fit(x, y)
model2 = MLPClassifier().fit(x, y)
model3 = MLPClassifier().fit(x, y)
model4 = MLPClassifier().fit(x, y)
model5 = MLPClassifier().fit(x, y)

model_pred[0] = model0.predict(t)
model_pred[1] = model1.predict(t)
model_pred[2] = model2.predict(t)
model_pred[3] = model3.predict(t)
model_pred[4] = model4.predict(t)
model_pred[5] = model5.predict(t)

print("Model Prediction:", model_pred)
```

輸出

```
Model Prediction: [3. 1. 2. 3. 1. 2.]
```

最後發現，剛好 2 個神經網路預測 BMW、2 個預測 Audi、2 個預測 Alfa Romeo。因此，這種資料集即便使用集成式學習，也是無法提升準確率。

高度相關的基學習器

使用許多相同的基學習器來集成是無效。集成式學習是要利用基學習器的多樣性，而多樣性取決於許多因素，例如資料集的大小和品質，以及學習演算法本身等。

另外，使用一個可以掌握資料特性的模型，勝過於集成一堆無法掌握資料特性的基學習器。比如，我們用一個 $y = a\sin(bx + c)$ 模型來擬合一個正弦函數資料集，會比集成 $y = ax + b$ 線性基學習器還適合。或許集成線性基學習器可以**逼近**（approximate）正弦函數，但會需要更多時間來訓練，集成後的模型**解釋性**（explainability）也會降低。關於這些集成式學習的問題，正是我們接下來要討論的重點。

模型可解釋性降低

當我們集成大量的基學習器，集成後的可解釋性也會大幅降低。比如，想要知道一個決策樹模型如何做預測，只要畫出每個節點的判斷方式就可以。但是我們集成 1000 棵決策樹，就很難知道這 1000 棵樹是怎麼一起做出預測。此外，複雜的集成方法，可能還會衍伸出更多問題：如何以及為何選擇訓練這些特定的基學習器？為什麼不訓練其他基學習器？為什麼不訓練更多基學習器？

當我們要報告模型的預測結果，尤其對方是沒有技術背景的人時，建議選用較簡單且容易解釋的模型。

此外，當我們希望模型輸出的是資料屬於某個類別的機率，或是模型的**信心水準**（confidence level）時，集成後的機率值通常會比單一模型還低（**編註：** 可能某一個模型覺得資料屬於某類別的機率很高，可是很難同時有一堆基學習器都說資料屬於某類別的機率很高，因此集成後預測的機率值可能會降低）。

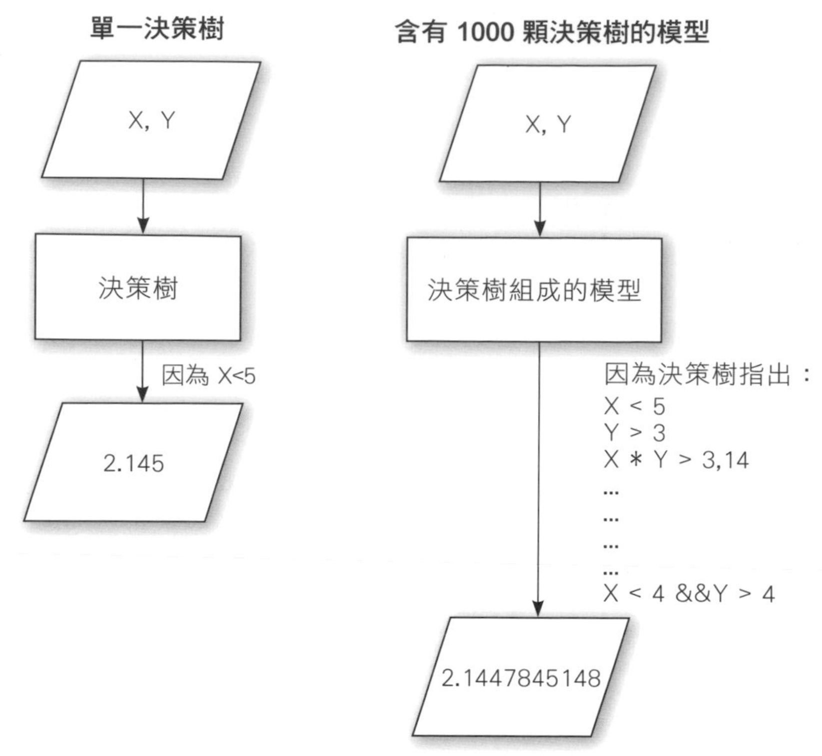

▲ 集成後的模型可解釋性

計算成本太高

集成式學習還有一個缺點是計算成本太高。比如，訓練一個神經網路需要相當大量的計算資源，如果要訓練 1000 個，則需要 1000 倍的計算資源。此外，有些集成式學習的演算法是**序列式**（sequential），像是提升法會在先前的基學習器完成後才能訓練新基學習器，所以我們很難利用**分散式計算**（distributed computing）來加速。如此一來，不僅增加計算成本，還增加模型開發時間。

計算成本、時間增加，在實務上可能會有問題。比如，金融交易、即時系統非常注重計算**延遲**（latency），然而集成了 1000 個基學習器，代表我們必須等待所有基學習器集結輸出，才能得到最終的預測。即使是增加幾微秒的延遲，都可能導致重大影響。

2.4 小結

在本章中，我們介紹了偏誤和變異的概念以及權衡關係，這可以幫助我們了解模型在訓練資料集跟驗證資料集的成果差異。接著，我們說明實務上如何使用 scikit-learn 和 matplotlib 來評估模型中的偏誤和變異。最後我們介紹集成式學習的概念和緣由，以及集成式學習方法的基本類別，我們也討論了實作集成式學習方法時可能遇到問題。

高偏誤模型通常導致模型預測訓練資料集的成果不佳，此稱為「低度配適」，原因是模型太過簡單、複雜度太低。高變異模型也許可以準確預測訓練資料集，但模型預測驗證資料集的成果可能會不佳，此稱為「過度配適」，原因是模型的複雜度過高。偏誤跟變異權衡指的是當模型的複雜度增加時，雖然偏誤會降低，變異卻也提高了。

評估模型的偏誤與變異可以用驗證曲縣以及學習曲線。驗證曲線可以觀察使用不同超參數的模型表現如何，而學習曲線可以觀察使用不同訓練資料集的模型表現如何。如果曲線中，訓練資料集的分數與驗證資料集的分數距離較遠，表示模型具有高變異；一個標準差的範圍很大，也表示高變異。若訓練資料集跟驗證資料集的分數都距離目標準確率很遠，則表示模型具有高偏誤。

集成式學習是透過整合許多不同基學習器的預測，來解決高偏誤或高變異的問題。非生成式集成式學習演算法只會單純使用基學習器的輸出，生成式方法可以改變基學習器的預測機制或是再次使用訓練資料集。當資料品質不佳，或是基學習器間彼此相關性較大時，集成式學習可能會無效。另外，集成式學習會造成模型可解釋性降低，且所需的計算資源增加。

MEMO

非生成式演算法

非生成式演算法是指集成的過程中，只會使用基學習器的輸出，來產生最後的預測值。我們將介紹以下 2 種方法：

- 第 3 章，投票法（voting）
- 第 4 章，堆疊法（stacking）

chapter 3

投票法（Voting）

本章內容

在集成式學習的方法中，最直觀的就是**多數決投票**（majority voting）。原理很簡單，所有基學習器中最熱門、得票數最多的輸出即為最終預測值。本章將介紹多數決投票的基本理論與實作，包含以下內容：

- 了解多數決投票。
- 了解**硬投票**（hard voting）和**軟投票**（soft voting）的區別與及優缺點。
- 使用 Python 實作 2 種投票機制。
- 應用投票來提升模型在乳癌切片資料集上的效能。

3.1 多數決投票

多數決投票是最簡單的整合多個基學習器輸出集成式學習技術。我們可以用選舉來思考，把每個基學習器視為「人民」，每個類別則視為「候選人」，得票數最高的候選人（類別）即勝出。不過，在機器學習的領域，投票法還可以細分為 2 種方法：硬投票以及軟投票，以下會我們介紹這 2 種方法。

硬投票（Hard Voting）

硬投票單純就是「得票數最多的類別獲勝」。比如，有 2 個類別、3 個基學習器的情況下，只要有 2 個基學習器投票給其中 1 個類別，該類別便會成為最終預測值。因此，實作一個硬投票方法相對容易，只要計算每個類別的得票數，最高票的類別，即為答案。

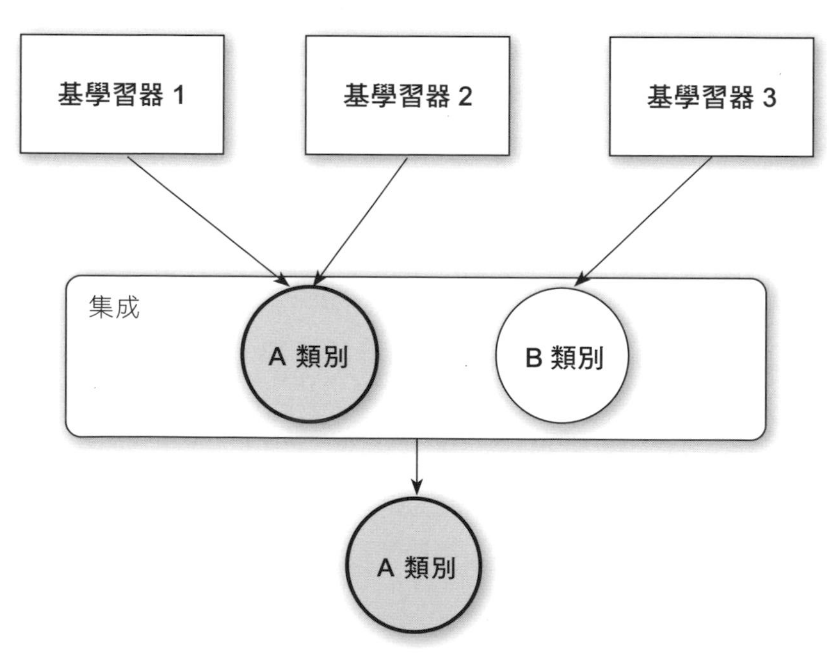

▲ 2 個類別與 3 個基學習器的範例

硬投票看起來很合理、方便，但其實暗藏問題，我們來看以下範例。假設現在有 3 個基學習器，這 3 個基學習器都輸出同一筆資料屬於 3 個類別的機率，結果如下表。

▼ 屬於各類別的機率

	類別 A	類別 B	類別 C
基學習器 1	0.5	0.3	0.2
基學習器 2	0	0.48	0.52
基學習器 3	0.4	0.3	0.3

由上表得知，3 個基學習器輸出的類別分別會是 A、C、A，因此硬投票的最終結果是類別 A。但是，我們可以發現基學習器 2 會選擇類別 C，其實機率值僅剛好超過 0.5。而且基學習器 3 的判斷結果，3 個類別幾乎差不多，因此就給類別 A 多 1 票，導致最後集成後預測是類別 A，這樣真的合理嗎？

為了解決這個疑慮，我們接下要來介紹軟投票。

軟投票（Soft Voting）

軟投票是透過「集成基學習器的預測機率」，來獲得最終的預測值。常見的方法是針對每一個類別，計算所有基學習器輸出值的平均數，最終的預測值為平均數最高的類別。比如，在上述 3 個類別、3 個基學習器的範例中，我們改考慮每個類別的預測機率並計算其平均數。

▼ 屬於各類別的機率

	類別 A	類別 B	類別 C
基學習器 1	0.5	0.3	0.2
基學習器 2	0	0.48	0.52
基學習器 3	0.4	0.3	0.3
平均	0.3	0.36	0.34

我們可以發現類別 A 的平均機率為 0.3，類別 B 的平均機率為 0.36，類別 C 的平均機率為 0.34。因此類別 B 是最終的預測值。我們比較硬投票跟軟投票，可以發現 2 件事情：

1. 雖然沒有任何一個基學習器選擇類別 B，但經由整合預測機率，類別 B 反而勝出。

2. 雖然硬投票的結果是類別 A，但其實類別 A 的平均機率最低。

想要使用軟投票法，則每個基學習器必須輸出每一筆資料屬於每一個類別的機率。如果基學習器無法作出有意義的機率估計（比如，某一類別的機率永遠是 100%），則軟投票並不一定可行。

TIP 肯尼思・阿羅博士（Dr. Kenneth Arrow）的**不可能定理**（impossibility theorem）證明了不可能有完美的投票機制。儘管如此，我們還是可以針對問題設計合適的投票方法。另外，軟投票比較能反映個別基學習器的細節資訊，因為軟投票考慮的是輸出機率值，而非只考慮輸出類別。

有關不可能定理的更多資訊，請參考 A difficulty in the concept of social welfare. Arrow, K.J., 1950. Journal of political economy, 58(4), pp.328-346.

3.2 使用 Python 實作硬投票

接下來我們先來實作硬投票，步驟如下：

- 第 1 步：載入資料
- 第 2 步：將資料分為訓練資料集和驗證資料集
- 第 3 步：訓練一些基學習器

- 第 4 步：使用訓練好的基學習器預測驗證資料集
- 第 5 步：透過硬投票整合基學習器輸出值
- 第 6 步：跟標籤比較

雖然 scikit-learn 裡已有投票法的函式可以使用，但我們先來自己實作整個投票機制，如此一來可以更理解演算法的工作原理，以及理解如何處理基學習器的輸出。

自製完整硬投票機制

我們使用以下 3 個基學習器：感知器（單層且單個神經元的神經網路）、支援向量機和 K 近鄰演算法。第一部分程式碼為載入函式庫以及資料集。

```
# --- 第 1 部分 ---
# 載入函式庫
from sklearn import datasets, linear_model, svm, neighbors
from sklearn.metrics import accuracy_score
from numpy import argmax
# 載入資料集
breast_cancer = datasets.load_breast_cancer()
x, y = breast_cancer.data, breast_cancer.target
```

接著初始化基學習器，為確保基學習器的多樣性足夠高，我們微調基學習器的超參數。此外，我們將感知器的隨機種子固定在 2，以確保範例可以**再現**（reproducible）：

```
# --- 第 2 部分 ---
# 初始化基學習器
learner_1 = neighbors.KNeighborsClassifier(n_neighbors = 5)
learner_2 = linear_model.Perceptron(tol = 1e-2, random_state = 2)
learner_3 = svm.SVC(gamma = 0.001)
```

我們將資料分為訓練資料集和驗證資料集，其中驗證資料集有 100 筆資料，其餘都是訓練資料。之後就開始訓練基學習器。

```
# --- 第 3 部分 ---
# 把資料分為訓練資料集和驗證資料集
test_samples = 100
x_train, y_train = x[:-test_samples], y[:-test_samples]
x_test, y_test = x[-test_samples:], y[-test_samples:]

# 訓練基學習器
learner_1.fit(x_train, y_train)
learner_2.fit(x_train, y_train)
learner_3.fit(x_train, y_train)
```

我們把每個基學習器的輸出分別存在 predictions_1、predictions_2 和 predictions_3，這樣之後可以分析各自基學習器的輸出，也可以用來做集成。再次提醒，我們是分別訓練每個基學習器，因此每個基學習器是**自主**（autonomously）預測，並不會互相影響，這是非生成式集成方法的特色。

```
# --- 第 4 部分 ---
# 每個基學習器預測驗證資料的類別
predictions_1 = learner_1.predict(x_test)
predictions_2 = learner_2.predict(x_test)
predictions_3 = learner_3.predict(x_test)
```

接下來，我們要來進行硬投票，我們要知道 3 個基學習器對每一筆驗證資料的輸出值。由於輸出的類別只有 2 種（0 或 1），我們初始化一個陣列 counts，該陣列有 2 個索引，counts[0] 儲存類別 0 的票數，counts[1] 儲存類別 1 的票數。如果基學習器對第 i 筆資料的輸出值為 0，則在 counts[0] 加 1。最後，我們使用 argmax 函式，傳回得票最多的索引（即為最終預測的類別）。

```
# --- 第 5 部分 ---
# 使用硬投票整合預測
hard_predictions = []
# 對每一筆驗證資料
for i in range(test_samples):
    # 計算每個類別的得票數
    counts = [0 for _ in range(2)]
    counts[predictions_1[i]] = counts[predictions_1[i]] + 1
    counts[predictions_2[i]] = counts[predictions_2[i]] + 1
    counts[predictions_3[i]] = counts[predictions_3[i]] + 1
    # 找到得票最多的類別
    final = argmax(counts)
    # 將此類別加入最終預測中
    hard_predictions.append(final)
```

最後，我們採用準確率作為評價指標，並將結果印出來。

```
# --- 第 6 部分 ---
# 基學習器的準確率
print('L1:', accuracy_score(y_test, predictions_1))
print('L2:', accuracy_score(y_test, predictions_2))
print('L3:', accuracy_score(y_test, predictions_3))
# 硬投票的準確率
print('-'*30)
print('Hard Voting:', accuracy_score(y_test, hard_predictions))
```

最終的輸出如下。集成後的準確率，比單一基學習器的準確率都高。

```
L1: 0.94
L2: 0.92
L3: 0.88
------------------------------
Hard Voting: 0.95
```

視覺化硬投票的結果

我們視覺化基學習器的誤差，來得知為何集成後的成果比單一基學習器好。第 1 部分程式載入視覺化所需的函式庫

```
# --- 第 1 部分 ---
# 載入函式庫
import matplotlib as mpl
import matplotlib.pyplot as plt
# 設定視覺化風格
mpl.style.use('seaborn-paper')
```

我們用實際標籤減去基學習器的輸出，當實際類別為 0 而基學習器預測為 1 時，我們將得到 -1；反之，而當實際類別為 1 而基學習預測為 0 時，我們將得到 1；如果預測正確，我們將得到 0。

```
# --- 第 2 部分 ---
# 計算誤差
errors_1 = y_test-predictions_1
errors_2 = y_test-predictions_2
errors_3 = y_test-predictions_3
```

接下來，我們準備要畫二維散佈圖，散佈圖的 X 軸是驗證資料集的索引（共 100 筆），Y 軸是誤差。由於我們只關心預測錯誤的部分（誤差計算結果為 1 或 -1），因此如果誤差計算結果是 0，就不畫在散佈圖中。最後，我們設定圖形的標題和標籤，並產生出散佈圖。

```
# --- 第 3 部分 ---
# 略去正確的預測並繪製每個基學習器的誤差
x=[]
y=[]
for i in range(len(errors_1)):
    if not errors_1[i] == 0:
        x.append(i)
        y.append(errors_1[i])
```

接下頁

```
plt.scatter(x, y,
            marker = 'o',
            s = 60,
            label = 'Learner 1 Errors')

x=[]
y=[]
for i in range(len(errors_2)):
    if not errors_2[i] == 0:
        x.append(i)
        y.append(errors_2[i])
plt.scatter(x, y,
            marker = 'x',
            s = 60,
            label = 'Learner 2 Errors')

x=[]
y=[]
for i in range(len(errors_3)):
    if not errors_3[i] == 0:
        x.append(i)
        y.append(errors_3[i])
plt.scatter(x, y,
            marker = '*',
            s = 60,
            label = 'Learner 3 Errors')
plt.title('Learner errors')
plt.xlabel('Test sample')
plt.ylabel('Error')
plt.legend()
plt.show()
```

結果如下圖所示，至少有 2 個基學習器同時預測錯誤資料，這種情況有 5 筆驗證資料。換句話說，所有基學習器都預測正確，以及有 2 個基學習器預測正確，共有 95 筆驗證資料，因此我們得到 95% 的準確率。

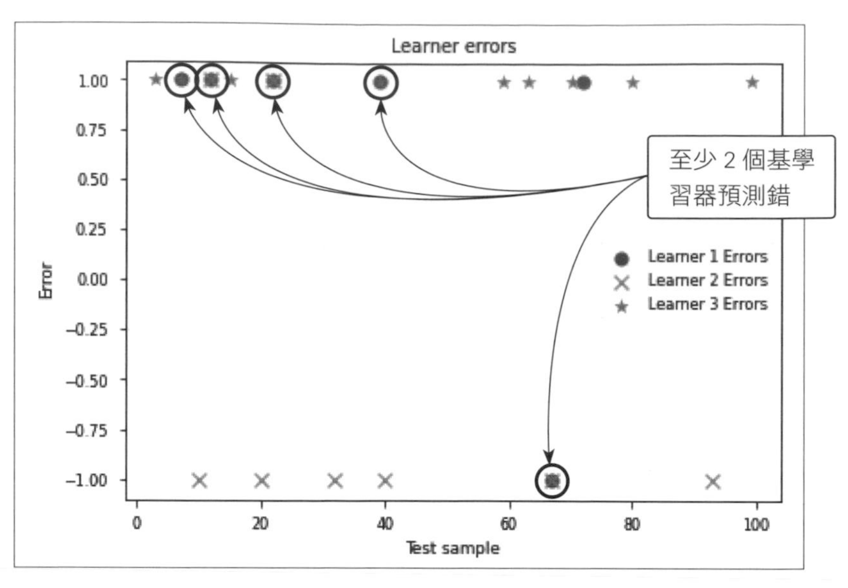

▲ 基學習器的誤差

使用 scikit-learn 函式庫實作硬投票機制

scikit-learn 函式庫有提供投票法，可以輕鬆、快速地實現集成式學習。第 1 部分的程式中，我們載入所需的函式庫，scikit-learn 裡 sklearn.ensemble 中的 VotingClassifier 即為投票法的函式。我們會介紹如何使用此函式來完成集成式學習。

```
# --- 第 1 部分 ---
# 載入函式庫
from sklearn import datasets, linear_model, svm, neighbors
from sklearn.ensemble import VotingClassifier
from sklearn.metrics import accuracy_score
# 載入資料集
breast_cancer = datasets.load_breast_cancer()
x, y = breast_cancer.data, breast_cancer.target

# 把資料分為訓練集與驗證集
test_samples = 100
x_train, y_train = x[:-test_samples], y[:-test_samples]
x_test, y_test = x[-test_samples:], y[-test_samples:]
```

第 2 部分程式，我們使用跟自製完整硬投票機制一樣的超參數，來初始化基學習器物件（object）。

```
# --- 第 2 部分 ---
# 初始化基學習器
learner_1 = neighbors.KNeighborsClassifier(n_neighbors = 5)
learner_2 = linear_model.Perceptron(tol = 1e-2, random_state = 0)
learner_3 = svm.SVC(gamma = 0.001)
```

接下來我們初始化 VotingClassifier 函式，此函式的輸入是串列（list），串列中每一個元素是一個 tuple，一個 tuple 含有基學習器的名稱以及物件（**編註：** 對於 Python 資料型別不熟的讀者，可以參考旗標出版的「Python 技術者們 - 實踐！帶你一步一腳印由初學到精通 第二版」）。

```
# --- 第 3 部分 ---
# 初始化硬投票機制
voting = VotingClassifier([('KNN', learner_1),
                           ('Prc', learner_2),
                           ('SVM', learner_3)])
```

接下來，我們就將程式中的 voting 物件，直接視為一個模型來使用。因此，我們來訓練模型並且做預測吧。

```
# --- 第 4 部分 ---
# 訓練集成後模型
voting.fit(x_train, y_train)

# --- 第 5 部分 ---
# 使用集成後模型做預測
hard_predictions = voting.predict(x_test)
```

最後輸出集成後準確率，可以發現結果跟我們自己實作完整硬投票機制是一樣。

```
# --- 第 6 部分 ---
# 硬投票的準確率
print('-'*30)
print('Hard Voting:', accuracy_score(y_test, hard_predictions))
```

輸出

```
------------------------------
Hard Voting: 0.95
```

> TIP 我們並非訓練傳入 VotingClassifier 的基學習器物件（learner_1、learner_2、learner_3），而是先複製基學習器物件後才進行訓練，因此我們建立的基學習器物件其實並沒有訓練過。若讀者嘗試顯示個別基學習器的預測結果，將會得到 NotFittedError。如果想要知道個別基學習器的預測結果，可以參考 3-8 頁的程式，額外訓練基學習器。

3.3 使用 Python 實作軟投票

scikit-learn 提供的 VotingClassifier 不僅能實作硬投票，同時也可以做出軟投票。但是，如同前文所說，參與軟投票的基學習器，必須要能輸出有意義的預測機率。而我們原先使用的感知器，並沒有相關函式可以輸出預測機率，因此，我們將感知器換成**單純貝氏分類器**（Naive Bayes classifier）。第 1 部分程式，我們先載入函式庫以及資料集。

```
# --- 第 1 部分 ---
# 載入函式庫
from sklearn import datasets, naive_bayes, svm, neighbors
from sklearn.ensemble import VotingClassifier
from sklearn.metrics import accuracy_score
# 載入資料集
breast_cancer = datasets.load_breast_cancer()
x, y = breast_cancer.data, breast_cancer.target
```

接下頁

```
# 把資料分為訓練資料集與驗證資料集
test_samples = 100
x_train, y_train = x[:-test_samples], y[:-test_samples]
x_test, y_test = x[-test_samples:], y[-test_samples:]
```

接下來要初始化 K 近鄰演算法、單純貝氏分類器、以及支援向量機基學習器。單純貝式分類器的演算法有很多，這邊我們選擇**高斯單純貝氏分類器**（Gaussian Naive Bayes classifier）。另外，由於軟投票是要集成預測機率，我們必須在 SVC 物件中設定 probability = True，來讓支援向量機輸出預測機率。想要使用 VotingClassifier 實作軟投票，只要指定 voting='soft' 即可完成。

```
# --- 第 2 部分 ---
# 初始化基學習器
learner_1 = neighbors.KNeighborsClassifier(n_neighbors = 5)
learner_2 = naive_bayes.GaussianNB()
learner_3 = svm.SVC(gamma = 0.001, probability = True)

# --- 第 3 部分 ---
# 初始化投票分類器
voting = VotingClassifier([('KNN', learner_1),
                           ('NB', learner_2),
                           ('SVM', learner_3)],
                            voting='soft') ← 使用軟投票
```

第 4 部分的程式中，我們要訓練模型。本書為了比較集成後的準確率跟單一基學習器的準確率，因此除了訓練集成模型之外，也單獨訓練基學習器。

```
# --- 第 4 部分 ---
# 訓練模型以及基學習器
voting.fit(x_train, y_train)
learner_1.fit(x_train, y_train)
learner_2.fit(x_train, y_train)
learner_3.fit(x_train, y_train)
```

接下來，我們要使用集成後模型以及基學習器來預測驗證資料集。

```
# --- 第 5 部分 ---
# 預測最可能的類別
soft_predictions = voting.predict(x_test)

# --- 第 6 部分 ---
# 取得基學習器的預測
predictions_1 = learner_1.predict(x_test)
predictions_2 = learner_2.predict(x_test)
predictions_3 = learner_3.predict(x_test)
```

最後，我們顯示每個基學習器以及集成後模型的準確率。

```
# --- 第 7 部分 ---
# 基學習器的準確率
print('L1:', accuracy_score(y_test, predictions_1))
print('L2:', accuracy_score(y_test, predictions_2))
print('L3:', accuracy_score(y_test, predictions_3))
# 集成後模型的準確率
print('-'*30)
print('Soft Voting:', accuracy_score(y_test, soft_predictions))
```

程式的輸出如下。

```
L1: 0.94
L2: 0.96
L3: 0.88
------------------------------
Soft Voting: 0.94
```

結果發現集成後的模型，準確率並沒有比較好。我們可以視覺化投票結果來深入了解一下狀況，不過由於軟投票是參考基學習器的輸出機率，而不是參考輸出類別，因此視覺化的程式需要略做調整。第 1 部份先載入 matplotlib。

```
# --- 第 1 部分 ---
# 載入函式庫
import matplotlib as mpl
```

接下頁

```
import matplotlib.pyplot as plt
mpl.style.use('seaborn-paper')
```

我們用實際標籤減去集成後的輸出來計算集成後的誤差，並使用 predict_proba() 函式得到每個基學習器的預測機率。

```
# --- 第 2 部分 ---
# 得到驗證資料集的預測機愈
errors = y_test - soft_predictions

probabilities_1 = learner_1.predict_proba(x_test)
probabilities_2 = learner_2.predict_proba(x_test)
probabilities_3 = learner_3.predict_proba(x_test)
```

針對每一筆被錯誤分類的驗證資料，我們都記錄基學習器以及集成後模型預測該資料為類別 0 的機率。由於此為 2 元分類問題，類別 0 的機率加上類別 1 的機率會剛好等於 1，因此我們只需要紀錄類別 0 的機率即可。

```
# --- 第 3 部分 ---
# 儲存每一筆被錯誤分類的資料
# 在每個基學習器上的預測機率
# 以及集成後的預測機率
x=[]
y_1=[]
y_2=[]
y_3=[]
y_avg=[]

for i in range(len(errors)):
    if not errors[i] == 0:  ← 有誤差即分類錯誤的資料
        x.append(i)
        y_1.append(probabilities_1[i][0])
        y_2.append(probabilities_2[i][0])
        y_3.append(probabilities_3[i][0])
        y_s = probabilities_1[i][0] + probabilities_2[i][0]
        y_s = y_s + probabilities_3[i][0]
        y_avg.append(y_s / 3)
```

最後，我們將機率值用散佈圖呈現出來。

```
# --- 第 4 部分 ---
# 繪製在每個基學習器的預測機率
plt.figure(figsize = (10,10))
plt.scatter(x, y_1,
            marker = '*',
            c = 'k',
            label = 'KNN',
            zorder = 10)
plt.scatter(x, y_2,
            marker = '.',
            c = 'k',
            label = 'NB',
            zorder = 10)
plt.scatter(x, y_3,
            marker = 'o',
            c = 'k',
            label = 'SVM',
            zorder = 10)
plt.scatter(x, y_avg,
            marker = 'x',
            c = 'k',
            label = 'Average Positive',
            zorder = 10)

y = [0.5 for x in range(len(errors))]
plt.plot(y, c = 'k', linestyle = '--')

plt.title('Positive Probability')
plt.xlabel('Test sample')
plt.ylabel('probability')
plt.legend()
plt.show()
```

程式碼的輸出如下：

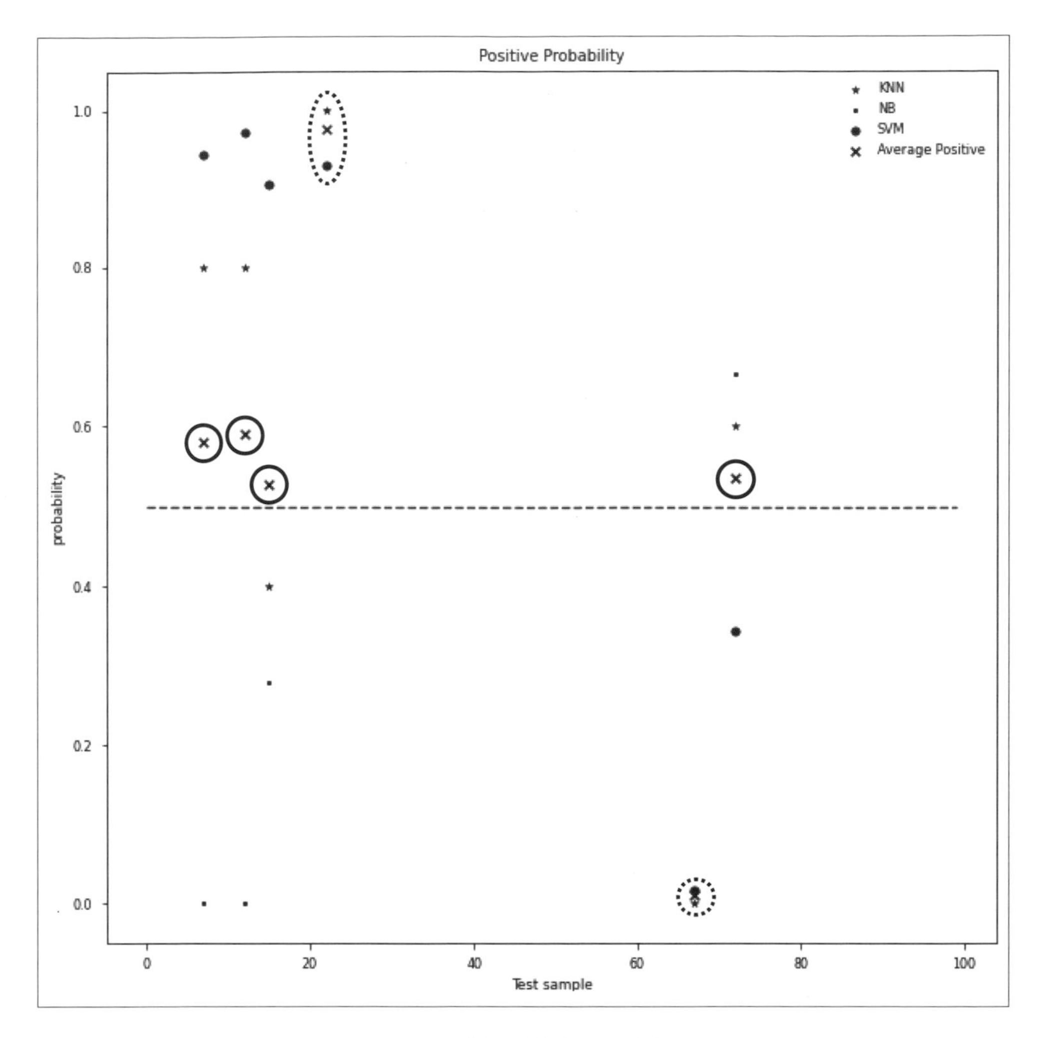

▲ 分類錯誤資料的預測機率

圖中可以發現有 4 筆資料（實線圈圈）的集成後機率都非常接近 50%（**編註：** 可能不同基學習器的判斷差異過大），而這 4 筆資料中有 3 筆資料，SVM 給了很大、很錯誤的機率值，因而影響了集成後機率。另外，圖中可以看見有 2 筆資料（虛線圈圈）具有極端的集成後機率（第 22 筆資料的集成後機率為 0.98，第 67 筆資料的集成後機率為 0.001），這 2 筆資料的狀況比較難透過集成式學習來解決，因為 3 個基學習器都預測錯誤。

為了提高集成式學習模型的效能，我們可以嘗試將支援向量機換成 K 近鄰演算法，並且使用不同的超參數值，避免 2 個 K 近鄰演算法基學習器太相似。實驗結果發現，將支援向量機替換成參考 50 個鄰居的 K 近鄰演算法（n_neighbors = 50），集成後的準確率可以達到 97%。

```
L1: 0.94
L2: 0.96
L3: 0.95
------------------------------
Soft Voting: 0.97
```

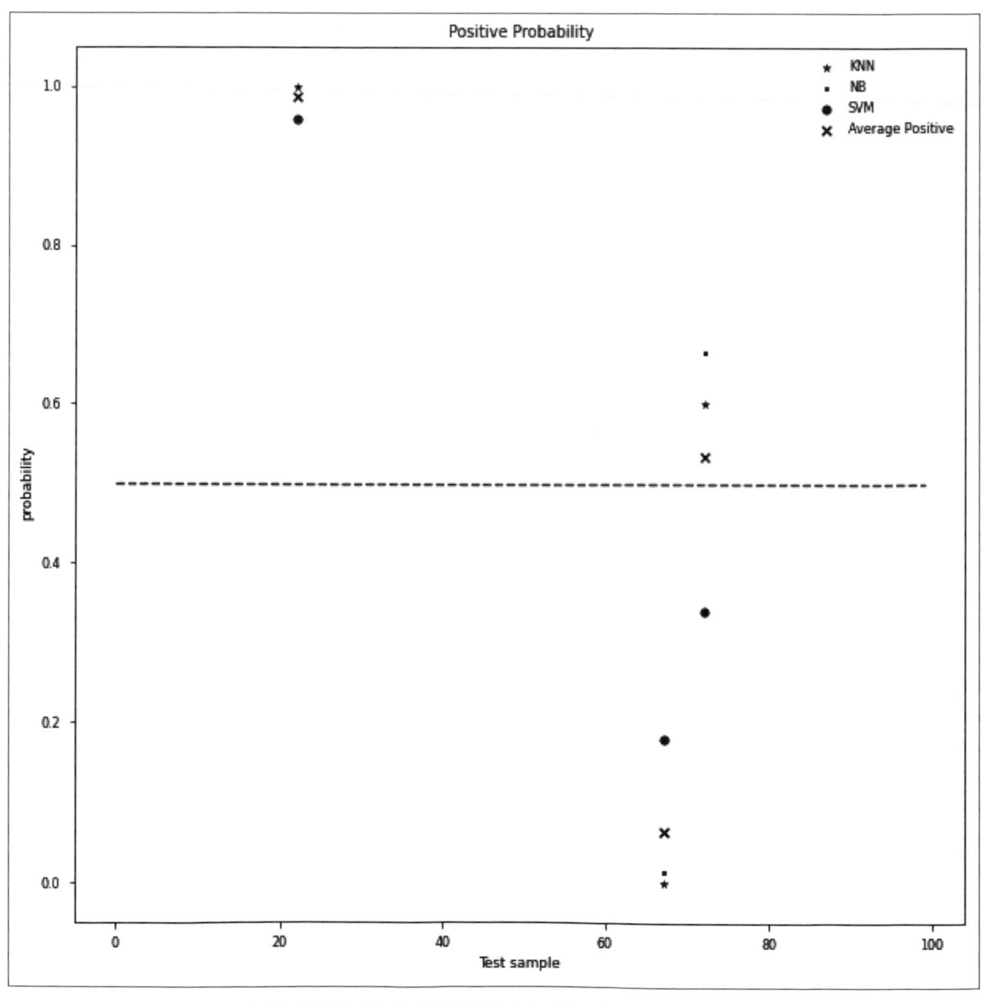

▲ 分類錯誤資料的預測機率（使用 2 個 K 近鄰演算法）

3.4 小編補充：加權軟投票

對於軟投票集成 K 近鄰演算法、高斯單純貝氏分類器、支援向量機的成果不佳，除了替換基學習器之外，小編這裡提供另一個可行的解決方案：加權軟投票。剛剛提到的軟投票，是假設所有基學習器的重要性都一樣，也就是權重相同。其實我們可以考慮使用加權平均的方式，讓每一個基學習器的預測機率重要性都不同，藉此提高集成後的效能。

讀者可能會有疑問：怎麼知道每一個基學習器的權重是多少？這時候就要使用驗證資料來找到最佳的權重。我們一樣先訓練基學習器，接著使用基學習器輸出驗證資料的預測機率，接下來就是找一組最佳的權重組合，可以讓加權平均後的預測值，在驗證資料集上得到最高的分數。

我們來直接看程式範例吧，第 1 部分是先載入函式庫以及資料集。

```
# --- 第 1 部分 ---
# 載入函式庫
from sklearn import datasets, naive_bayes, svm, neighbors
from sklearn.ensemble import VotingClassifier
from sklearn.metrics import accuracy_score
import numpy as np
# 載入資料集
breast_cancer = datasets.load_breast_cancer()
x, y = breast_cancer.data, breast_cancer.target

# 把資料分為訓練資料集與驗證資料集
test_samples = 100
x_train, y_train = x[:-test_samples], y[:-test_samples]
x_test, y_test = x[-test_samples:], y[-test_samples:]
```

第 2 部分是訓練基學習器，並獲得預測機率值。

```
# --- 第 2 部分 ---
# 初始化基學習器
learner_1 = neighbors.KNeighborsClassifier(n_neighbors = 5)
learner_2 = naive_bayes.GaussianNB()
learner_3 = svm.SVC(gamma = 0.001, probability = True)

# 訓練基學習器
learner_1.fit(x_train, y_train)
learner_2.fit(x_train, y_train)
learner_3.fit(x_train, y_train)

# 取得基學習器的預測
prob_1 = learner_1.predict_proba(x_test)
prob_2 = learner_2.predict_proba(x_test)
prob_3 = learner_3.predict_proba(x_test)
```

第 3 部分是要找最佳的權重，我們初始化 2 個權重變數：weight_1 跟 weight_2，而第 3 個權重其實就是 1 - weight_1 - weight_2。接下來使用迴圈來搜尋怎麼樣的權重組合，可以獲得最高的集成後準確率。

```
best = 0
best_weight = np.zeros(3)
space = np.linspace(start = 0, stop = 1, num = 100)
for weight_1 in space:
    for weight_2 in space:
        if((weight_1 + weight_2) <= 1):
            prob_avg_1 = weight_1 * prob_1
            prob_avg_2 = weight_2 * prob_2
            prob_avg_3 = (1 - weight_1 - weight_2) * prob_3
            prob_avg = prob_avg_1 + prob_avg_2 + prob_avg_3
            pred = [np.argmax(row) for row in prob_avg]
            score = accuracy_score(y_test, pred)
            if(score > best):
                best = score
                best_weight[0] = weight_1
                best_weight[1] = weight_2
                best_weight[2] = 1 - weight_1 - weight_2

print('Weight:', best_weight)
print('Weighted Soft Voting:', best)
```

從程式的輸出可以得知，並不需要更換基學習器，一樣可以得到 0.97 的準確率。

```
Weight: [0.         0.49494949 0.50505051]
Weighted Soft Voting: 0.97
```

3.5 小結

在本章中，我們介紹了最基本的集成式學習方法：投票法。我們先是自己實作硬投票的完整機制，接下來介紹 scikit-learn 提供的投票法函式，最後使用 matplotlib 來診斷集成後的模型效能。

硬投票的做法是得票最多的類別即為最終預測，軟投票的做法是平均機率最高的類別為最終預測。實作軟投票時必須先確認所有基學習器能夠輸出預測機率，另外，如果其中一個基學習器大幅高估或低估機率，則將影響集成後的預測機率。scikit-learn 中投票法的函式為 VotingClassifier，我們將每個基學習器名稱、物件組成 tuple 後，以串列的形式作為此函式的輸入。訓練模型的時候，程式會自動複製新的基學習器。使用 VotingClassifier 的預設模式是硬投票，如果要使用軟投票，我們必須設定 voting='soft'。

MEMO

chapter 4

堆疊法（Stacking）

本章內容

我們要介紹第二種集成式學習方法：**堆疊法**。這個方法只使用基學習器的輸出來做集成，因此也是一種非生成式方法。在本章中，我們會討論堆疊法的主要概念、優缺點及如何選擇基學習器等。另外，我們也會詳細說明如何實作堆疊法，解決迴歸與分類問題。本章涵蓋的主題如下：

- 堆疊法概述。
- 使用**超學習器**（meta-learner）。
- 為何要使用堆疊法。
- 選擇基學習器以及超學習器。
- 用堆疊法處理迴歸與分類問題。

4.1 超學習（Meta-learning）

機器學習的領域裡，超學習意思比較多元，不過一般是指使用**中繼資料**（metadata）來解決特定的問題。在一些機器學習、深度學習的演算法當中，也可以看到超學習的影子。

堆疊法是超學習的其中一種形式，其主要概念為：先用訓練資料集訓練基學習器，再用基學習器的輸出（也就是中繼資料）訓練**超學習器**（meta-learner），超學習器的輸出則為最終預測。換句話說，我們將基學習器的預測值，視為超學習器的訓練資料集。由於超學習器堆疊在基學習器之上，所以這個方法才稱為堆疊法。

其實我們可以用本書第 3 章的投票法來理解堆疊法。在投票法中，我們嘗試自己整合基學習器的輸出值來得到最終預測。但是有時候我們並不一定知道怎麼整合這些輸出，才能得到最好的集成後效能。因此，我們可以設計超學習器（另一個機器學習演算法），請超學習器根據基學習器的輸出以及資料的標籤，找到最佳的方法來整合基學習器的輸出（**編註：** 每個基學習器的預測值對於超學習器來說就是一個特徵，而超學習器的目標就是找出整合這些特徵 (基學習器) 的權重，以獲取最佳的集成效能）。

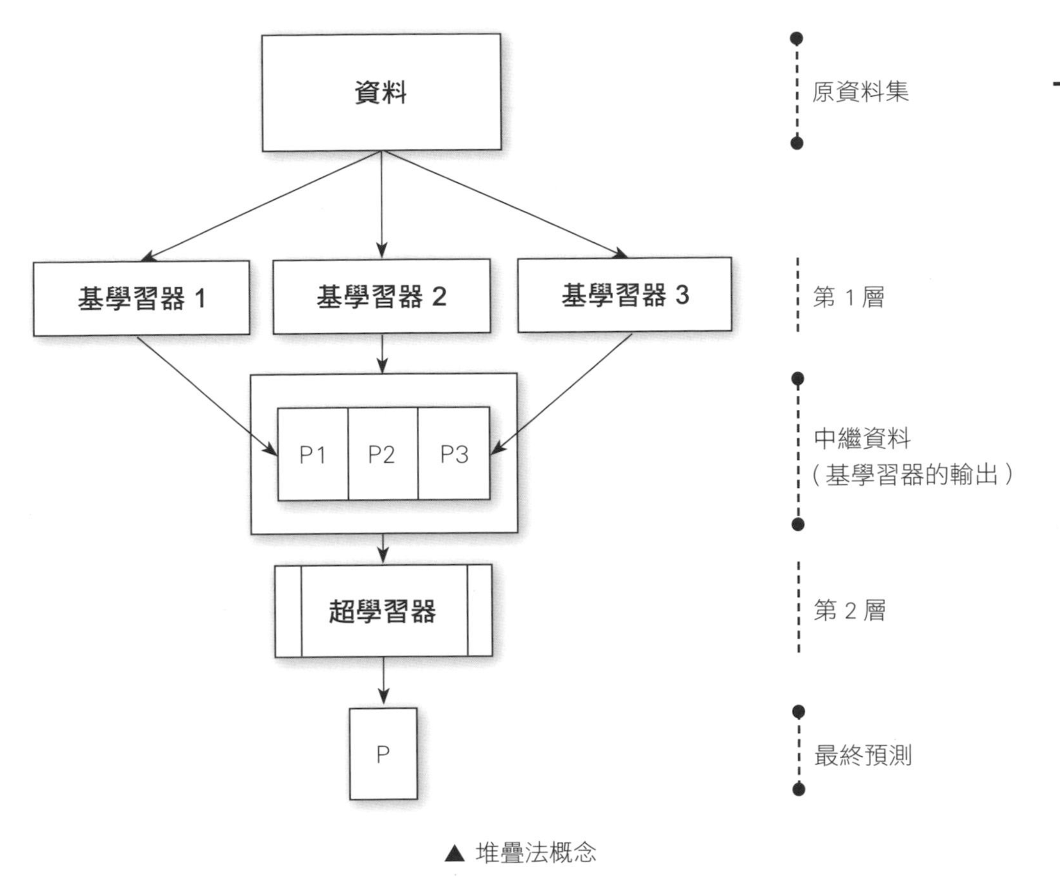

▲ 堆疊法概念

4.2 超學習器的訓練資料集

失敗的訓練資料集

我們想要使用中繼資料來訓練超學習器，因此必須要有能夠用來預測標籤的中繼資料。直覺想法是拿所有原始訓練資料集來訓練基學習器，並且輸出每個基學習器對原始訓練資料集的預測值，最後拿這些基學習器的預測值以及原始訓練資料集的標籤來訓練超學習器。然而一般來說這種做法並不一定有效，因為超學習器只能看見基學習器已經發掘的原始資料集優缺點，所以超學習器可能只能加強這些已知的優缺點。如果我們想要得到比較有效的集成後效能，要避免上述的訓練方式。

小編補充 不同觀點來看失敗的訓練資料集

機器學習模型能有效運作，通常是假設訓練資料、驗證資料、測試資料的分佈相同。舉例來說，我們不會拿手寫數字辨識圖片訓練模型，然後用這個模型分類貓狗圖片，因為訓練資料跟測試資料根本不同。

回到失敗的訓練資料集，拿所有原始訓練資料集來訓練基學習器，並且輸出每個基學習器對原始訓練資料集的預測值，來做為超學習器的訓練資料。我們也輸出每個基學習器對原始測試資料集的預測值，來做為超學習器的測試資料。因此就出現一個問題：超學習器的訓練資料來自於「基學習器**已知**標籤的情況下，所得到的預測值」，超學習器的測試資料來自於「基學習器**不知**標籤的情況下，得到的預測值」。基學習器產生訓練資料跟測試資料的預測值機制不同，等同於資料來自不同分佈，可能不適合再用來訓練同一個模型。

保留（Hold-out）資料

較好的方法是使用**保留資料**，做法如下。

- 步驟 1：將原始訓練資料集分為**基學習器資料集**和**超學習器資料集**。
- 步驟 2：只使用基學習器資料集來訓練每個基學習器。
- 步驟 3：使用訓練好的每個基學習器，預測超學習器資料集。
- 步驟 4：使用每個基學習器的輸出，搭配超學習器資料集中的標籤，訓練超學習器。

可以發現在步驟 3，我們使用基學習器預測超學習器資料集的時候，並不需要提供超學習器資料集的標籤，因此基學習器會在不知道標籤的情況下做預測，並且拿來當作超學習器的訓練資料。保留資料的缺點是基學習器資料集跟超學習器資料集，都比原始訓練資料集還要小。如果資料筆數夠多，這個方法也許還可行。資料太少並且又要堆疊很多層，將會造成資料不足因而模型的誤差過大。

另外，假設基學習器資料集有 N 筆，超學習器資料集有 M 筆，每一筆資料的特徵個數是 P 個，基學習器的個數是 Q 個。則基學習器資料集的 size 為 N 列、P 欄的矩陣，超學習器資料集的 size 為 M 列、Q 欄的矩陣。也就是說，對超學習器而言，每一筆資料的特徵個數，即為基學習器的個數。

K 折交叉驗證（K-fold Cross Validation）

另一個方法是利用 **K 折交叉驗證**，來產生超學習器的訓練資料集，作法如下。

- 步驟 1：將訓練資料集分成 K 折（下頁圖中範例分成 5 折）。
- 步驟 2：拿 K-1 折的訓練資料集，訓練每個基學習器。
- 步驟 3：使用訓練好的每個基學習器，預測所保留的 1 折驗證資料集。
- 步驟 4：重複 K 次步驟 2 與步驟 3，並且讓每 1 折都輪流當過驗證資料集。
- 步驟 5：將步驟 4 所得的預測值，搭配原始訓練資料的標籤，訓練超學習器。

下圖的範例中，可以看到在第一輪的流程，我們拿 Fold1 到 Fold4 訓練每個基學習器，接著用每個基學習器預測 Fold5 的資料，得到 Fold5 的預測值。在第二輪中，我們拿 Fold1、Fold2、Fold3、Fold5 訓練每個基學習器，接著用每個基學習器預測 Fold4 的資料，得到 Fold4 的預測值。因此，經過 2 輪，我們就獲得了 Fold4 跟 Fold5 的預測值。當我們完成 5 輪，即可得到所有訓練資料的對應預測值，接著搭配所有訓練資料的標籤，即可拿來訓練超學習器。

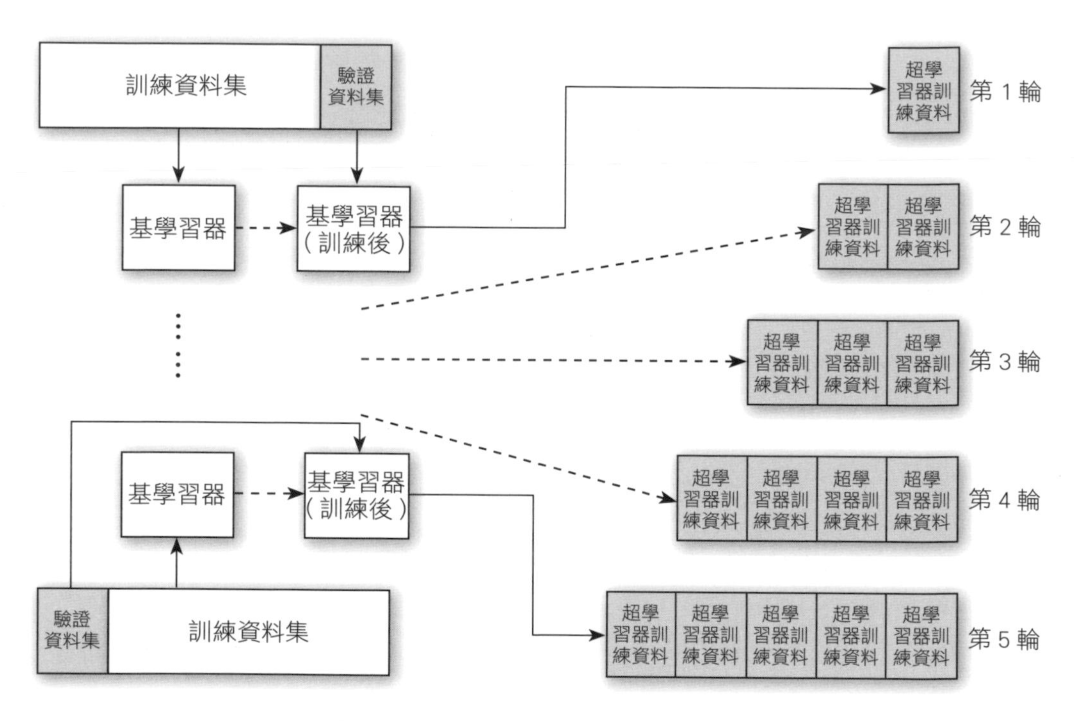

▲ K 折交叉驗證，來產生超學習器的訓練資料（以 5 折為例）

4.3 超學習器的測試資料集

由於超學習器的訓練資料集是來自於基學習器的輸出，因此超學習器的測試資料集也必須來自基學習器的輸出，而非單純使用原始測試資料集。若是使用 K 折交叉驗證，我們會拿 K-1 折訓練基學習器，之後預測第 K 折，重複 K 次。然而，我們並不會對測試資料做 K 折交叉驗證，這時候有以下 2 種處理方式。

- 方法一：交叉驗證過程中產生的 K 個模型，都拿來對測試資料做預測，並且取平均。
- 方法二：用全部的原始資料訓練基學習器，然後對測試資料做預測。

方法一的好處在於進行交叉驗證完成後，只要多一次平均計算，就會可以產生超學習器的測試資料集。但是，每一次訓練基學習器都只會用部分的資料，有可能誤差會比較大。相反地，方法二可以徹底利用資料集來建立基學習器，然而需要多訓練一次模型，對於模型訓練時間很長的演算法較為不利。

4.4 選擇學習器（Learner）

堆疊法是否有效，取決於基學習器的多樣性。如果多個基學習器都表現出相似的預測值，那麼過於簡單的超學習器就很難改善集成後效能。在這種情況下，可能需要使用一個相當複雜的超學習器。反之，如果基學習器足夠多樣化，那麼即使是簡單的超學習器，也能大幅提升集體後效能。

選擇基學習器

一般而言，混合不同的機器學習演算法，有助於挖掘資料中特徵與標籤的各種關係。以下面的資料集為例，其特徵（x）和標籤（y）之間同時具有線性跟非線性關係，如果只使用線性迴歸基學習器，或只使用非線性迴歸基學習器，可能都無法完全掌握特徵跟標籤的關係。反之，同時使用線性與非線性迴歸的基學習器來做堆疊集成，可能勝過使用單一模型。

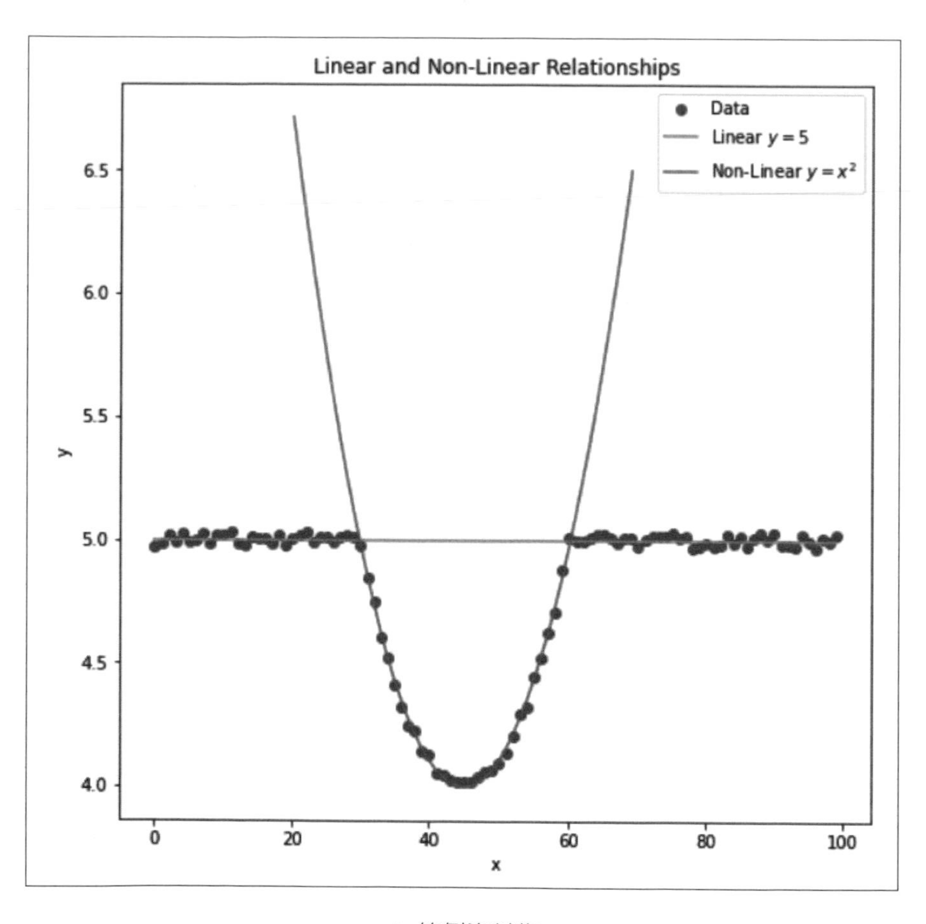

▲ 範例資料集

選擇超學習器

為避免過度配適，通常會選擇相對簡單的機器學習演算法作為超學習器，甚至是含有**常規化**（regularization）功能的超學習器。例如，使用決策樹作為超學習器，則應限制決策樹的最大深度；如果使用迴歸模型，則可以選擇 Ridge 迴歸等。

如果需要複雜的超學習器以提升預測效能，則可以考慮使用多層的堆疊，並且隨著堆疊層數的增加，學習器的數量和複雜度應依序降低。

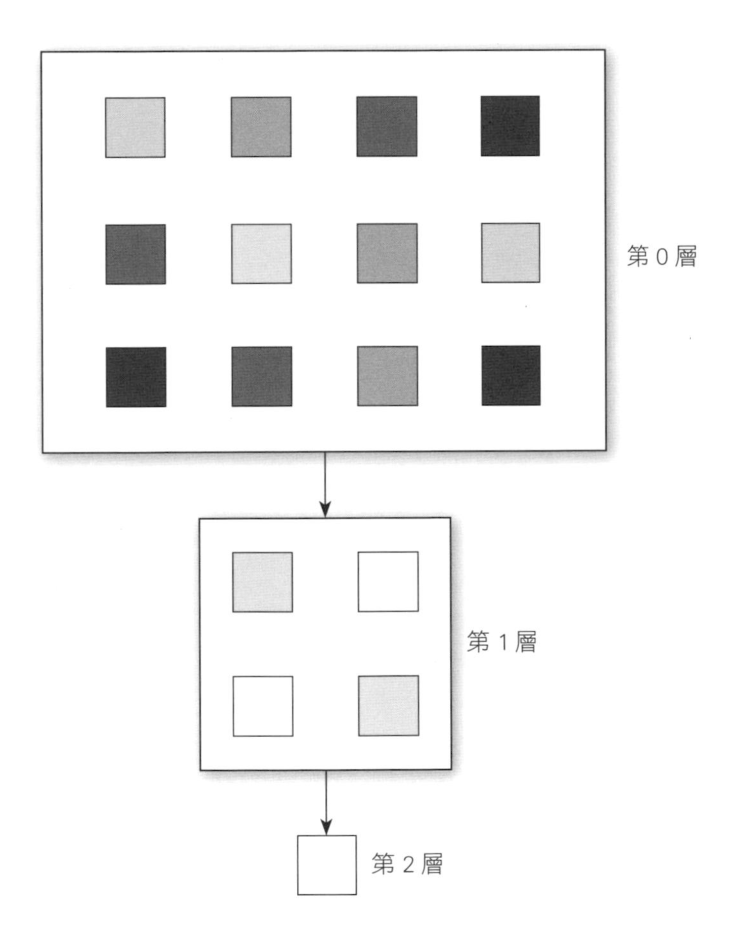

▲ 多階堆疊法，每一層的學習器都比上一層的複雜度低

另外，超學習器還有一個非常重要的特性：即便特徵之間具有**相關**（correlation）也能處理。超學習器的訓練資料是來自於基學習器，即便基學習器的多樣性很高，還是都看同一份訓練資料，而且每個基學習器會想辦法讓預測值逼近資料的標籤。因此無法避免超學習器的訓練資料，其特徵之間是有相關，甚至同一筆資料的各個特徵數值可能會很接近。

舉例來說，**單純貝氏分類器**假設特徵之間是完全獨立，因此這種演算法不適合做為超學習器。

4.5 使用堆疊法處理迴歸問題

雖然 scikit-learn 提供很多集成方法演算法，卻很不幸地沒有堆疊法。但是沒關係，本書將會帶領讀者完整實作堆疊法的運作機制。

以下我們使用堆疊法處理糖尿病患資料集。基學習器為 K 近鄰演算法（參考 5 個鄰居）、決策樹（最大深度為 4）、Ridge 迴歸。超學習器則是線性迴歸。第 1 部分的程式中，我們載入所需的函式庫及資料集。scikit-learn 中的 sklearn.model_selection 裡有提供 KFold，可以快速做出交叉驗證。我們使用前 400 筆資料做為訓練資料集以及驗證資料集，剩下的則為測試資料集。

```
# --- 第 1 部分 ---
# 載入函式庫與資料集
from sklearn.datasets import load_diabetes
from sklearn.neighbors import KNeighborsRegressor
from sklearn.tree import DecisionTreeRegressor
from sklearn.linear_model import LinearRegression, Ridge
from sklearn.model_selection import KFold
from sklearn import metrics
import numpy as np
diabetes = load_diabetes()

train_x, train_y = diabetes.data[:400], diabetes.target[:400]
test_x, test_y = diabetes.data[400:], diabetes.target[400:]
```

接下來，我們初始化基學習器與超學習器。為了之後能方便操作基學習器，我們將每個基學習器存放在 base_learners 串列中。

```
# --- 第 2 部分 ---
# 建立基學習器與超學習器
# 將基學習器放到串列中
base_learners = []

knn = KNeighborsRegressor(n_neighbors = 5)
base_learners.append(knn)

dtr = DecisionTreeRegressor(max_depth = 4, random_state = 123456)
base_learners.append(dtr)

ridge = Ridge()
base_learners.append(ridge)

meta_learner = LinearRegression() ← 超學習器為線性迴歸
```

接下來的程式，我們要訓練基學習器，並且產生中繼資料（超學習器的訓練資料集）。使用 KFold 函式並且指定將資料分成 5 折後，此函式即可傳回這 5 折資料的索引，其中 train_indices 中會包含 4/5 的資料索引，test_indices 會包含 1/5 的資料索引。我們使用 train_indices 來訓練每一個基學習器後，讓基學習器預測 test_indices，即可產生中繼資料。中繼資料的特徵存在 meta_data 陣列，標籤存在 meta_targets 陣列。最後，我們轉置（transpose）陣列，使陣列的每一列是一筆資料，每一行是一個基學習器的預測值。

```
# --- 第 3 部分 ---
# 產生訓練超學習器用的中繼資料

# 建立變數以儲存中繼資料及其標籤
meta_data = np.zeros((len(base_learners), len(train_x)))
meta_targets = np.zeros(len(train_x))
```

接下頁

```
# 進行交叉驗證
KF = KFold(n_splits=5)
index = 0
for train_indices, test_indices in KF.split(train_x):
    # 前 K-1 折是訓練資料集
    # 第 K 折是驗證資料集
    for i in range(len(base_learners)):
        learner = base_learners[i]
        learner.fit(train_x[train_indices], train_y[train_indices])
        p = learner.predict(train_x[test_indices])
        meta_data[i][index:index + len(test_indices)] = p

    meta_targets[index:index +
                 len(test_indices)] = train_y[test_indices]
    index += len(test_indices)

# 將中繼資料轉置為超學習器需要的形式
meta_data = meta_data.transpose()
```

第 4 部分的程式中，我們要產生超學習器的測試資料集。我們用全部的訓練資料集來訓練每一個基學習器，接著用訓練好的基學習器來對測試資料進行預測（也就是本書 4.3 節提到的方法二）。此外，我們計算每個基學習器的決定係數和均方誤差，以便與集成後效能比較。

```
# --- 第 4 部分 ---
# 產生超學習器的測試資料
test_meta_data = np.zeros((len(base_learners), len(test_x)))
base_errors = []
base_r2 = []
for i in range(len(base_learners)):
    learner = base_learners[i]
    learner.fit(train_x, train_y)
    predictions = learner.predict(test_x)
    test_meta_data[i] = predictions

    err = metrics.mean_squared_error(test_y, predictions)
    r2 = metrics.r2_score(test_y, predictions)
```

接下頁

```
    base_errors.append(err)
    base_r2.append(r2)

test_meta_data = test_meta_data.transpose()
```

第 5 部分程式是要訓練超學習器，第 6 部分程式則是顯示集成前與集成後效能。

```
# --- 第 5 部分 ---
# 訓練超學習器
meta_learner.fit(meta_data, meta_targets)
ensemble_predictions = meta_learner.predict(test_meta_data)

err = metrics.mean_squared_error(test_y, ensemble_predictions)
r2 = metrics.r2_score(test_y, ensemble_predictions)

# --- 第 6 部分 ---
# 顯示結果
print('ERROR  R2  Name')
print('-'*20)
for i in range(len(base_learners)):
    e = base_errors[i]
    r = base_r2[i]
    b = base_learners[i]

    print(f'{e:.1f} {r:.2f} {b.__class__.__name__}')
print(f'{err:.1f} {r2:.2f} Ensemble')
```

輸出結果如下。只是用 1 個簡單的超學習器集成 3 個基學習器，與效能最佳的基學習相比，決定係數就改善了接近 10%。

```
ERROR R2 Name
--------------------
2697.8 0.51   KNeighborsRegressor
3142.5 0.43   DecisionTreeRegressor
2564.8 0.54   Ridge
2066.6 0.63   Ensemble
```

4.6 使用堆疊法處理分類問題

看完了迴歸問題，我們再看一個範例，增加讀者對堆疊法的熟悉度。在本節中，我們使用堆疊法處理乳癌切片資料集，這是一個二元分類問題。我們使用 3 個基學習器： K 近鄰演算法（參考 5 個鄰居）、決策樹（最大深度為 4）、神經網路（有 1 層隱藏層、100 個神經元）。超學習器則使用邏輯斯迴歸。第 1 部分程式當中，我們先載入函式庫，並把前 400 筆資料作為為訓練資料集以及驗證資料集，剩下的資料作為測試資料集。

```
# --- 第 1 部分 ---
# 載入函式庫與資料集
from sklearn.datasets import load_breast_cancer
from sklearn.neighbors import KNeighborsClassifier
from sklearn.tree import DecisionTreeClassifier
from sklearn.neural_network import MLPClassifier
from sklearn.naive_bayes import GaussianNB
from sklearn.linear_model import LogisticRegression
from sklearn.model_selection import KFold
from sklearn import metrics
import numpy as np
bc = load_breast_cancer()

train_x, train_y = bc.data[:400], bc.target[:400]
test_x, test_y = bc.data[400:], bc.target[400:]
```

接著初始化基學習器與超學習器。神經網路 MLPClassifier 函式中，參數 hidden_layer_sizes = (100,) 是指定每個隱藏層的神經元數目，在此範例中我們使用 100 個神經元。

```
# --- 第 2 部分 ---
# 建立基學習器與超學習器
# 將基學習器放到串列中
base_learners = []

knn = KNeighborsClassifier(n_neighbors = 2)
base_learners.append(knn)

dtr = DecisionTreeClassifier(max_depth = 4, random_state = 2)
base_learners.append(dtr)

mlpc = MLPClassifier(hidden_layer_sizes = (100, ), random_state = 2)
base_learners.append(mlpc)

meta_learner = LogisticRegression() ← 超學習器改用邏輯斯迴歸
```

第 3 部分程式中，我們要訓練基學習器。這邊有一個需要特別注意的事情，因為此資料集為二元分類問題，每一筆資料屬於類別 1 跟類別 2 的機率總和會是 1，因此我們只需要紀錄每一筆資料屬於其中一個類別的機率即可。

```
# --- 第 3 部分 ---
# 產生訓練超學習器用的中繼資料

# 建立變數以儲存中繼資料及其標籤
meta_data = np.zeros((len(base_learners), len(train_x)))
meta_targets = np.zeros(len(train_x))

# 進行交叉驗證
KF = KFold(n_splits=5)
index = 0
for train_indices, test_indices in KF.split(train_x):
    # 前 K-1 折是訓練資料集
    # 第 K 折是驗證資料集
    for i in range(len(base_learners)):
        learner = base_learners[i]
```

接下頁

```
        learner.fit(train_x[train_indices], train_y[train_indices])
        p = learner.predict_proba(train_x[test_indices])[:,0]

        meta_data[i][index:index + len(test_indices)] = p

    meta_targets[index:index +
                 len(test_indices)] = train_y[test_indices]
    index += len(test_indices)

# 將中繼資料轉置為超學習器需要的形式
meta_data = meta_data.transpose()
```

第 4 部分的程式中，我們要產生超學習器的測試資料集，同時計算每個基學習器的準確率，以便與集成後效能比較。

```
# --- 第 4 部分 ---
# 產生超學習器的測試資料
test_meta_data = np.zeros((len(base_learners), len(test_x)))
base_acc = []
for i in range(len(base_learners)):
    b = base_learners[i]
    b.fit(train_x, train_y)
    predictions = b.predict_proba(test_x)[:,0]
    test_meta_data[i] = predictions

    acc = metrics.accuracy_score(test_y, b.predict(test_x))
    base_acc.append(acc)
test_meta_data = test_meta_data.transpose()
```

最後，我們訓練超學習器，並且計算集成後的準確率。

```
# --- 第 5 部分 ---
# 訓練超學習器
meta_learner.fit(meta_data, meta_targets)
ensemble_predictions = meta_learner.predict(test_meta_data)

acc = metrics.accuracy_score(test_y, ensemble_predictions)
```

接下頁

```
# --- 第 6 部分 ---
# 顯示結果
print('Acc  Name')
print('-'*20)
for i in range(len(base_learners)):
    learner = base_learners[i]
    print(f'{base_acc[i]:.2f} {learner.__class__.__name__}')
print(f'{acc:.2f} Ensemble')
```

最終的輸出如下。我們可以看到，即便基學習器已經可以達到 93% 的準確率，透過集成式學習還能夠繼續提高準確率。

```
Acc Name
--------------------
0.86 KNeighborsClassifier
0.89 DecisionTreeClassifier
0.93 MLPClassifier
0.95 Ensemble
```

上述的範例中，我們的中繼資料是預測機率。如果把中繼資料改成預測類別，也就是 predict_proba 函式改成 predict 函式，會發現集成後效能比神經網路略差。在這個案例中，以預測機率做為訓練資料的超學習器，會比以預測類別做為訓練資料的超學習器，有較多資訊可以使用。

```
Acc Name
--------------------
0.86 KNeighborsClassifier
0.89 DecisionTreeClassifier
0.93 MLPClassifier
0.92 Ensemble
```

4.7 建立堆疊的函式

由於 scikit-learn 中並沒有包含堆疊的函式，因此我們可以自己建立函式，未來需要使用堆疊法時，只要呼叫函式即可。下方的程式中，我們載入所需的函式庫，並設計函式的名稱及其對應的超參數。函式的超參數要接收來自使用者傳入的基學習器、超學習器、以及堆疊中每一層分別有多少學習器。比如，StackingRegressor([[L11, L12, L13], [L21, L22], [L31]]) 代表建立 3 層堆疊的模型，第一層有 3 個基學習器，第二層有 2 個基學習器，第三層有 1 個超學習器。另外，我們使用 deepcopy 函式，將傳入的基學習器跟超學習器複製一份，避免在訓練模型的過程中，修改了使用者原本的基學習器。

說明 以下程式碼從第 1 部分到第 4 部分，都是 StackingRegressor 函式，請讀者注意 Python 程式碼縮排。使用 Jupyter Notebook 的讀者，請將第 1 部分到第 4 部分程式放在同一個 Cell。

```
# --- 第 1 部分 ---
# 匯入函式庫
import numpy as np
from sklearn.model_selection import KFold
from copy import deepcopy

# --- 第 2 部分 ---
class StackingRegressor():
    def __init__(self, learners):
        # 接收基學習器、超學習器、以及堆疊中每一層分別有多少學習器
        # 複製學習器
        self.level_sizes = []
        self.learners = []
```

接下頁

```
        for learning_level in learners:
            self.level_sizes.append(len(learning_level))
            level_learners = []
            for learner in learning_level:
                level_learners.append(deepcopy(learner))
            self.learners.append(level_learners)
```

第 3 部分的程式碼中要實作堆疊的訓練。第 i 層中每一個基學習器的訓練資料集，都是來自 i-1 層基學習器的預測結果，但是第 1 層的基學習器要使用原始的訓練資料集。所以，我們將第 i 層的基學習器訓練資料集放在 meta_data[i]、meta_targets[i] 中，而 meta_data[0]、meta_targets[0] 直接設定為原始訓練資料集。接著，我們使用 data_z 跟 target_z 來記錄每一層中每一個基學習器的輸出，當完成交叉驗證後，便將 data_z 跟 target_z 加入 meta_data、meta_targets，做為下一層基學習器的訓練資料集。

下圖說明了 meta_data 與 self.learners 串列的關係。雖然在學理上，輸入資料並不算是中繼資料，但是為了讓程式碼比較簡潔，我們將輸入資料放在 meta_data[0]，如此一來我們可以相同的迴圈處理每一層的基學習器。

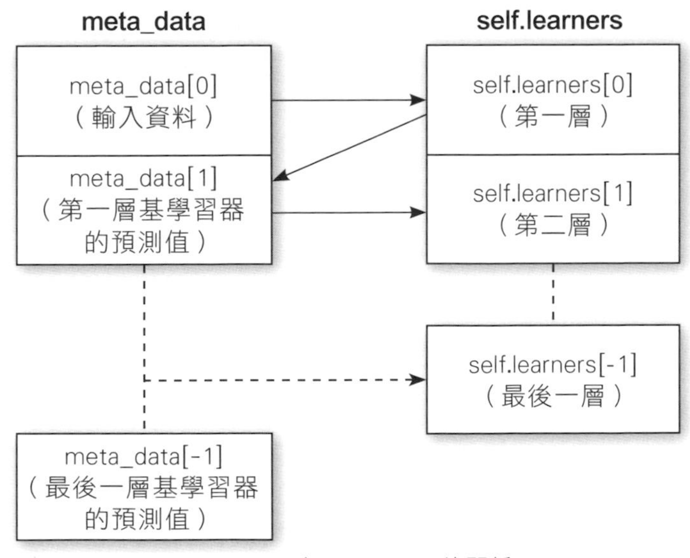

▲ meta_data 與 self.learners 的關係

```
# --- 第 3 部分 ---
    # fit 函式
    # 用第 i-1 層的基學習器預測值來訓練第 i 層的基學習器
    def fit(self, x, y):
        # 第 1 層基學習器的訓練資料即為原始資料
        meta_data = [x]
        meta_targets = [y]
        for i in range(len(self.learners)):
            level_size = self.level_sizes[i]

            # 建立第 i 層預測值的儲存空間
            data_z = np.zeros((level_size, len(x)))
            target_z = np.zeros(len(x))

            # 取得第 i 層訓練資料集
            train_x = meta_data[i]
            train_y = meta_targets[i]

            # 建立交叉驗證
            KF = KFold(n_splits=5)
            m = 0
            for train_indices, test_indices in KF.split(x):
                for j in range(len(self.learners[i])):
                    # 使用前 K-1 折訓練第 j 個基學習器
                    learner = self.learners[i][j]
                    learner.fit(train_x[train_indices],
                                train_y[train_indices])
                    # 使用第 K 折驗證第 j 個基學習器
                    p = learner.predict(train_x[test_indices])
                    # 儲存第 K 折第 j 個基學習器預測結果
                    data_z[j][m:m+len(test_indices)] = p

                target_z[m:m+
                    len(test_indices)] = train_y[test_indices]
                m += len(test_indices)

            # 儲存第 i 層基學習器的預測結果
            # 作為第 i+1 層基學習器的訓練資料
            data_z = data_z.transpose()
            meta_data.append(data_z)
            meta_targets.append(target_z)
```

接下頁

```
        # 使用完整的訓練資料來訓練基學習器
        for learner in self.learners[i]:
            learner.fit(train_x, train_y)
```

最後我們定義 predict 函式，第 i 層中每一個基學習器的輸入特徵，都是來自 i-1 層基學習器的預測結果，但是第 1 層的基學習器要使用原始的測試資料集。此函式會傳回每一層的預測結果，最後集成的輸出即為 meta_data[-1]。

```
# --- 第 4 部分 ---
    # predict 函式
    def predict(self, x):

        # 儲存每一層的預測
        meta_data = [x]
        for i in range(len(self.learners)):
            level_size = self.level_sizes[i]

            data_z = np.zeros((level_size, len(x)))

            test_x = meta_data[i]

            for j in range(len(self.learners[i])):

                learner = self.learners[i][j]
                predictions = learner.predict(test_x)
                data_z[j] = predictions

            # 儲存第 i 層基學習器的預測結果
            # 作為第 i+1 層基學習器的輸入
            data_z = data_z.transpose()
            meta_data.append(data_z)

        # 傳回預測結果
        return meta_data
```

我們使用與4.5節一樣的基學習器、超學習器、資料集，傳入StackingRegressor函式，可以得到一模一樣的預測結果。

```
# 匯入函式庫與資料集
from sklearn.datasets import load_diabetes
from sklearn.neighbors import KNeighborsRegressor
from sklearn.tree import DecisionTreeRegressor
from sklearn.linear_model import LinearRegression, Ridge
from sklearn import metrics
diabetes = load_diabetes()

train_x, train_y = diabetes.data[:400], diabetes.target[:400]
test_x, test_y = diabetes.data[400:], diabetes.target[400:]

base_learners = []

knn = KNeighborsRegressor(n_neighbors = 5)
base_learners.append(knn)

dtr = DecisionTreeRegressor(max_depth = 4, random_state = 123456)
base_learners.append(dtr)

ridge = Ridge()
base_learners.append(ridge)

meta_learner = LinearRegression()

# 傳入我們建立的函式
sc = StackingRegressor([[knn,dtr,ridge],[meta_learner]])

# 訓練、預測
sc.fit(train_x, train_y)
meta_data = sc.predict(test_x)

# 衡量基學習器跟集成後效能
base_errors = []
base_r2 = []
for i in range(len(base_learners)):
    learner = base_learners[i]
```

接下頁

```
    predictions = meta_data[1][:,i]
    err = metrics.mean_squared_error(test_y, predictions)
    r2 = metrics.r2_score(test_y, predictions)
    base_errors.append(err)
    base_r2.append(r2)

err = metrics.mean_squared_error(test_y, meta_data[-1])
r2 = metrics.r2_score(test_y, meta_data[-1])

# 顯示結果
print('ERROR  R2  Name')
print('-'*20)
for i in range(len(base_learners)):
    e = base_errors[i]
    r = base_r2[i]
    b = base_learners[i]
    print(f'{e:.1f} {r:.2f} {b.__class__.__name__}')
print(f'{err:.1f} {r2:.2f} Ensemble')
```

輸出

```
ERROR R2 Name
--------------------
2697.8 0.51   KNeighborsRegressor
3142.5 0.43   DecisionTreeRegressor
2564.8 0.54   Ridge
2066.6 0.63   Ensemble
```

4.8 小編補充：堆疊的其他技巧

超學習器也使用原始訓練資料

本章提到訓練超學習器的資料集，來自於基學習器的預測值。但其實也可以合併基學習器的預測值以及原始資料集，一起給超學習器。

基學習器不一定要是針對標籤做預測

比如迴歸問題中，我們可以讓基學習器預測「是否大於某個特定值」，透過集成大量的基學習器，再讓超學習器去判斷這些基學習器的預測值跟標籤的關係。

基學習器的預測值不一定要直接給超學習器

我們可以將基學習器的預測值做加工，比如說相加、相減或是取敘述統計等。同理，不一定要用相同的資料集訓練第一層基學習器。

4.9 小結

本章介紹了堆疊法，這個方法可以視為一種更先進的投票法：超學習器自己學習如何整合基學習器的預測結果。我們說明了堆疊法的基本概念、如何正確地產生中繼資料、如何決定基學習器跟超學習器等。我們也示範用堆疊法處理迴歸以及分類問題。最後，我們建立了堆疊的函式，方便之後使用堆疊法。

堆疊法中，每一層基學習器會拿上一層基學習器的預測值作為訓練資料。產生中繼資料的方法為：將訓練集分割為 K 折，用其中的 K-1 折訓練基學習器，並預測第 K 折資料，重複 K 次直到每一折的資料都有對應的預測值。最後用整個訓練資料集來訓練基學習器。通常會選擇多樣化的基學習器，而超學習器則會選相對簡單的演算法，或是使用常規化，以防止過度配適。另外，超學習器也要能處理具有相關性特徵。

生成式演算法

有別於本書第 2 篇，本篇開始要介紹生成式演算法，這類演算法在集成的過程中不再單純只用基學習器的輸出而已。本篇內容包含以下 3 個章節。

- 第 5 章，自助聚合法（Bootstrap Aggregation）
- 第 6 章，提升法（Boosting）
- 第 7 章，隨機森林（Random Forest）

自助聚合法（Bootstrap Aggregation）

本章內容

自助聚合法（bootstrap aggregating，簡稱 bagging）的做法中，會在原訓練資料集進行**抽樣**（sampling），藉此產生更多資料集，接著用每一個資料集訓練一個基學習器，最後將所有基學習器集成。透過自助聚合法，可以有效降低模型變異。在本章中，我們會討論自助聚合法的統計原理：**自助抽樣法**（bootstrapping），並討論自助聚合法的優缺點。最後，我們將示範使用自助聚合法處理迴歸以及分類問題。本章涵蓋的主題如下：

- 統計學中的自助抽樣法。
- 自助聚合法的原理。
- 自助聚合法的優缺點。
- 實作自助聚合法的機制。
- 使用 scikit-learn 提供的自助聚合法函式。

5.1 自助抽樣法

重抽樣（Resampling）

自助抽樣法是一種**重抽樣**方法。在統計學中，重抽樣是指由原樣本中產生許多「新樣本」來使用，也就是將原樣本視為**母體**（population），對原樣本進行抽樣後得到**子樣本**（sub-samples），接著利用子樣本進行其他分析。而在機器學習中，原樣本即為我們的訓練資料集。

本質上，此方法的精神是「模擬」由「從母體抽取多組樣本」的情形，如下圖所示。

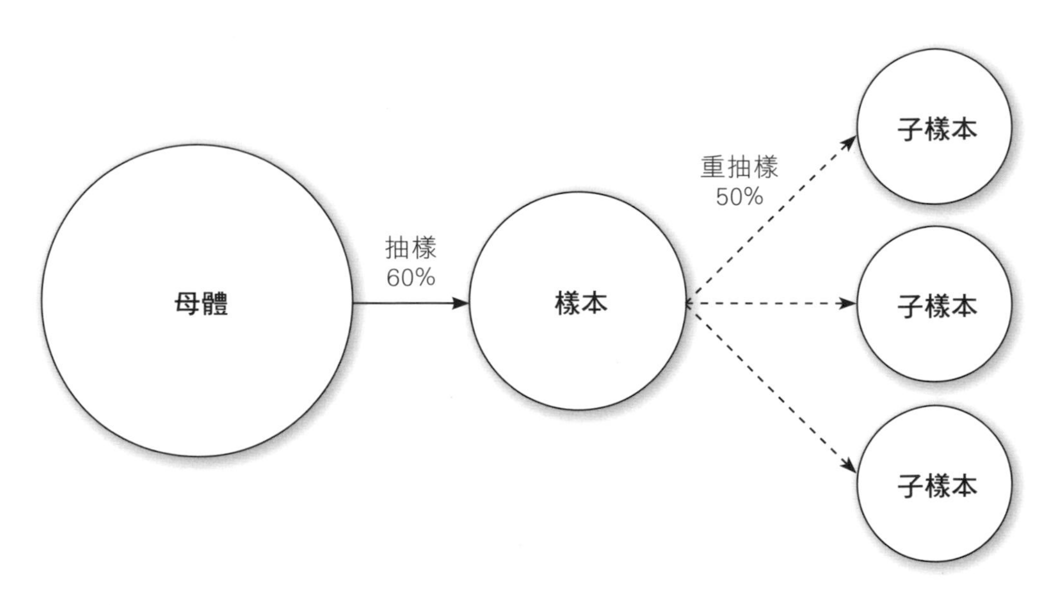

▲ 重抽樣

子樣本（Sub-samples）

我們對原樣本做**取後放回**（sample with replacement）的抽樣來產生子樣本。比如，現在有一個桶子裡頭包含 100 個人的身高和體重資料，我們可以隨機抓一筆資料，記錄抓到的資料後，將資料丟回桶子，重複數次之後得到的資料集，即是一組子樣本。請注意，原樣本中的每一筆資料都可能被抽到超過一次，也可能完全沒被抽到。

在 Python 中，我們可以使用 numpy.random 裡的函式來產生指定大小的子樣本。以下是一個範例程式，我們透過子樣本來估計糖尿病患資料集的平均值和標準差。首先，我們載入資料集和函式庫，並顯示原資料集的基本資訊。

```
# --- 第 1 部分 ---
# 載入函式庫與資料集
import numpy as np
import matplotlib.pyplot as plt
from sklearn.datasets import load_diabetes

diabetes = load_diabetes()

# --- 第 2 部分 ---
# 顯示原資料集的平均數與標準差
target = diabetes.target

print(np.mean(target))
print(np.std(target))
```

第 3 部分的程式當中，我們要產生 10,000 個子樣本。每一個子樣本計算出來的平均數跟標準差會放在 bootstrap_stats 中。

```
# --- 第 3 部分 ---
# 產生子樣本的平均數與標準差
bootstrap_stats = []
for _ in range(10000):
    bootstrap_sample = np.random.choice(target,
                                    size = int(len(target)/1))
    mean = np.mean(bootstrap_sample)
    std = np.std(bootstrap_sample)
    bootstrap_stats.append((mean, std))
bootstrap_stats = np.array(bootstrap_stats)
```

我們可以繪製子樣本的平均數和標準差**直方圖**（histogram），並且計算各自的**標準誤**（standard error，即抽樣分佈的標準差）。

```
# --- 第 4 部分 ---
# 繪製直方圖
plt.figure()
plt.subplot(2,1,1)
std_err = np.std(bootstrap_stats[:,0])
plt.title('Mean, Std. Error: %.2f'%std_err)
plt.hist(bootstrap_stats[:,0], bins = 20)

plt.subplot(2,1,2)
std_err = np.std(bootstrap_stats[:,1])
plt.title('Std. Dev, Std. Error: %.2f'%std_err)
plt.hist(bootstrap_stats[:,1], bins = 20)
plt.show()
```

我們得到的輸出如下圖所示，可以發現子樣本估計出來的平均數跟標準差，會很接近資料集的平均數跟標準差。請注意，如果沒有指定 Numpy 中的**隨機種子**（random seed），則每次執行的結果可能會有所不同。另外，如果產生更多的子樣本，則有助於取得更接近原始資料集的結果。因此，自助抽樣法是估計如標準誤、信賴區間或其他統計量的一種實用技術。

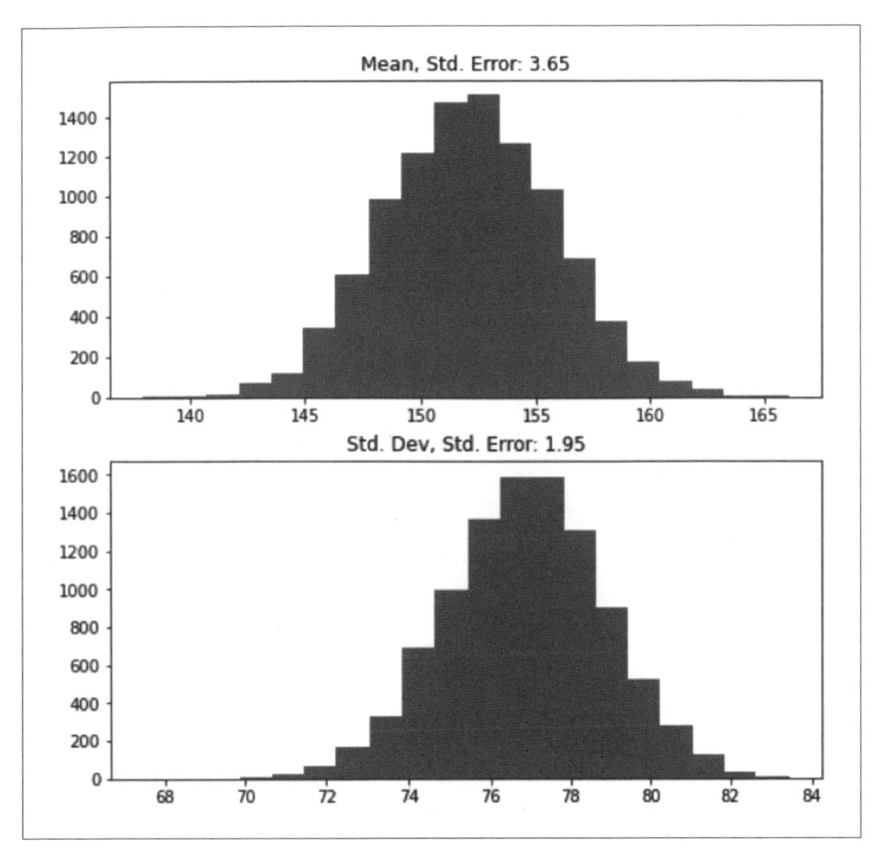

▲ 子樣本的平均數和標準差分佈

5.2 自助聚合法的原理

自助聚合法即是使用許多子樣本來訓練一堆基學習器，最後整合這些基學習器的輸出，產生最終的預測值。使用此方法的目的在於：經由透過取後放回的抽樣方法，產生多樣化的子樣本，來得到多樣化的基學習器。在本節中，我們將討論使用方法及其優缺點。

建立基學習器

自助聚合法的第一步是使用取後放回的抽樣，產生 N 個子樣本。接著，用這 N 個子樣本訓練 N 個基學習器。最後，整合所有基學習器的輸出。訓練好基學習器後，我們就使用這些基學習器對測試資料做出預測。

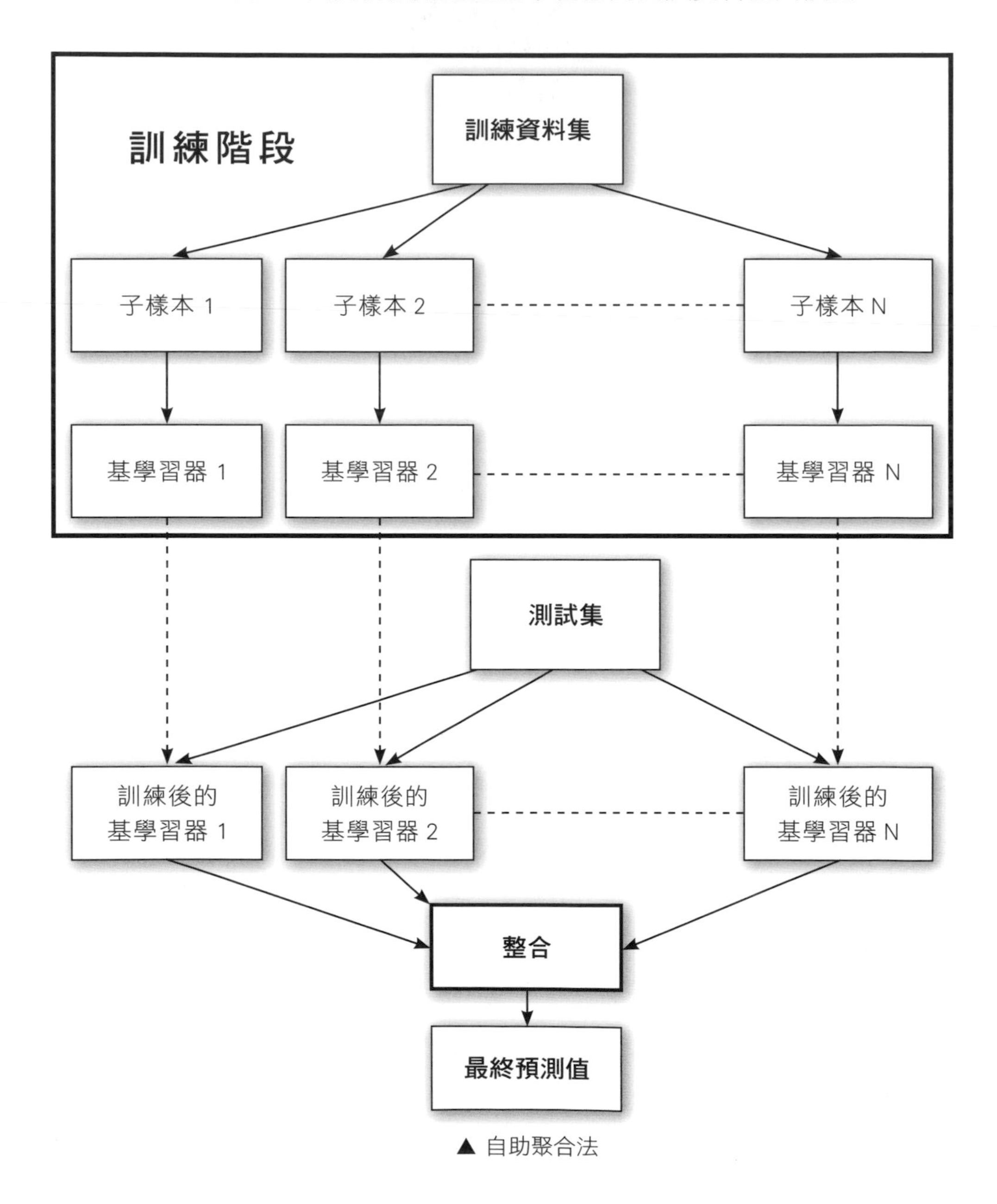

▲ 自助聚合法

驗證基學習器

如果子樣本的資料筆數跟原始訓練集相同，則學理上原始資料集的每一筆資料有 63.2% 的機率會出現在一個子樣本裡，因此又稱為 **0.632 自助估計**（0.632 bootstrap estimate）。此時，另外 36.8% 的資料即可作為驗證資料，又稱為**袋外實體**（out-of-bag instances），並且評估基學習器的效能，這稱為**袋外分數**（out-of-bag score）。比如，原始訓練資料集當中有 100 筆資料，則原始訓練資料集當中會有大約 63 筆資料出現在子樣本裡，所以我們可以使另外的 37 筆資料作為驗證資料集。

小編補充 為什麼是 0.632

假設訓練資料集裡面有 N 筆資料，我們要進行 N 次取後放回的抽樣，藉此產生一組子樣本。對於訓練資料集裡面的某一筆資料，一次取後放回的抽樣中，被抽到的機率為 $\frac{1}{N}$，因此沒被抽到的機率是 $1-\frac{1}{N}$。進行 N 次取後放回的抽樣，如果 N 次都沒抽中此筆資料，其發生的機率為 $(1-\frac{1}{N})^N$。也就是說，N 次取後放回的抽樣，至少有一次抽中此資料的機率為 $1-(1-\frac{1}{N})^N=1-e^{-1}\approx 0.632$。

另外，訓練資料集裡面的某一筆資料，一次取後放回的抽樣中，被抽到的機率為 $\frac{1}{N}$。這代表進行 N 次抽樣後，某些資料有可能被抽到數次，也有可能某些筆資料不曾被抽到過。

自助聚合法的優點與缺點

一般來說，自助聚合法能有效地降低變異，尤其與穩定性較差的基學習器配合使用，特別有效（穩定性較差是指即使在訓練集相近的情況下，仍可能產生差異相當大的訓練結果）。

此外，子樣本的組數越多，代表基學習器的數目越多，可以讓自助聚合法逐漸收斂至穩定的結果。最後，由於個別基學習器可以分開訓練，很適合使用**平行運算**（parallel computing）來加速模型開發。

自助聚合法的主要缺點在於模型缺乏**可解釋性**（interpretability）與**透明性**（transparency）。比如，使用單一決策樹時，可解釋性相當高，因為我們只需要知道每一個節點的判斷方式，即可知道模型如何做出決策。但是，當使用多個決策樹時，我們就不太可能查看所有基學習器的決策方式，且個別基學習器的決策重要性也會降低。

5.3 使用 Python 實作自助聚合法的完整機制

資料集太小，比較無法顯現自助聚合法的功效。因此，本章的範例改用手寫數字資料集，內含超過一千筆資料，資料可以分為 10 個類別。我們使用 1500 筆資料作為訓練資料集，其餘的 297 個作為驗證資料集。我們要產生 10 組子樣本，基學習器選擇決策樹。最後，我們使用非生成式的硬投票來整合基學習器的輸出，得到最終預測。第 1 部分的程式中，會先載入函式庫與資料集。

```
# --- 第 1 部分 ---
# 載入函式庫與資料集
from sklearn.datasets import load_digits
from sklearn.tree import DecisionTreeClassifier
from sklearn import metrics
import numpy as np
digits = load_digits()

np.random.seed(1)
train_size = 1500
train_x, train_y = digits.data[:train_size], digits.
target[:train_size]
test_x, test_y = digits.data[train_size:], digits.target[train_size:]
```

第 2 部分程式中，我們要產生子樣本，並且使用子樣本訓練基學習器。我們使用 np.random.randint(0, train_size, size = train_size) 來產生一個索引陣列，就可以直接從訓練資料集當中取出子樣本。而訓練好的基學習器會存放在 base_learners 當中。

```
# --- 第 2 部分 ---
# 產生子樣本並訓練基學習器

ensemble_size = 10
base_learners = []

for _ in range(ensemble_size):
    # 取後放回的抽樣，產生子樣本
    # 子樣本的資料數跟訓練資料的資料數一樣多
    # 本章第 2 節有提到，某些資料可以被重複抽到
    # 某些資料可能不曾被抽到過
    bootstrap_sample_indices = np.random.randint(0,
                                                  train_size,
                                                  size = train_size)
    bootstrap_x = train_x[bootstrap_sample_indices]
    bootstrap_y = train_y[bootstrap_sample_indices]
    # 訓練基學習器
    dtree = DecisionTreeClassifier()
    dtree.fit(bootstrap_x, bootstrap_y)
    base_learners.append(dtree)
```

第 3 部分程式中，我們使用每個基學習器對驗證資料集做預測，儲存預測值並評估準確率。

```
# --- 第 3 部分 ---
# 用基學習器做預測並評估效能
base_predictions = []
base_accuracy = []
for learner in base_learners:
    predictions = learner.predict(test_x)
    base_predictions.append(predictions)
    acc = metrics.accuracy_score(test_y, predictions)
    base_accuracy.append(acc)
```

第 4 部分程式中，我們使用投票法（如何使用投票法，請看本書第 3 章）將基學習器的預測值整合成一個最終輸出，並評估集成後的準確率。

```
# --- 第 4 部分 ---
# 組合基學習器的預測

ensemble_predictions = []
# 找出每一筆資料得票最多的類別
for i in range(len(test_y)):
    # 計算每個類別的得票數
    counts = [0 for _ in range(10)]
    for learner_p in base_predictions:
        counts[learner_p[i]] = counts[learner_p[i]] + 1
    # 找到得票最多的類別
    final = np.argmax(counts)
    # 將此類別加入最終預測中
    ensemble_predictions.append(final)

ensemble_acc = metrics.accuracy_score(test_y,
                                      ensemble_predictions)
```

最後一部分程式，我們輸出每一個基學習器的準確率，以及集成後的準確率。

```
# --- 第 5 部分 ---
# 顯示準確率，從小到大依序印出來
print('Base Learners:')
print('-'*30)
for index, acc in enumerate(sorted(base_accuracy)):
    print(f'Learner {index+1}: %.2f' % acc)
print('-'*30)
print('Bagging: %.2f' % ensemble_acc)
```

最終輸出如下。可以發現集成後的準確率，比效能最佳的基學習器高了 6%，可謂相當大幅度的改善。

```
Base Learners:
------------------------------
Learner1:  0.75
Learner2:  0.75
Learner3:  0.75
Learner4:  0.75
Learner5:  0.77
Learner6:  0.78
Learner7:  0.78
Learner8:  0.78
Learner9:  0.79
Learner10: 0.81
------------------------------
Bagging: 0.87
```

5.4 平行化（Parallelize）自助聚合法

由於自助聚合法當中，每個基學習器都是個別訓練，因此其實我們可以同時訓練好幾個基學習器，減少程式執行時間。Python 提供的 ProcessPoolExecutor 函式庫可以輕鬆將自助聚合法程式碼平行化，我們只需要將想要平行運算的函式以及相關資訊傳入即可。其概念是使用**執行器**（executor）生成多個任務，接著用**平行程序**（parallel processes）來執行任務。第 1 部分程式一樣是載入函式庫與資料集。

```
# --- 第 1 部分 ---
# 載入函式庫與資料集
from sklearn.datasets import load_digits
from sklearn.tree import DecisionTreeClassifier
from sklearn import metrics
import numpy as np
from concurrent.futures import ProcessPoolExecutor
digits = load_digits()

np.random.seed(1)
train_size = 1500
train_x = digits.data[:train_size]
train_y = digits.target[:train_size]
test_x = digits.data[train_size:]
test_y = digits.target[train_size:]
```

第 2 部分程式中，我們要將原本抽樣、訓練基學習器的程式，改寫成獨立的函式，以便之後進行平行處理。

```
# --- 第 2 部分 ---
def create_learner(train_x, train_y):
    # 產生子樣本
    bootstrap_sample_indices = np.random.randint(0,
                                                 train_size,
                                                 size = train_size)
    bootstrap_x = train_x[bootstrap_sample_indices]
    bootstrap_y = train_y[bootstrap_sample_indices]
```

接下頁

```
    # 訓練基學習器
    dtree = DecisionTreeClassifier()
    dtree.fit(bootstrap_x, bootstrap_y)
    return dtree

def predict(learner, test_x):
    return learner.predict(test_x)
```

接下來的程式中要用 ProcessPoolExecutor 函式庫來進行平行運算。第 3 部分的程式裡，我們建立一個 executor，並且指定執行 1000 次 create_learner，藉此產生 1000 個基學習器。我們將 executor 傳回的物件存在 future，其中包含每個訓練好的基學習器。另外，我們將需要平行處理的程式包在 if name == ' main ' 裡，是為了避免平行處理的時候，每個平行程序都執行到共同的部分。此部分程式最後則是使用平行處理來產生 1000 個基學習器的預測。

```
# --- 第 3 部分 ---
if __name__ == '__main__':

    ensemble_size = 1000
    base_learners = []

    # 利用平行運算建立基學習器
    with ProcessPoolExecutor() as executor:
        futures = []
        for _ in range(ensemble_size):
            future = executor.submit(create_learner, train_x, train_y)
            futures.append(future)

        for future in futures:
            base_learners.append(future.result())

    # 產生基學習器的預測值
    base_predictions = []
    base_accuracy = []
    with ProcessPoolExecutor() as executor:
```

接下頁

```
        futures = []
        for learner in base_learners:
            future = executor.submit(predict, learner, test_x)
            futures.append(future)

        for future in futures:
            predictions = future.result()
            base_predictions.append(predictions)
            acc = metrics.accuracy_score(test_y, predictions)
            base_accuracy.append(acc)
```

獲得所有基學習器的預測值之後，我們就可以計算集成後的準確率。

```
# --- 第 5 部分 ---
# 產生集成後預測並計算準確率
ensemble_predictions = []
# 找出每一筆資料得票最多的類別
for i in range(len(test_y)):
    # 計算每個類別的得票數
    counts = [0 for _ in range(10)]
    for learner_p in base_predictions:
        counts[learner_p[i]] = counts[learner_p[i]] + 1

    # 找到得票最多的類別
    final = np.argmax(counts)
    # 將此類別加入最終預測中
    ensemble_predictions.append(final)

ensemble_acc = metrics.accuracy_score(test_y,
                                      ensemble_predictions)

# --- 第 6 部分 ---
# 顯示準確率，從小到大依序印出來
print('Base Learners:')
print('-'*30)
for index, acc in enumerate(sorted(base_accuracy)):
    print(f'Learner {index+1}: %.2f' % acc)
print('-'*30)
print('Bagging: %.2f' % ensemble_acc)
```

接下頁

程式執行結果如下，當我們集成 1000 個模型之後，準確率可以提高到 90%。而且透過平行運算，訓練整個模型的時間可以在非常短的時間內完成。

```
Base Learners:
------------------------------
Learner 1: 0.69
Learner 2: 0.69
Learner 3: 0.69
Learner 4: 0.69
Learner 5: 0.69
（…中間略…）
Learner 998: 0.82
Learner 999: 0.82
Learner 1000: 0.82
------------------------------
Bagging: 0.90
```

5.5 使用 scikit-learn 提供的自助聚合法處理分類問題

在本節中，我們將說明如何使用 scikit-learn 提供的自助聚合法函式。用 scikit-learn 的自助聚合法處理分類問題時，要使用的函式為 sklearn.ensemble 裡的 BaggingClassifier。此函式的 base_estimator 超參數可以支援任何 scikit-learn 基學習器、n_estimators 超參數可以設定要產生多少個基學習器、n_jobs 則是設定要用多少個平行程序來進行自助聚合、oob_score 超參數設為 True 可以計算基學習器的袋外分數。第 1 部分程式中，我們載入所需的資料集和函式庫。

```
# --- 第 1 部分 ---
# 載入函式庫與資料
from sklearn.datasets import load_digits
from sklearn.tree import DecisionTreeClassifier
from sklearn.ensemble import BaggingClassifier
from sklearn import metrics
import numpy as np
digits = load_digits()

np.random.seed(1)
train_size = 1500
train_x, train_y = digits.data[:train_size], digits.
target[:train_size]
test_x, test_y = digits.data[train_size:], digits.target[train_size:]
```

接下來的程式，跟訓練 scikit-learn 提供的模型一致，我們初始化模型後，便可以使用 fit 函式來訓練模型，並使用 predict 來產生集成後預測值，最後計算集成後準確率。

```
# --- 第 2 部分 ---
# 建立集成模型
ensemble_size = 10
ensemble = BaggingClassifier(base_estimator =
                             DecisionTreeClassifier(),
                             n_estimators = ensemble_size,
                             oob_score = True)

# --- 第 3 部分 ---
# 訓練模型
ensemble.fit(train_x, train_y)

# --- 第 4 部分 ---
# 評估模型
ensemble_predictions = ensemble.predict(test_x)

ensemble_acc = metrics.accuracy_score(test_y,
                                      ensemble_predictions)
```

接下頁

```
# --- 第 5 部分 ---
# 顯示準確率
print('Bagging: %.2f' % ensemble_acc)
print('Out-of_bag: %.2f' % ensemble.oob_score_)
```

模型在驗證資料上的準確率為 86%，袋外分數為 90%。在上述的範例中，我們只建立了 10 個基學習器。假設我們要實驗不同個數的基學習器如何影響集成後效能，則只需要修改 BaggingClassifier 的 n_estimators 超參數即可。現在，我們可以使用本書第 2 章提到的驗證曲線，來看看 1 至 38 個基學習器的自助聚合結果差異。結果如下圖，可以發現偏誤和變異一開始都漸漸降低；但在基學習器達到 15 以後，繼續增加基學習器的數目似乎無助於效能的提升。

```
from sklearn.model_selection import validation_curve
import matplotlib.pyplot as plt

# 計算訓練資料集以及驗證資料集準確率
param_range = list(range(1, 39, 2))
train_scores, test_scores = validation_curve(ensemble,
                                             train_x,
                                             train_y,
                                             param_name =
                                             'n_estimators',
                                             param_range =
                                             param_range,
                                             cv = 10,
                                             scoring = "accuracy")

# 對每個超參數計算模型準確率的平均數與標準差
train_scores_mean = np.mean(train_scores, axis = 1)
train_scores_std = np.std(train_scores, axis = 1)
test_scores_mean = np.mean(test_scores, axis = 1)
test_scores_std = np.std(test_scores, axis = 1)

plt.figure(figsize = (8, 8))
plt.title('Validation curves')
# 繪製標準差
```

接下頁

```
plt.fill_between(param_range, train_scores_mean - train_scores_std,
                 train_scores_mean + train_scores_std, alpha = 0.1,
                 color = "C1")
plt.fill_between(param_range, test_scores_mean - test_scores_std,
                 test_scores_mean + test_scores_std, alpha = 0.1,
                 color = "C0")

# 繪製平均數
plt.plot(param_range, train_scores_mean, 'o-', color = "C1",
         label = "Training score")
plt.plot(param_range, test_scores_mean, 'o-', color = "C0",
         label = "Cross-validation score")
plt.xticks(param_range)
plt.xlabel('Number of neighbors')
plt.ylabel('Accuracy')
plt.legend(loc = "best")
plt.show()
```

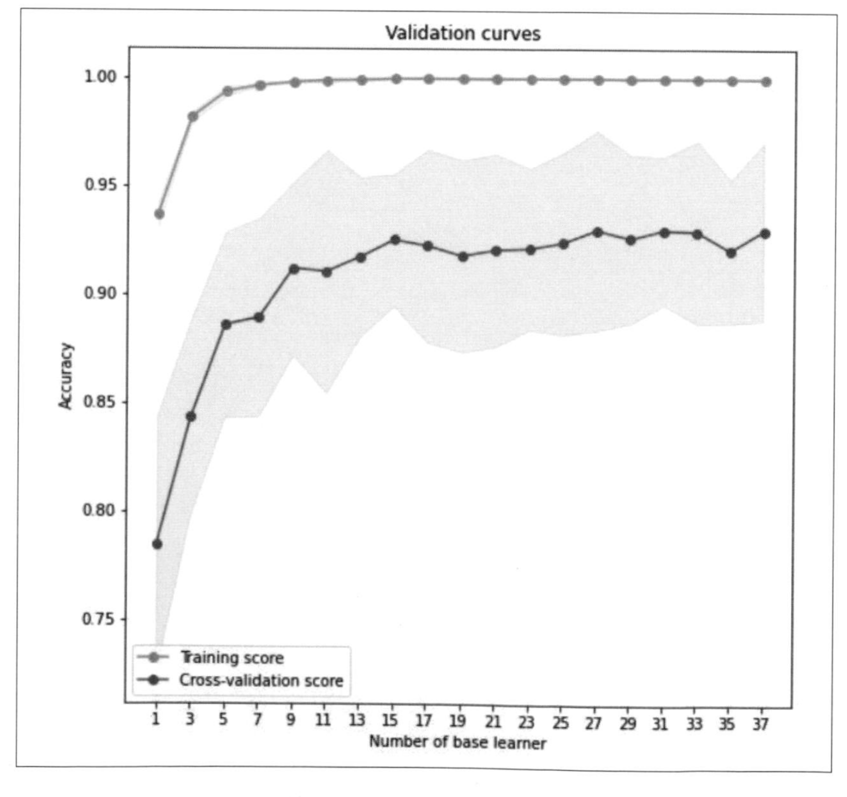

▲ 不同基學習器個數對集成後效能的影響

5.6 使用 scikit-learn 提供的自助聚合法處理迴歸問題

使用 scikit-learn 提供的自助聚合法函式處理迴歸問題，只需要將函式換成 BaggingRegressor，其餘的部分都跟 5.5 節相同。首先，我們先載入函式庫與資料集。

```
# --- 第 1 部分 ---
# 載入函式庫與資料
from sklearn.datasets import load_diabetes
from sklearn.tree import DecisionTreeRegressor
from sklearn.ensemble import BaggingRegressor
from sklearn import metrics
import numpy as np
diabetes = load_diabetes()

np.random.seed(1234)

train_x, train_y = diabetes.data[:400], diabetes.target[:400]
test_x, test_y = diabetes.data[400:], diabetes.target[400:]
```

我們選擇的基學習器為決策樹。為了提高基學習器的多樣性，我們設定決策樹的最大深度為 6。反之，如果將最大深度限制為 2 或 3，則基學習器的多樣性會太低，可能導致自助聚合法的效果比單一決策樹還差。

```
# --- 第 2 部分 ---
# 建立集成模型
estimator = DecisionTreeRegressor(max_depth = 6)
ensemble = BaggingRegressor(base_estimator = estimator,
                            n_estimators = 10)
```

接下頁

```
# --- 第 3 部分 ---
# 訓練並評估模型
ensemble.fit(train_x, train_y)
ensemble_predictions = ensemble.predict(test_x)

estimator.fit(train_x, train_y)
single_predictions = estimator.predict(test_x)

ensemble_r2 = metrics.r2_score(test_y, ensemble_predictions)
ensemble_mse = metrics.mean_squared_error(test_y,
                                          ensemble_predictions)

single_r2 = metrics.r2_score(test_y, single_predictions)
single_mse = metrics.mean_squared_error(test_y,
                                        single_predictions)

# --- 第 4 部分 ---
# 顯示結果
print('Bagging r-squared: %.2f' % ensemble_r2)
print('Bagging MSE: %.2f' % ensemble_mse)
print('-'*30)
print('Decision Tree r-squared: %.2f' % single_r2)
print('Decision Tree MSE: %.2f' % single_mse)
```

從決定係數和均方預測誤差可以看出，集成後效能比單一模型要好很多。

```
Bagging r-squared: 0.52
Bagging MSE: 2684.82
------------------------------
Decision Tree r-squared: 0.15 Decision Tree MSE: 4733.35
```

5.7 小結

在本章中，我們說明了如何產生子樣本以及其背後的統計基礎觀念。在此基礎上，我們介紹了自助聚合法，即為使用許多子樣本來訓練多個基學習器。接著，我們實做整個自助聚合的完整機制，同時也展示如何將訓練過程平行化。最後，我們示範了使用 scikit-learn 提供的自助聚合法函式來處理迴歸和分類問題。

本章的重點如下：重抽樣得到的子樣本是指對原資料集做取後放回的抽樣而產生，其主要概念是將原資料集視為母體，重新做抽樣得到子樣本。如果原資料集和子樣本的大小相同，則原資料集裡的每一筆資料有 63.2% 的機率會出現在子樣本中。我們可以使用子樣本來估計標準誤、信賴區間等統計量。自助聚合法使用多組子樣本來訓練多個基學習器，來降低變異，尤其對於多樣性高或是不穩定的模型特別有效。

我們可以使用平行處理來加速自助聚合法，因為每個基學習器都可以獨立訓練和測試。而自助聚合法最大的缺點是會降低模型的可解釋性和透明性。

MEMO

chapter 6

提升法（Boosting）

本章內容

我們要介紹的第 2 種生成式演算法是**提升法**（boosting）。提升法的目標在於將多個**弱學習器**（weak learner）前後串接起來，藉此降低偏誤與變異。本章改稱弱學習器而非基學習器，是因為通常提升法使用的弱學習器是效能比隨機猜測略好的學習器，比如，在每個類別的資料筆數相同的 2 元分類問題中，弱學習器的準確率大概只比 50% 高一些而已。

在本章中，我們將討論 2 種經典的實作方法：**適應提升**（adaptive boosting, AdaBoost）和**梯度提升**（gradient boosting），並學習使用 scikit-learn 以及 XGBoost 提供的提升法函式。本章涵蓋的主題如下：

- 為什麼要使用提升法。
- 各種提升演算法。
- 使用 Python 實作提升法完整機制。
- 使用 Scikit-learn 函式庫。
- 使用 XGBoost 函式庫。

6.1 適應提升（Adaptive Boosting, AdaBoost）

適應提升演算法是目前最熱門的提升演算法之一，與自助聚合法類似，其主要概念為：建立許多無相關的弱學習器，再整合它們的預測。與自助聚合法的主要不同之處在於，適應提升演算法不會單純對原始資料集做抽樣，而是給每一筆資料一個**權重**（weights）後才抽樣，並且在訓練每個弱學習器的過程時，逐漸改變資料的權重來影響下一個弱學習器的訓練。常見的弱學習器是單個分支的決策樹，這是深度只有一層的決策樹，又稱為**決定株**（decision stumps）。

小編補充 可以選擇其他演算法作為弱學習器，比如 Garcia, Elkin & Lozano, Fernando. (2007). Boosting Support Vector Machines. MLDM 2007 Posters: Leipzig, Germany. 153-167. 這篇論文使用支援向量機作為弱學習器。

加權抽樣（Weighted Sampling）

加權抽樣指的是依據每一筆資料的權重，決定其被抽到機率。通常權重會**正規化**（normalized），使所有權重總和等於 1。下表的範例中有 3 筆資料以及其對應的權重，同時列出正規化後的權重以及每筆資料被抽到的機率。

資料索引	權重	正規化權重	被抽到機率
1	1	0.0625	6.25%
2	5	0.3125	31.25%
3	10	0.625	62.5%

訓練步驟

我們現在以分類問題為例（迴歸問題也類似），來描述適應提升的訓練步驟：

- 步驟 1：初始化訓練資料集裡每一筆資料的權重，所有的權重總和要是 1。
- 步驟 2：做**取後放回**的抽樣產生**子樣本**。
- 步驟 3：使用子樣本訓練一個弱學習器。
- 步驟 4：使用弱學習器對原訓練資料集做預測，並計算誤差。
- 步驟 5：存下訓練好的弱學習器，以及該弱學習器的誤差
- 步驟 6：對於預測錯誤的資料，調高其對應的權重。對於正確預測的資料，調低其對應的權重。
- 步驟 7：重複步驟 2 到步驟 6，直到產生足夠多的弱學習器。
- 步驟 8：使用投票法並根據每個弱學習器的誤差進行加權，來整合所有弱學習器的預測值。

整個過程如下圖所示：

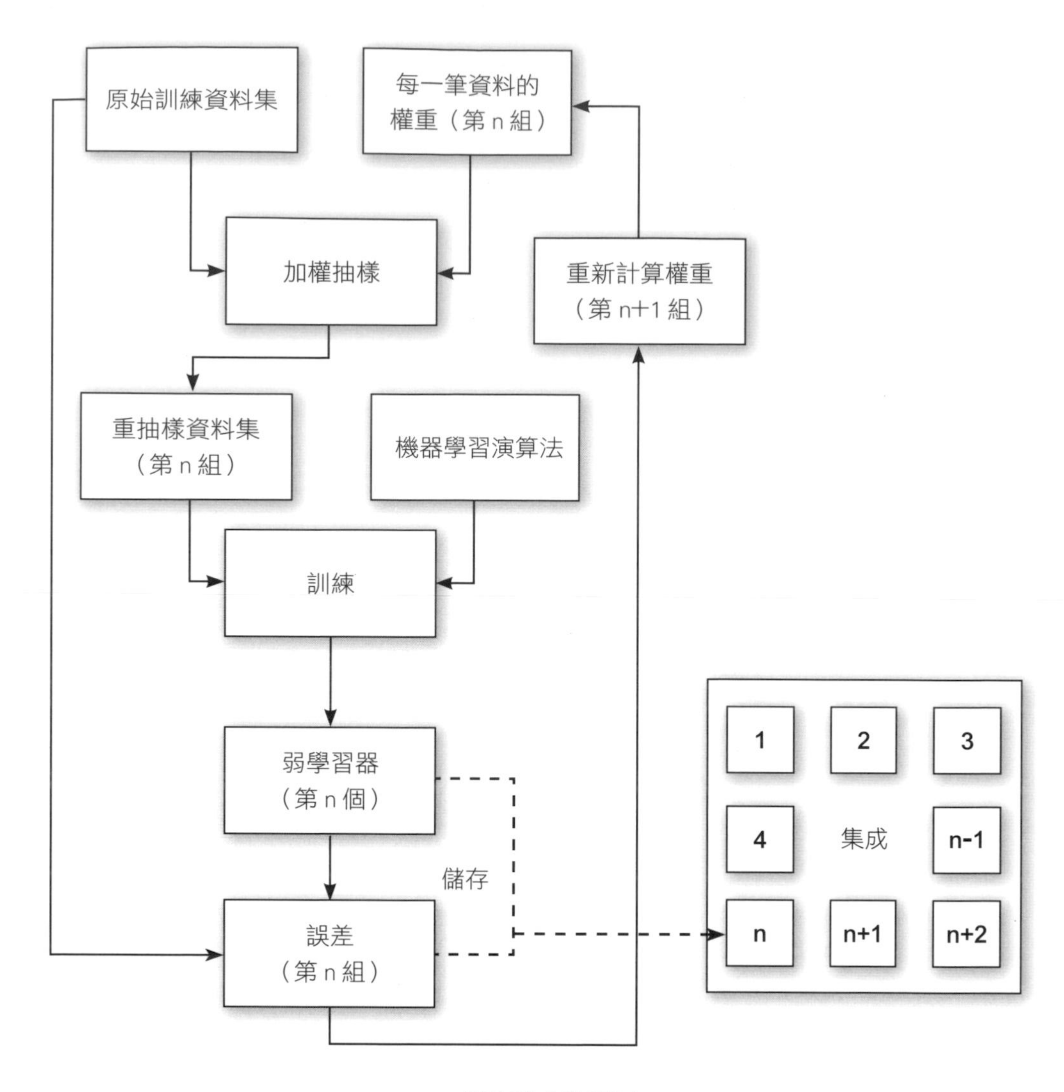

▲ 適應提升流程圖

本質上，這個方法是訓練一個新的弱學習器，來修正已經訓練好的弱學習器們無法處理好的資料。下圖我們用二元分類的問題來說明，圖中每個「-」跟「+」分別代表不同類別的資料，每筆資料分別有 2 個特徵，x 軸跟 y 軸分別代表 1 個特徵。一開始，所有資料的權重都相同（假設都是 1）。

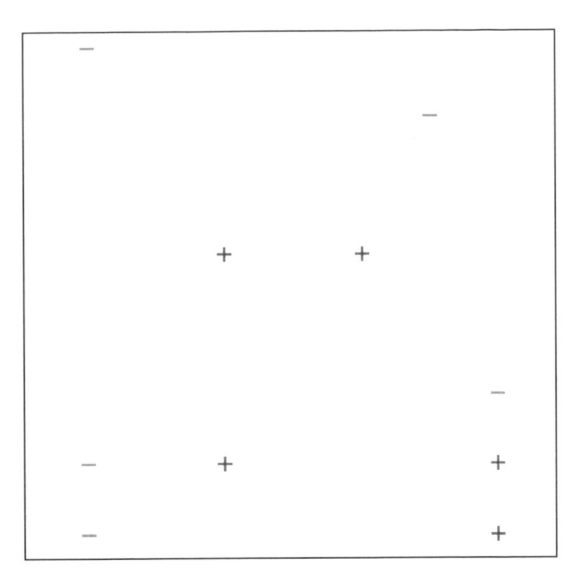

▲ 原始訓練資料集

第一個弱學習器的**決策邊界**（decision boundary）將資料分為左右 2 邊，虛線表示決策邊界。在決策邊界左邊的資料都預測「-」，右邊則預測「+」。如此一來會有 2 筆資料被錯誤分類（圈起來的資料），所以我們增加這 2 筆資料的權重（比如調高 2 倍成 2），並減少其他資料的權重（比如減為一半成 0.5）

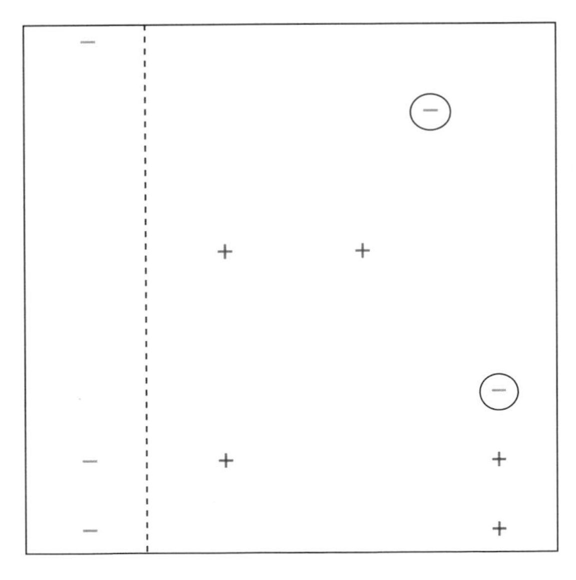

▲ 第一個弱學習器

接著我們會進行取後放回的抽樣，由於第一個弱學習器錯誤分類的 2 筆資料有較高的權重，因此抽樣後這 2 筆資料會比其他資料還多，使得第二個弱學習器會努力將這 2 筆資料處理好，避免產生很大的誤差。下圖顯示第二個弱學習器的訓練結果，在決策邊界左邊的資料都預測「+」，右邊則預測「-」。左邊 3 筆資料分類錯誤，因此我們調高這 3 筆資料的權重（比如從 0.5 調高 2 倍成 1），其餘資料的權重調低（比如減為一半，這時候右邊 2 筆「-」資料的權重是 1，其餘「+」資料的權重是 0.25）。

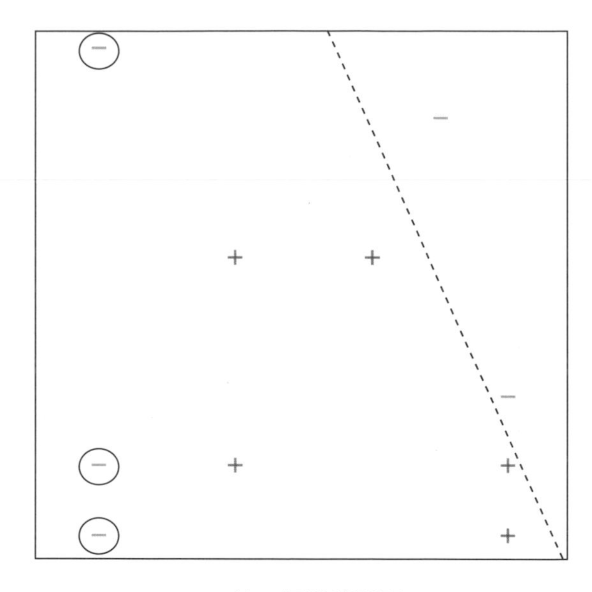

▲ 第二個弱學習器

重複步驟上述步驟，因為現在所有「-」權重都比「+」高 4 倍，因此取後放回的抽樣後「-」數量會比「+」多 4 倍。當訓練第三個弱學習器，此弱學習器會努力讓「-」資料都分類正確。得到的結果如下圖，在決策邊界左邊的資料都預測「-」，右邊則預測「+」。

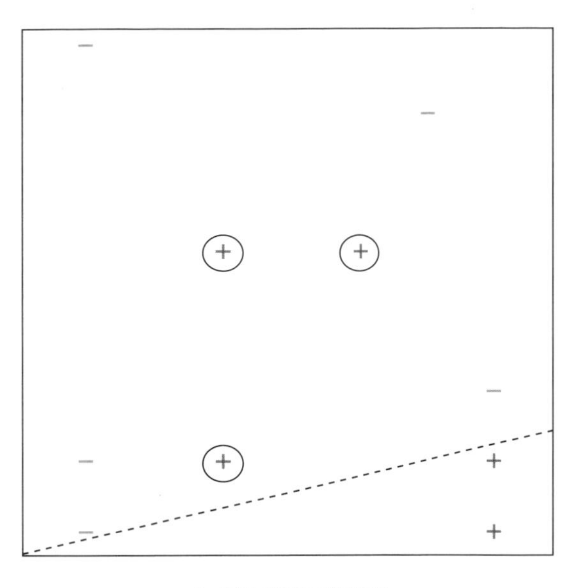

▲ 第三個弱學習器

當我們集成這三個弱學習器後，可以發現每一筆資料最多只會被一個弱學習器預測錯誤（至少有 2 個弱學習器預測正確），因此集成後便可以完美分類此資料集。

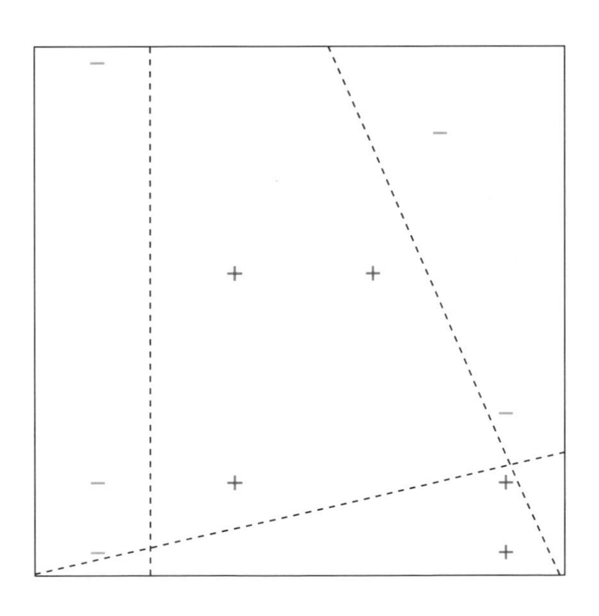

提升法的優點與缺點

提升法可以同時降低偏誤與變異，但有發生過度配適的可能。當弱學習器為了對**離群值**（outliers）進行分類，則會出現非常複雜的決策邊界。下圖中是一個範例，可以發現很多弱學習器都在處理那唯一的離群值（正中央的「-」)，導致集成後模型所產生的決策邊界非常複雜，似乎只是為了處理那少數的離群值。

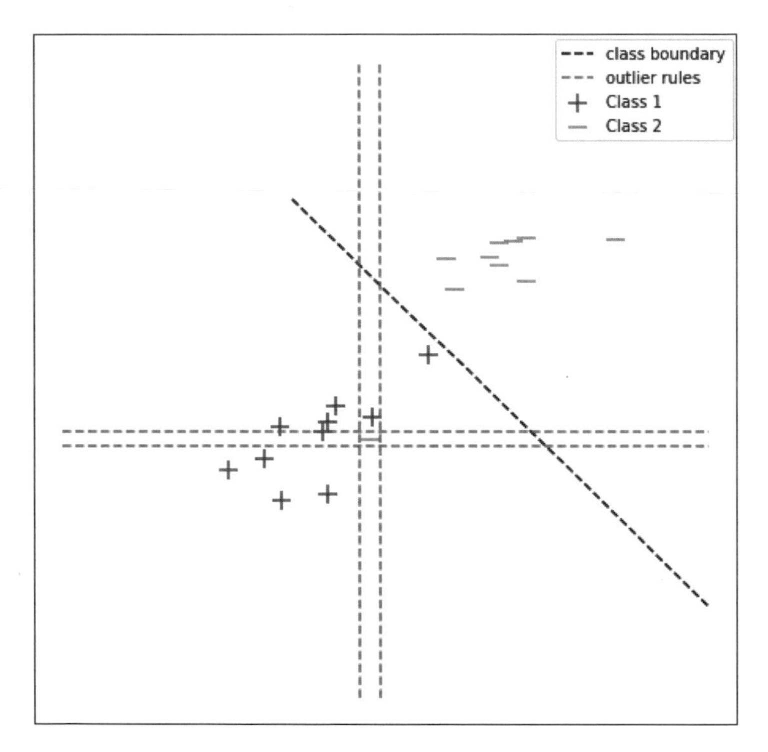

▲ 離群值影響提升法

另外，大多數的提升法（包含本章後段要提的梯度提升）有一個共通缺點：較難使用平行處理。因為弱學習器是按順序建立，要建立下一個弱學習器之前，必須等到之前的弱學習器都已經完成（**編註：** 一些提升法的函式庫，如本章後面會介紹的 XGBoost，則提供了平行處理的功能）。此外，提升法也有可解釋性較低且計算成本較高的問題。

6.2 使用 Python 實作適應提升的完整機制

為能更充分理解適應提升的工作原理，我們先用 Python 實作完整機制處理乳癌切片分類資料集。首先載入函式庫與資料集。

```
# --- 第 1 部分 ---
# 載入函式庫與資料集
from copy import deepcopy
from sklearn.datasets import load_breast_cancer
from sklearn.tree import DecisionTreeClassifier
from sklearn import metrics
import numpy as np
bc = load_breast_cancer()
train_size = 400
train_x, train_y = bc.data[:train_size], bc.target[:train_size]
test_x, test_y = bc.data[train_size:], bc.target[train_size:]
np.random.seed(123456)
```

第 2 部分程式中，我們準備決策樹做為弱學習器，並準備 NumPy 陣列來儲存資料的權重、弱學習器權重、以及弱學習器的誤差。

```
# --- 第 2 部分 ---
ensemble_size = 100
base_classifier = DecisionTreeClassifier(max_depth = 1)

# 建立訓練資料集的索引串列
indices = [x for x in range(train_size)]

# 建立弱學習器串列
base_learners = []

# 設定初始權重與誤差
data_weights = np.zeros(train_size) + 1/train_size
learners_errors = np.zeros(ensemble_size)
learners_weights = np.zeros(ensemble_size)
```

第 3 部分程式中要開始訓練弱學習器。首先，我們複製一個弱學習器，接著進行加權抽樣獲得子樣本，便可以拿來訓練弱學習器，並對原始訓練集進行預測。我們使用 errors 以及 corrects 來記錄每一筆資料預測的結果是正確還是錯誤，因此 errors 以及 corrects 皆為一個**布林**（boolean）串列。

```
# --- 第 3 部分 ---
# 訓練弱學習器
for i in range(ensemble_size):
    # 複製弱學習器
    weak_learner = deepcopy(base_classifier)

    # 加權抽樣
    # 每筆資料抽到的機率即其權重
    data_indices = np.random.choice(indices, train_size, p = data_weights)
    sample_x, sample_y = train_x[data_indices], train_y[data_indices]

    # 訓練、評估弱學習器
    weak_learner.fit(sample_x, sample_y)
    predictions = weak_learner.predict(train_x)
    errors = predictions != train_y
    corrects = predictions == train_y

    # 儲存學習器
    base_learners.append(weak_learner)
```

知道了哪幾筆資料預測錯誤後，我們還要考慮其實每一筆資料的權重不同。因此，將誤差乘上資料權重，即可得到加權錯誤（**編註：** 如果有一筆資料，過去的弱學習器都分類錯誤，則權重會被調更大。此時當前的弱學習器對這筆資料還是分類錯誤，則需要將這個錯誤放大，所以不會跟其他分類錯誤的資料有相同的權重）。接下來，我們要計算平均加權錯誤以及弱學習器的權重，權重公式為 $\frac{1}{2}\log(\frac{1-mean\_weighted\_error}{mean\_weighted\_error})$ 。

```
    # 計算加權錯誤
    weighted_errors = data_weights*errors
    # 計算平均加權錯誤
    learner_error = np.mean(weighted_errors)
    # 計算弱學習器權重
    learner_weight = np.log((1 - learner_error) / learner_error) / 2
    # 儲存計算結果
    learners_errors[i] = learner_error
    learners_weights[i] = learner_weight
```

獲得弱學習器的權重之後，便可以更新資料的權重。對於錯誤分類的資料，新的權重為「舊權重」乘上「弱學習器權重」再取「自然指數」。而正確分類的資料，則是「負的舊權重」乘上「弱學習器權重」再取「自然指數」。

```
    # 更新資料權重
    data_weights[errors] = np.exp(data_weights[errors] *
                                  learner_weight)
    data_weights[corrects] = np.exp(-data_weights[corrects] *
                                    learner_weight)
    # 權重正規化
    data_weights = data_weights / sum(data_weights)
```

第 4 部分程式中，集成後預測的是來自弱學習器的加權多數決投票。因為這是一個二元分類問題，所以如果加權後大於 0.5，則該預測分類為 0，反之則為 1。最終得到的準確率為 96%。

```
# --- 第 4 部分 ---
# 集成
ensemble_predictions = []
for learner, weight in zip(base_learners, learners_weights):
    # 計算加權後的預測值
    prediction = learner.predict(test_x)
    ensemble_predictions.append(prediction * weight)
```

接下頁

```
# 輸出預測分類
ensemble_predictions = np.mean(ensemble_predictions,
                               axis = 0) >= 0.5

ensemble_acc = metrics.accuracy_score(test_y,
                                      ensemble_predictions)

# 顯示準確率
print('Boosting: %.2f' % ensemble_acc)
```

```
Boosting: 0.96
```

6.3 使用 scikit-learn 提供的適應提升處理分類問題

scikit-learn 的 sklearn.ensemble 中有提供 AdaBoostClassifier 可以輕鬆完成適應提升。如同所有 scikit-learn 提供的模型一樣，我們只需要使用 fit 和 predict 函式來訓練、預測即可。AdaBoostClassifier 第一個超參數要輸入弱學習器，第二個超參數 algorithm 是計算權重的方法，選擇 SAMME 就跟上一節一樣用預測類別來計算權重（**編註：** 選擇 SAMME.R 則會使用預測機率來計算權重）。第三個超參數可以指定要訓練多少弱學習器。在本節的範例中，我們使用手寫數字辨識問題來展示此 scikit-learn 集成函式的效果。

```
# --- 第 1 部分 ---
# 載入函式庫與資料集
import numpy as np
from sklearn.datasets import load_digits
from sklearn.tree import DecisionTreeClassifier
from sklearn.ensemble import AdaBoostClassifier
from sklearn import metrics

digits = load_digits()
train_size = 1500
train_x = digits.data[:train_size]
train_y = digits.target[:train_size]
test_x = digits.data[train_size:]
test_y = digits.target[train_size:]
np.random.seed(123456)

# --- 第 2 部分 ---
# 初始化模型
ensemble_size = 1000
ensemble = AdaBoostClassifier(DecisionTreeClassifier(max_depth = 1),
                              algorithm = "SAMME",
                              n_estimators = ensemble_size)

# --- 第 3 部分 ---
# 訓練模型
ensemble.fit(train_x, train_y)

# --- 第 4 部分 ---
# 評估模型
ensemble_predictions = ensemble.predict(test_x)

ensemble_acc = metrics.accuracy_score(test_y,
                                      ensemble_predictions)

# --- 第 5 部分 ---
# 顯示準確率
print('Boosting: %.2f' % ensemble_acc)
```

輸出

```
Boosting: 0.82
```

集成後效能可以到 82% 的準確率。我們可以用 ensemble.estimator_errors_ 與 ensemble.estimator_weights_ 獲得每個弱學習器的誤差與權重。經由繪製權重的變化，我們可以知道訓練過程中何時收斂（增加更多弱學習器也沒辦法提升集成後準確率）。圖中我們可以看到大約從第 200 個弱學習器之後，權重基本上已經穩定。意即，添加 200 個以後的弱學習器幾乎沒有額外的作用。事實上，此案例中集成 1000 個弱學習器得到的準確率 82%，只比集成 200 個弱學習器的準確率多增加 1% 而已。

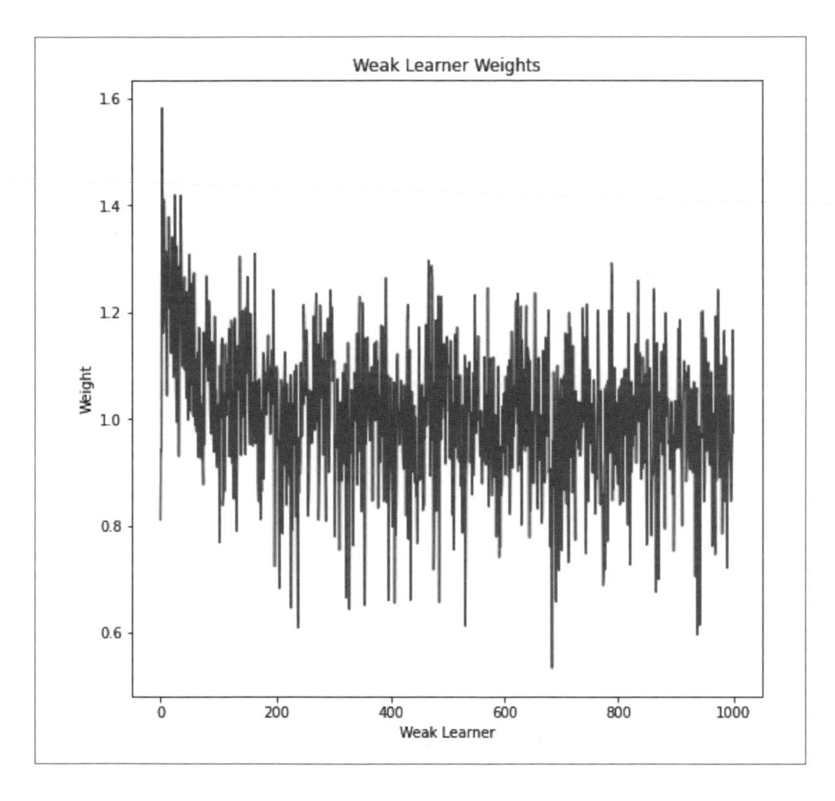

▲ 集成過程中的權重變化

6.4 使用 scikit-learn 提供的適應提升處理迴歸問題

處理迴歸問題要使用 AdaBoostRegressor 函式，操作上與 6.3 節大致相同，不過由於迴歸問題中，並沒有所謂預測類別跟預測機率的差別，因此函式的超參數不需要指定 algorithm。以下我們要處理糖尿病患資料集。

```
# --- 第 1 部分 ---
# 載入函式庫與資料集
import numpy as np
from sklearn.datasets import load_diabetes
from sklearn.ensemble import AdaBoostRegressor
from sklearn.tree import DecisionTreeRegressor
from sklearn import metrics

diabetes = load_diabetes()

train_size = 400
train_x = diabetes.data[:train_size]
train_y = diabetes.target[:train_size]
test_x = diabetes.data[train_size:]
test_y = diabetes.target[train_size:]

np.random.seed(123456)

# --- 第 2 部分 ---
# 初始化模型
ensemble_size = 1000
ensemble = AdaBoostRegressor(n_estimators=ensemble_size)

# --- 第 3 部分 ---
# 訓練模型
ensemble.fit(train_x, train_y)
predictions = ensemble.predict(test_x)
```

接下頁

```
# --- 第 4 部分 ---
# 評估模型
r2 = metrics.r2_score(test_y, predictions)
mse = metrics.mean_squared_error(test_y, predictions)

# --- 第 5 部分 ---
# 顯示結果
print('AdaBoosting:')
print('R-squared: %.2f' % r2)
print('MSE: %.2f' % mse)
```

輸出

```
AdaBoosting:
R-squared: 0.56
MSE: 2417.89
```

集成後決定係數為 0.56，均方誤差為 MSE = 2417.89。經由繪製弱學習器的權重，可以發現第 151 個弱學習器之後的權重皆為 0，代表在第 151 個弱學習器之後，模型的預測能力幾乎沒有改進。

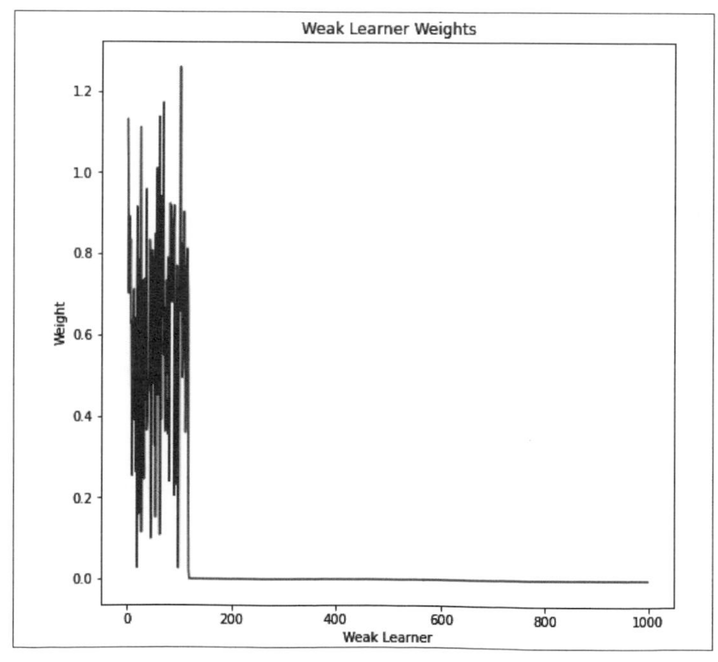

▲ 集成過程中的權重變化

6.5 梯度提升（Gradient Boosting）

梯度提升與**適應提升**相比，是一個用途更廣的演算法，但同時也有更多複雜的數學運算。梯度提升並非經由分配權重並抽樣資料集來處理錯誤分類的資料，而是基於先前弱學習器的誤差來建立下一個弱學習器。在本節中，我們會討論梯度提升的概念，以及實作整個機制，而不會深入討論數學。

訓練步驟

梯度提升演算法處理迴歸問題時，會從計算訓練資料集的標籤平均值開始，並視為初始預測。接著計算每筆資料的標籤值與初始預測的差異，這些差異稱為**偽殘差**（pseudo-residuals）。

之後，訓練一個弱學習器來預測偽殘差，如果弱學習器可以準確預測，即可降低偽殘差。梯度提升便是不斷重複上述過程，藉此隨著增加越多弱學習器，來逐步減少偽殘差。梯度提升會指定**學習率**（learning rate）給每個弱學習器，學習率是一個常數值，其數值大小會影響模型是否**低度配適**或**過度配適**。訓練演算法的步驟如下：

- 步驟 1：設定學習率和弱學習器數量。
- 步驟 2：計算訓練資料集的標籤平均值。
- 步驟 3：將平均值作為初始預測值，計算每筆資料標籤值與預測值的差異，得到偽殘差。
- 步驟 4：使用訓練資料集的特徵值，將標籤設為偽殘差，訓練弱學習器。

- 步驟 5：使用弱學習器來預測訓練資料集的偽殘差。
- 步驟 6：將步驟 5 得到的預測值乘上學習率後加上之前的預測值，得到新的集成後預測。
- 步驟 7：將標籤減去步驟 6 得到的數值視為新的偽殘差。
- 步驟 8：重複步驟 4 到步驟 7，直到產生足夠的弱學習器數量。

我們使用訓練好的弱學習器來預測資料，得到的輸出都乘上學習率後相加，再加上初始預測，即為集成後預測值。也就是說，對於集成 s 個弱學習器，如果學習率為 lr 時，預測值計算如下：

$$p = mean + lr \times p_1 + lr \times p_2 + ... + lr \times p_s$$

集成後的**殘差**（residuals）是實際標籤值 t 與預測值的差異：

$$r = t - p$$

整個過程如下圖所示：

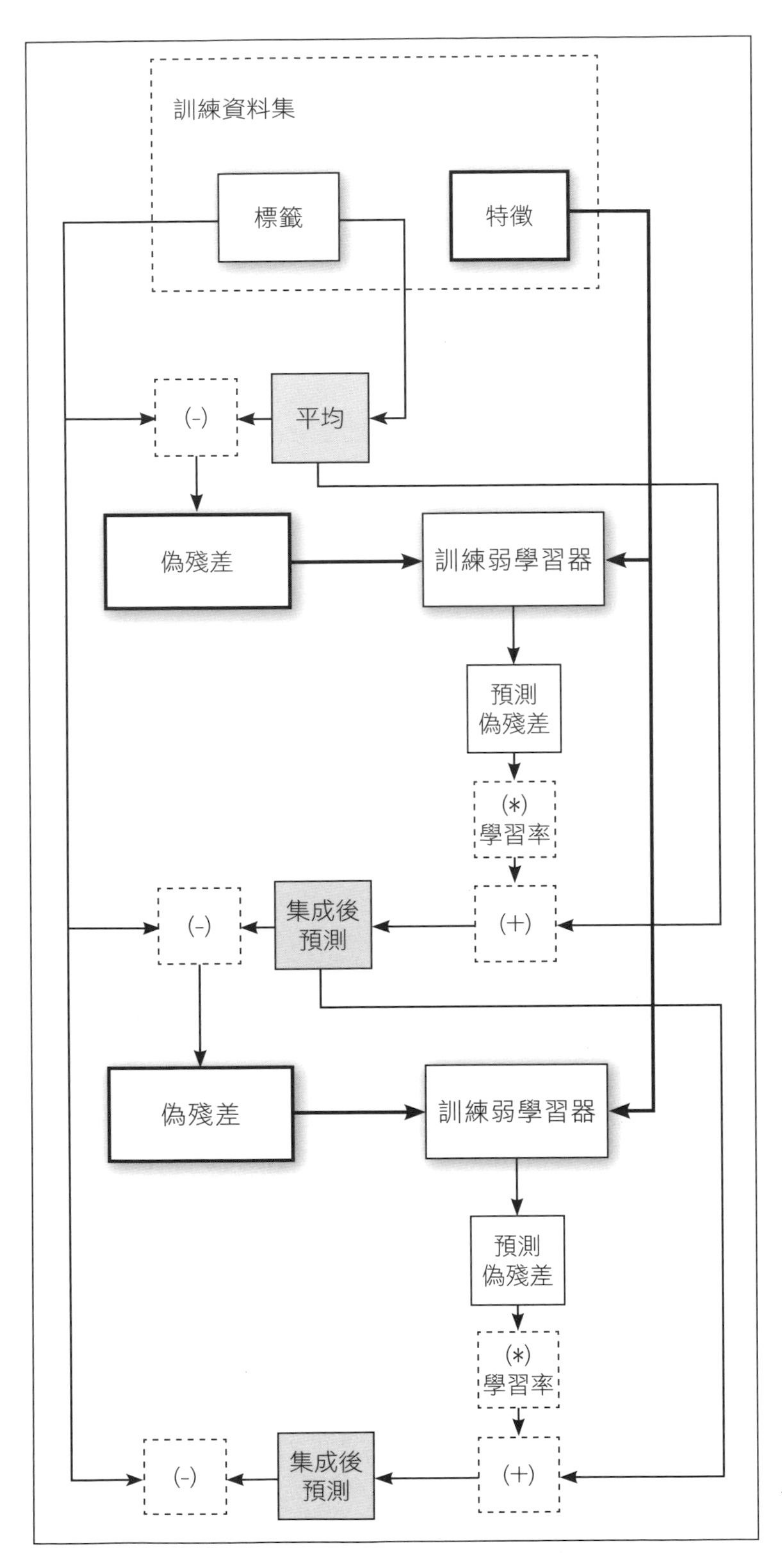
訓練資料集
標籤
特徵
(-)
平均
偽殘差
訓練弱學習器
預測
偽殘差
(*)
學習率
(-)
集成後
預測
(+)
偽殘差
訓練弱學習器
預測
偽殘差
(*)
學習率
(-)
集成後
預測
(+)

◀ 梯度提升流程圖

深入閱讀

本書並未深究該演算法的數學。如果讀者對想要了解相關內容，可以參考以下論文，第一篇較著墨於迴歸問題，而第二篇是較一般性的框架。

- Friedman, J.H., 2001. Greedy function approximation: a gradient boosting machine. Annals of statistics, pp.1189-1232.
- Mason, L., Baxter, J., Bartlett, P.L. and Frean, M.R., 2000. Boosting algorithms as gradient descent. In Advances in neural information processing systems (pp. 512-518).

6.6 使用 Python 實作梯度提升的完整機制

本節要帶領讀者實作完整梯度提升的機制，並處理一個糖尿病患資料集迴歸問題。首先，我們載入函式庫與資料集。

```
# --- 第 1 部分 ---
# 載入函式庫與資料集
from copy import deepcopy
from sklearn.datasets import load_diabetes
from sklearn.tree import DecisionTreeRegressor
from sklearn import metrics
import numpy as np
diabetes = load_diabetes()
train_size = 400
train_x = diabetes.data[:train_size]
train_y = diabetes.target[:train_size]
test_x = diabetes.data[train_size:]
test_y = diabetes.target[train_size:]
np.random.seed(123456)
```

第 2 部分程式中，我們設定弱學習器的數量以及學習率。在這個範例中，弱學習器是深度為 3 的決策樹。此外，我們創建了一個串列來儲存弱學習器，以及一個 NumPy 陣列來儲存先前的預測。我們的初始預測是訓練集的標籤平均值。

```
# --- 第 2 部分 ---
# 設定總體大小、學習率及決策樹深度
ensemble_size = 50
learning_rate = 0.1
base_classifier = DecisionTreeRegressor(max_depth = 3)

# 創建變數以儲存基學習器與其預測
base_learners = []
# 初始預測為標籤平均值
previous_p = np.zeros(len(train_y)) + np.mean(train_y)
```

第 3 部分的程式中要訓練弱學習器。首先計算偽殘差，然後使用偽殘差做為標籤，訓練弱學習器。最後，使用訓練後的弱學習器來預測偽殘差，將預測值乘上學習率，然後加上之前的預測值，即成為新的集成後預測。

```
# --- 第 3 部分 ---
# 訓練弱學習器
for _ in range(ensemble_size):
    # 計算偽殘差
    errors = train_y - previous_p
    # 訓練弱學習器
    learner = deepcopy(base_classifier)
    learner.fit(train_x, errors)
    # 在訓練集上預測偽殘差
    p = learner.predict(train_x)
    # 將預測值乘上學習率
    # 再加上之前的預測值
    previous_p = previous_p + learning_rate * p
    # 儲存弱學習器
    base_learners.append(learner)
```

第 4 部分程式中，我們使用驗證資料集來評估集成後效能。每個弱學習器都用驗證資料集的特徵來預測偽殘差，預測值乘上學習率後相加，最後加上訓練資料集的標籤平均值，即為集成後預測值。

```
# --- 第 4 部分 ---
# 評估集成後效能
# 訓練資料集的標籤平均值為初始預測
previous_p = np.zeros(len(test_y)) + np.mean(train_y)
# 每個弱學習器都用驗證資料集的特徵來預測偽殘差
# 預測值乘上學習率後相加
for learner in base_learners:
    p = learner.predict(test_x)
    previous_p = previous_p + learning_rate * p

# --- 第 5 部分 ---
# 顯示結果
r2 = metrics.r2_score(test_y, previous_p)
mse = metrics.mean_squared_error(test_y, previous_p)
print('Gradient Boosting:')
print('R-squared: %.2f' % r2)
print('MSE: %.2f' % mse)
```

輸出

```
Gradient Boosting:
R-squared: 0.59
MSE: 2253.34
```

我們得到的模型，決定係數為 0.59，均方誤差為 2253.34，比適應提升的成果還要好。

6.7 使用 scikit-learn 提供的梯度提升處理迴歸問題

scikit-learn 中有 GradientBoostingRegressor 可以輕鬆完成梯度提升實作。在這裡我們以糖尿病患資料集為例，訓練和驗證過程可以使用 scikit-learn 的 fit 和 predict 函式即可。GradientBoostingRegressor 的超參數主要有 2 個：ensemble_size 決定弱學習器的數量，learning_rate 決定學習率。

```
# --- 第 1 部分 ---
# 載入函式庫與資料集
from sklearn.datasets import load_diabetes
from sklearn.ensemble import GradientBoostingRegressor
from sklearn import metrics
import numpy as np
diabetes = load_diabetes()
train_size = 400
train_x = diabetes.data[:train_size]
train_y = diabetes.target[:train_size]
test_x = diabetes.data[train_size:]
test_y = diabetes.target[train_size:]
np.random.seed(123456)

# --- 第 2 部分 ---
# 初始化模型
ensemble_size = 200
learning_rate = 0.1
ensemble = GradientBoostingRegressor(n_estimators = ensemble_size,
                                     learning_rate = learning_rate)

# --- 第 3 部分 ---
# 訓練模型
ensemble.fit(train_x, train_y)
predictions = ensemble.predict(test_x)
```

接下頁

```
# --- 第 4 部分 ---
# 評估模型
r2 = metrics.r2_score(test_y, predictions)
mse = metrics.mean_squared_error(test_y, predictions)

# --- 第 5 部分 ---
# 顯示結果
print('Gradient Boosting:')
print('R-squared: %.2f' % r2)
print('MSE: %.2f' % mse)
```

```
Gradient Boosting:
R-squared: 0.44
MSE: 3113.43
```

集成後的決定係數為 0.44，均方誤差為 3113.43，看起來比我們自己實作整個機制（本書 6.6 節）的結果還差。但如果我們繪製 ensemble.train_score_ 跟弱學習器的數量折線圖，會發現前 20 個弱學習器可以大幅降低模型誤差。如果我們經由計算誤差改進的幅度（誤差的差值），我們會發現在 50 個弱學習器之後，添加更多弱學習器幾乎不會改善誤差。因此，我們將 ensemble_size 改成 50 再重複跑一次，可以得到決定係數為 0.59，均方誤差為 2255.59，跟我們自己實作的結果相似。

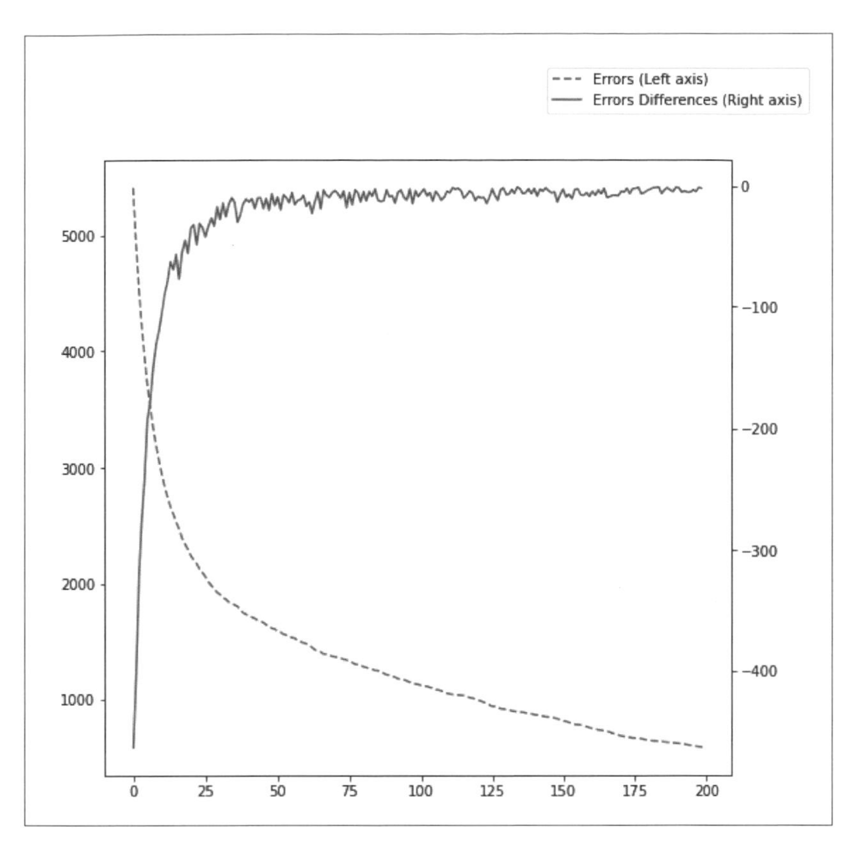

▲ 集成過程中的誤差變化

6.8 使用 scikit-learn 提供的梯度提升處理分類問題

處理分類問題要使用 GradientBoostingClassifier 函式，其餘方法跟 6.7 節都類似，只要設定好 n_estimators 和 learning_rate，即可開始訓練模型。這次我們以手寫數字辨識為範例。

```
# --- 第 1 部分 ---
# 載入函式庫與資料集
import numpy as np

from sklearn.datasets import load_digits
from sklearn.tree import DecisionTreeClassifier
from sklearn.ensemble import GradientBoostingClassifier
from sklearn import metrics

digits = load_digits()

train_size = 1500
train_x = digits.data[:train_size]
train_y = digits.target[:train_size]
test_x = digits.data[train_size:]
test_y = digits.target[train_size:]

np.random.seed(123456)

# --- 第 2 部分 ---
# 初始化模型
ensemble_size = 200
learning_rate = 0.1
ensemble = GradientBoostingClassifier(n_estimators = ensemble_size,
                                      learning_rate = learning_rate)

# --- 第 3 部分 ---
# 訓練模型
ensemble.fit(train_x, train_y)

# --- 第 4 部分 ---
# 評估模型
ensemble_predictions = ensemble.predict(test_x)

ensemble_acc = metrics.accuracy_score(test_y,
                                      ensemble_predictions)

# --- 第 5 部分 ---
# 顯示準確率
print('Boosting: %.2f' % ensemble_acc)
```

輸出

```
Boosting: 0.88
```

我們可以得到準確率為 88%，比本書 6.3 節的適應提升準確率還高。

6.9 使用 XGBoost 提供的梯度提升處理迴歸問題

XGBoost 是梯度提升法函式庫，有許多機器學習工程師和資料科學家使用，Kaggle 競賽中許多得獎的隊伍也是使用此函式庫。此外，XGBoost 其提供的介面非常類似 scikit-learn，使用起來很方便。

相較於 scikit-learn，XGBoost 可以進行非常精細的控制。比如，加入**單調性規則**（monotonic constraints，**編註：** 如果在建模之前，已知特徵 A 增加，標籤一定會增加。這時候可以規定 XGBoost 當特徵 A 值增加時，預測值一定要增加），也可以加入**特徵交互作用規則**（feature interaction constraints，弱學習器使用 A 特徵後，則不能使用 B 特徵）。還有加入額外的常規化參數 gamma 來避免過度配適能力。相應的論文可以參考 Chen, T. and Guestrin, C., 2016, August. Xgboost: A scalable tree boosting system. In Proceedings of the 22nd acm sigkdd international conference on knowledge discovery and data mining (pp. 785-794). ACM.

我們使用與 6.7 節一樣的資料集，來示範 XGBoost 中的 XGBRegressor 函式，此函式的 n_estimators、n_jobs、max_depth、learning_rate 超參數，分別代表弱學習器數量、平行程序數、決策樹的最大深度、以及學習率。

```
# --- 第 1 部分 ---
# 載入函式庫與資料集
from sklearn.datasets import load_diabetes
from xgboost import XGBRegressor
from sklearn import metrics
import numpy as np
diabetes = load_diabetes()
train_size = 400
train_x = diabetes.data[:train_size]
train_y = diabetes.target[:train_size]
test_x = diabetes.data[train_size:]
test_y = diabetes.target[train_size:]
np.random.seed(123456)

# --- 第 2 部分 ---
# 初始化模型
ensemble_size = 200
ensemble = XGBRegressor(n_estimators = ensemble_size, n_jobs = 4,
                        max_depth = 1, learning_rate = 0.1,
                        objective = 'reg:squarederror')

# --- 第 3 部分 ---
# 訓練模型
ensemble.fit(train_x, train_y)
predictions = ensemble.predict(test_x)

# --- 第 4 部分 ---
# 評估模型
r2 = metrics.r2_score(test_y, predictions)
mse = metrics.mean_squared_error(test_y, predictions)

# --- 第 5 部分 ---
# 顯示結果
print('Gradient Boosting:')
print('R-squared: %.2f' % r2)
print('MSE: %.2f' % mse)
```

輸出

```
Gradient Boosting:
R-squared: 0.65
MSE: 1932.91
```

使用 XGBoost，決定係數可以達到 0.65，均方誤差為 1932.91，這是本章中針對此資料集效能最佳的成果。此外，我們並沒有做太多模型的調整，大部分都使用預設值，也可以展現此函式的建模能力。

6.10 使用 XGBoost 提供的梯度提升處理分類問題

在本節中，我們用 XGBClassifier 函式處理手寫數字辨識，將 n_estimators 設為 100，以及 n_jobs 設為 4，其餘的設定維持預設值。

```
# --- 第 1 部分 ---
# 載入函式庫與資料集
from sklearn.datasets import load_digits
from xgboost import XGBClassifier
from sklearn import metrics
import numpy as np
digits = load_digits()
train_size = 1500
train_x = digits.data[:train_size]
train_y = digits.target[:train_size]
test_x = digits.data[train_size:]
test_y = digits.target[train_size:]
np.random.seed(123456)

# --- 第 2 部分 ---
# 初始化模型
ensemble_size = 100
ensemble = XGBClassifier(n_estimators=ensemble_size, n_jobs = 4)

# --- 第 3 部分 ---
# 訓練模型
ensemble.fit(train_x, train_y)
```

接下頁

```
# --- 第 4 部分 ---
# 評估模型
ensemble_predictions = ensemble.predict(test_x)
ensemble_acc = metrics.accuracy_score(test_y,
                                      ensemble_predictions)

# --- 第 5 部分 ---
# 顯示準確率
print('Boosting: %.2f' % ensemble_acc)
```

```
Boosting: 0.90
```

驗證資料集上能達到 90% 的準確率，這也是本章處理此資料集的方法中最高準確率。

6.11 小結

在本章中，我們介紹了提升法，也說明了 2 種常見的方法：適應提升和梯度提升。接著，我們實作了這 2 種方法，以及提供使用 scikit-learn 函式庫的範例。此外，我們也介紹了 XGBoost，其用於處理迴歸及分類問題上的效能都很好。

適應提升是使用原始訓練集做加權抽樣所得的資料集訓練弱學習器。資料權重是根據先前的弱學習器的誤差計算得出，弱學習器的誤差也用於計算個別弱學習器的權重，集成後預測經由弱學習器的輸出加權投票整合。使用 scikit-learn 提供的適應提升函式，可以看到個別學習器的權重，這些權重可用於判斷是否需要加入更多弱學習器。

梯度提升是使用先前預測的誤差作為標籤來訓練每個新的弱學習器，初始預測是訓練資料集的標籤平均值。使用 scikit-learn 提供的梯度提升函式，可以看到誤差的變化，以判斷最適合的弱學習器個數。 而 XGBoost 是一個專門用於提升法的函式庫，使用上方便且預設值即可展現強大的效能。

目前熱門的提升法函式庫還包括 Microsoft 的 LightGBM 與 Yandex 的 CatBoost，在特定的問題中可以超越 XGBoost 的效能。即便如此，在一般的應用中，XGBoost 不需要複雜的調整，仍是一大優勢。

MEMO

chapter 7

隨機森林（Random Forest）

本章內容

自助聚合法使用重抽樣來產生子樣本，接著用子樣本訓練基學習器，使得基學習器間多樣性高。**隨機森林**進一步擴展了自助聚合法：除了對資料做抽樣之外，也對特徵做抽樣。在本章中，我們將說明隨機森林的基礎原理，並討論該方法的優缺點，最後實作隨機森林。本章涵蓋的主題如下：

- 如何建立隨機森林中的基學習器。
- 如何利用隨機性建構更佳的隨機森林。
- 隨機森林的優缺點。
- 實作隨機森林來處理迴歸及分類問題。

7.1 建立隨機森林

在本節中，我們選擇決策樹作為基學習器，讀者也可採用其他的基學習器。隨機森林的基本原則為：使用多樣化的基學習器。

隨機森林訓練演算法

我們在本書第 1 章中提到，決策樹是在每個節點選擇一個特徵以及閾值，使訓練資料集能夠被分割成差異最大的 2 群。進行集成的時候，我們希望基學習器能夠越多樣越好（相關性越低越好）。

雖然自助聚合法已經使用重抽樣的子樣本來訓練基學習器，以增加基學習器的多樣性。不過，經由在訓練時選擇不同的特徵（篩選出來的特徵稱為**特徵子集**），建立的基學習器可以更加多樣化。在隨機森林中，訓練基學習器時只會使用**特徵子集**。特徵子集裡面要包含多少特徵，可以根據問題做最佳化。但一般的做法是對於迴歸問題，每個基學習器的特徵子集是所有特徵的三分之一；對於分類問題，則是所有特徵的平方根。隨機森林的演算法步驟如下：

- 步驟 1：設定特徵子集的大小。
- 步驟 2：初始化新的基學習器。
- 步驟 3：產生子樣本。
- 步驟 4：產生特徵子集。
- 步驟 5：從子樣本跟特徵子集中，選擇最好的特徵以及閾值，來分割基學習器的一個節點。

- 步驟 6：重複步驟 4 到 5，直到建立好一個基學習器。
- 步驟 7：重複步驟 2 到 6，直到建立好模型。

範例解說

為了更清楚說明此演算法，我們考慮以下資料集。這是預測發生一次肩關節脫臼後，是否會再發生第二次。

▼ 訓練資料集

年齡	手術治療	性別	發生第二次脫臼
15	有	男	有
45	無	女	無
30	有	男	有
18	無	男	無
52	無	女	有

要建構隨機森林，得先決定特徵子集的數目。訓練資料集總共有 3 個特徵，3 的平方根約 1.7。通常我們會使用無條件捨去到整數為止，因此特徵子集的數目是 1。接下來，我們要初始化一個基學習器，並且使用重抽樣產生一組子樣本。

▼ 對訓練資料集進行重抽樣得到的子樣本

年齡	手術治療	性別	發生第二次脫臼
15	有	男	有
15	有	男	有
30	有	男	有
18	無	男	無
52	無	女	有

現在我們要建立一顆決策樹，將子樣本中的資料分成 2 群，隨機選擇到的特徵子集為「手術治療」。將資料根據「手術治療」分成 2 群後，「手術治療」是「有」的資料都有發生第二次脫臼，因此準確率是 100%；「手術治療」是「否」的資料有一半會發生第二次脫臼，因此準確率是 50%。

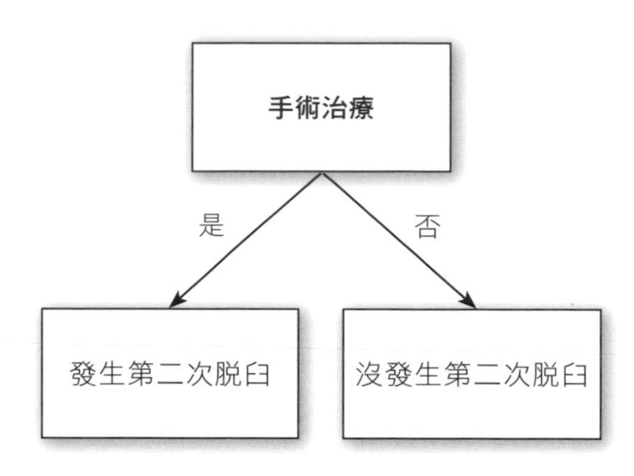

▲ 第一次分割後的決策樹

接下來在「手術治療」為「否」之處，可以多做一次分割。分割前需要重新隨機抽樣特徵子集（也就是說，每一次做決策樹分割之前，都要重新抽樣特徵子集，而不會沿用之前的特徵子集），假設這次選到「年齡」，我們將「手術治療」為「否」的資料，根據「年齡」做分割。最終得到的決策樹：如果有手術治療，則會復發；如果不手術治療且年齡超過 18 歲，也會復發。

決策樹分割可以一直做，直到指定的最大深度，或是符合其他的停止條件，這樣就完成一棵決策樹的訓練。接下來，我們可以對資料進行重抽樣，產生子樣本，並重複上述流程，得到更多決策樹。合併所有決策樹，即為隨機森林模型。

請注意，醫學研究顯示年輕男性發生肩關節脫位復發的機會最高，此處的資料集只是範例，並未反映真實情況。

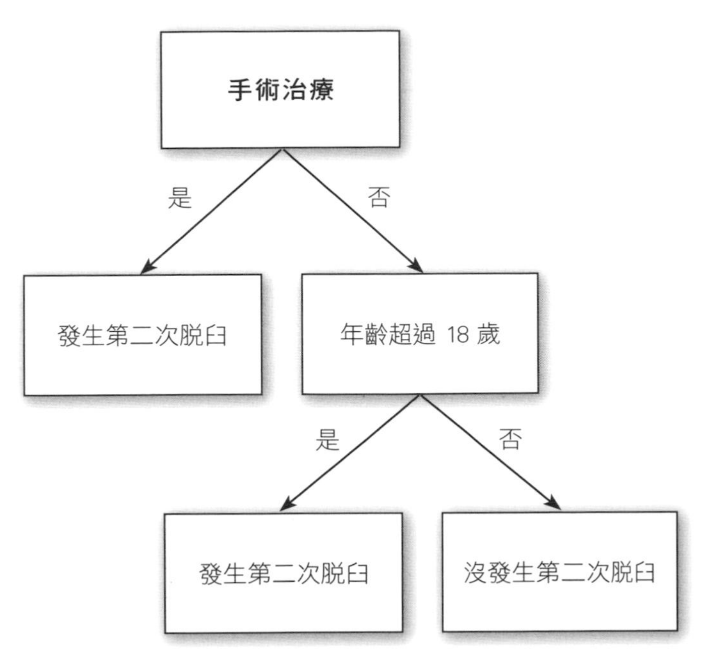

▲ 最終得到的決策樹

極端隨機樹（Extremely Randomized Trees）

另一個使用決策樹建立基學習器的方法是**極端隨機樹**。與先前方法的主要區別在於，我們不是從特徵子集裡找最佳的特徵跟閾值的組合，而是先隨機產生多個特徵跟閾值的組合，再從中找最佳。演算法步驟如下：

- 步驟 1：設定 m 值來代表每一次分割只能考慮多少特徵跟閾值的組合。
- 步驟 2：初始化新的基學習器。
- 步驟 3：產生子樣本。
- 步驟 4：隨機選擇 m 組特徵，從中產生 m 個特徵跟閾值組合，每個閾值必須在特徵的最小值和最大值之間。
- 步驟 5：選擇最好的特徵和閾值組合，來分割基學習器的一個節點。

- 步驟 6：重複步驟 4 到 5，直到建立好一個基學習器。
- 步驟 7：重複步驟 2 到 6，直到建立好模型。

調整隨機森林

產生很多基學習器之後，接著要整合基學習器的輸出來得到集成後預測值。對於分類問題，我們可以使用多數決投票；對於迴歸問題，則是計算平均。隨機森林演算法中可以調整的項目如特徵子集的數目、基學習器的數量、基學習器的複雜度。如前所述，關於特徵數目的通則如下：

- 對於分類問題，取所有特徵數目的平方根。
- 對於迴歸問題，取所有特徵數目的三分之一。

基學習器的數量可以手工微調，當數量持續增加時，集成後的誤差會逐漸收斂至一個定值，因此可以透過驗證資料集（袋外資料）來判斷最佳基學習器數量。最後，基學習器的複雜度可能會影響是否發生過度配適；如果發現過度配適，應降低基學習器的複雜度。

分析隨機森林

如果基學習器是決策樹，想要知道資料中的哪一個特徵比較重要，可以計算每個基學習器中每個節點的**基尼係數**（Gini index），並比較每個特徵的基尼係數累積值。

> TIP 假設分割前類別 A 有 4 筆、類別 B 有 6 筆，則基尼係數為 $1-0.4^2-0.6^2=0.48$。根據一個特徵做分割後，左邊葉子的類別 A 有 1 筆、類別 B 有 3 筆，則基尼係數為 $1-0.25^2-0.75^2=0.375$，右邊葉子的類別 A 跟類別 B 都有 3 筆，則基尼係數為 $1-0.5^2-0.5^2=0.5$，分支後的基尼係數總和要針對資料比例作加權平均：$0.4\times0.375+0.6\times0.5=0.45$。因此，此特徵可以降低基尼係數 $0.48-0.45=0.03$。如果一個特徵能夠降低很多基尼係數，代表這個特徵很重要。

如果基學習器不是決策樹，那可以使用 permutation importance。首先，記錄模型對驗證資料的預測效能。接著，選擇驗證資料中的某一個特徵，將該特徵打亂。最後，記錄模型對此驗證資料的預測效能。效能降低越多，代表模型依賴此特徵進行預測，也就是此特徵比較重要。

當特徵很多，但是只有很少的特徵跟標籤有相關時，隨機森林模型可能會出現較大的偏誤。因為隨機森林中的每個基學習器，訓練的過程都只使用部分特徵，有可能常常選到沒用的特徵，導致基學習器效能不佳，間接造成集成後效能低落。我們用以下這個實驗，來量化這種問題。下圖中，Y 軸代表與標籤有相關的特徵數量，X 軸代表與標籤無相關的特徵數量。在只選所有特徵數目的平方根個特徵條件下，可以發現與標籤無相關的特徵比例越多，選到有相關的特徵機率就會下降。

```
import numpy as np
import matplotlib.pyplot as plt



p = 0
def prob(relevant, irrelevant, select):
    # 計算抽到無相關特徵的機率
    p = 1 - relevant / (relevant + irrelevant)
    # 計算抽 N 次都是無相關特徵的機率
    p_none = np.power(p, select)
    # 計算抽 N 次至少有一個有相關特徵的機率
    at_least_one = 1 - p_none
    return at_least_one



data = np.zeros((10,10))
# 有相關特徵的範圍是 (1 ~ 10)
for y in range(1, 11):
    # 無相關特徵的範圍是 (1 ~ 10) * 10
    for x in range(1, 11):
        # 計算要抽的特徵數量
        select = int(np.floor(np.sqrt(x * 10)))
        # 計算抽到有相關特徵的機率
        data[-1 + y,-1 + x] = prob(y, x * 10, select)
```

接下頁

```
# 繪製圖
fig, ax = plt.subplots(figsize = (8, 8))
plt.gray()
cs = ax.imshow(data, extent = [10, 100, 10, 1])
ax.set_aspect(10)
plt.xlabel('Irrelevant Features')
plt.ylabel('Relevant Features')
plt.title('Probability')
fig.colorbar(cs)
```

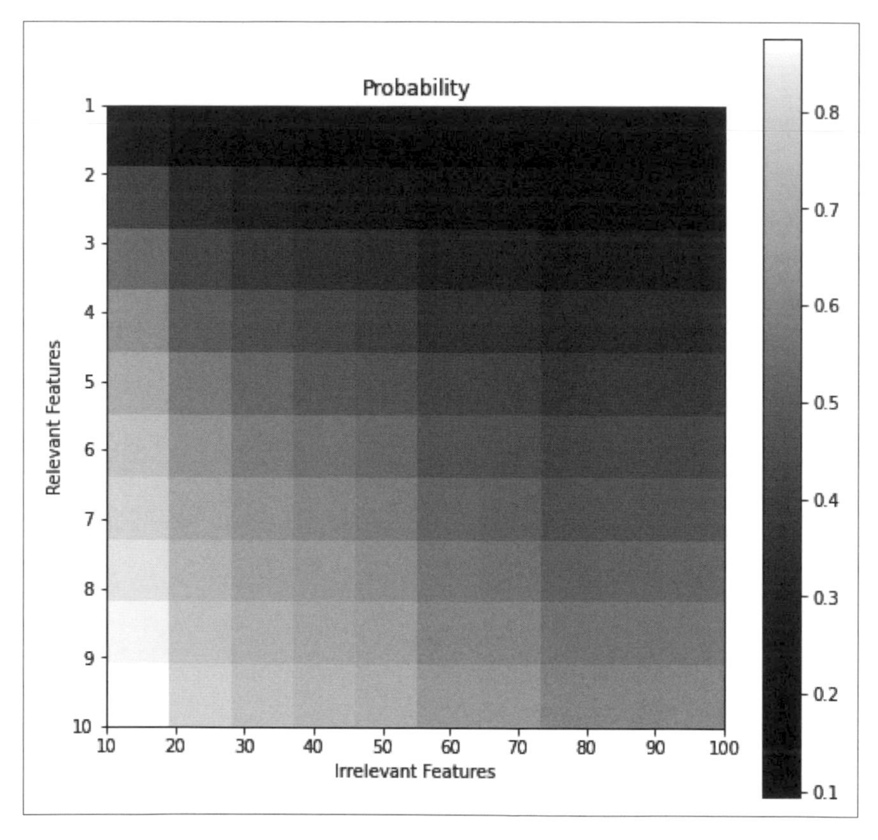

▲ 至少選到一個與標籤相關特徵的機率

如果使用複雜的基學習器（編註：很深的決策樹），則集成後的模型會有較大的變異。前面已提過，隨著基學習器的數目增加，誤差會收斂到一個數值，越容易發生過度配適。此時，適度限制基學習器的複雜度，可以獲得較佳的集成後效能。

隨機森林的優點與缺點

隨機森林是非常**穩健**（robust，編註：比較不會訓練到一半發生電腦當機，或是解不出答案）的集成式學習方法。此方法可以使用平行運算，當遇到大型資料集時，此方法會很有優勢。另外，此方法需要調整的超參數也比較少。

隨機森林的主要缺點在於對類別不平衡，以及訓練資料集有太多無相關特徵時，效能會較差。此外，當使用非常複雜的基學習器，隨機森林所需的計算量會相當龐大。

7.2 使用 scikit-learn 提供的隨機森林處理分類問題

處理分類問題的隨機森林函式為 sklearn.ensemble 中的 RandomForestClassifier，相關的超參數有基學習器的數量、最大決策樹深度等。在此範例中，我們使用隨機森林處理手寫數字辨識。首先，載入函式庫與資料集。

```
# --- 第 1 部分 ---
# 載入函式庫與資料集
from sklearn.datasets import load_digits
from sklearn.ensemble import RandomForestClassifier
from sklearn import metrics
import numpy as np
```

接下頁

```
digits = load_digits()

train_size = 1500
train_x = digits.data[:train_size]
train_y = digits.target[:train_size]
test_x = digits.data[train_size:]
test_y = digits.target[train_size:]

np.random.seed(123456)
```

接下來我們要初始化、訓練隨機森林模型，n_estimators 指定基學習器的數量，n_jobs 決定平行程序的數目。

```
# --- 第 2 部分 ---
# 初始化模型
ensemble_size = 500
ensemble = RandomForestClassifier(n_estimators = ensemble_size,
                                  n_jobs = 4)

# --- 第 3 部分 ---
# 訓練模型
ensemble.fit(train_x, train_y)

# --- 第 4 部分 ---
# 評估模型
ensemble_predictions = ensemble.predict(test_x)

ensemble_acc = metrics.accuracy_score(test_y,
                                      ensemble_predictions)

# --- 第 5 部分 ---
# 顯示準確率
print('Random Forest: %.2f' % ensemble_acc)
```

輸出

```
Random Forest: 0.93
```

準確率可以達到 93%，比本書第 6 章提到的 XGBoost 效能更好。我們可以使用本書第 2 章提到的驗證曲線，來看不同數目的基學習器跟準確率的關係。我們嘗試 10、50、100、150、200、250、300、350、400 個基學習器，來觀察準確率的變化。

```
# --- 第 1 部分 ---
# 載入函式庫與資料集
from sklearn.datasets import load_digits
from sklearn.ensemble import RandomForestClassifier
from sklearn.model_selection import validation_curve
from sklearn import metrics
import numpy as np
import matplotlib.pyplot as plt

digits = load_digits()


train_size = 1500
train_x = digits.data[:train_size]
train_y = digits.target[:train_size]
test_x = digits.data[train_size:]
test_y = digits.target[train_size:]

np.random.seed(123456)

# --- 第 2 部分 ---
# 初始化模型

ensemble_size = 500
ensemble = RandomForestClassifier(n_estimators = ensemble_size,
                                  n_jobs=4)

param_range = [10, 50, 100, 150, 200, 250, 300, 350, 400]
train_scores, test_scores = validation_curve(
    ensemble,
    train_x,
    train_y,
    'n_estimators',
    param_range,
    cv = 10,
    scoring = 'accuracy')
```

接下頁

```
# --- 第 3 部分 ---
# 計算準確率的平均數跟標準差
train_scores_mean = np.mean(train_scores, axis = 1)
train_scores_std = np.std(train_scores, axis = 1)
test_scores_mean = np.mean(test_scores, axis = 1)
test_scores_std = np.std(test_scores, axis = 1)

# --- 第 4 部分 ---
# 繪製圖形
plt.figure(figsize = (8, 8))
plt.title('Validation curves (Random Forest)')
# 繪製標準差
plt.fill_between(param_range,
                 train_scores_mean - train_scores_std,
                 train_scores_mean + train_scores_std,
                 alpha = 0.1,
                 color = "C1")
plt.fill_between(param_range,
                 test_scores_mean - test_scores_std,
                 test_scores_mean + test_scores_std,
                 alpha = 0.1,
                 color = "C0")

# 繪製平均數
plt.plot(param_range,
         train_scores_mean,
         'o-',
         color = "C1",
         label = "Training score")
plt.plot(param_range,
         test_scores_mean,
         'x-',
         color = "C0",
         label = "Cross-validation score")

plt.xticks(param_range)
plt.xlabel('Number of learners)
plt.ylabel('Accuracy')
plt.legend(loc = "best")
```

得到的曲線如下圖所示，可以發現 250 個基學習器，就可以得到將近 96% 的準確率。透過驗證曲線，可以知道要選多少基學習器數量來進行集成。

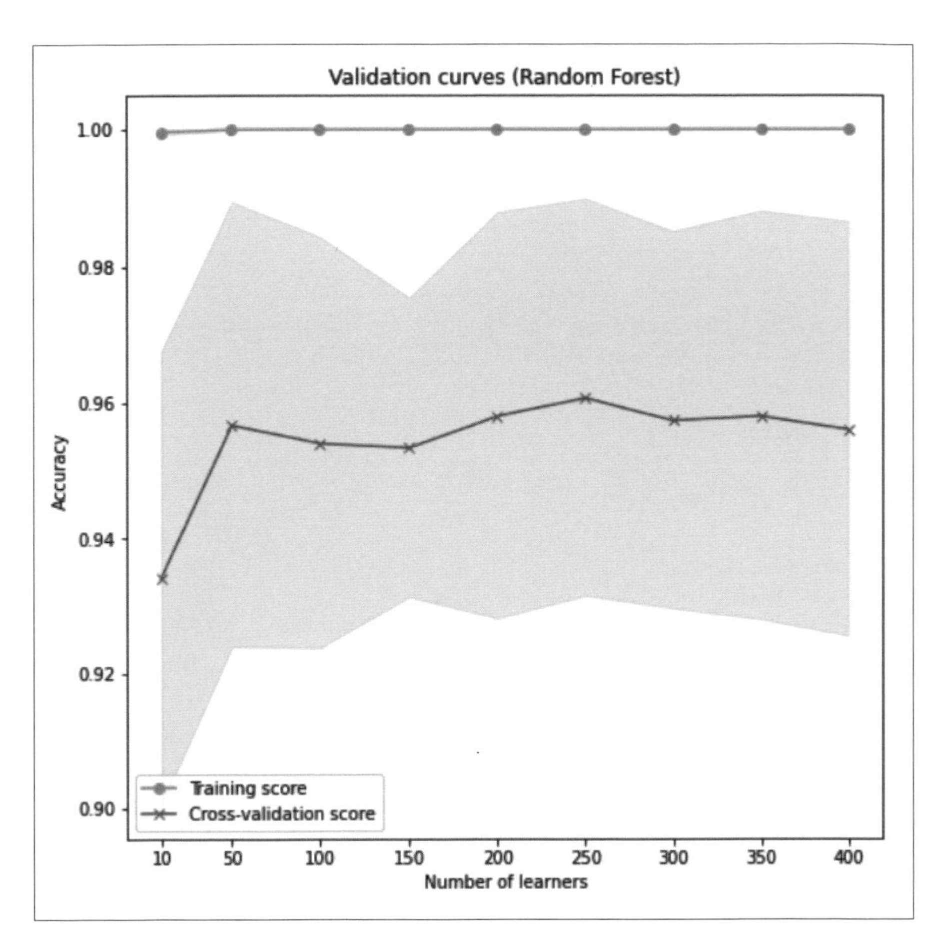

▲ 不同數量的基學習器與準確率的關係

7.3 使用 scikit-learn 提供的隨機森林處理迴歸問題

處理迴歸問題的隨機森林函式為 sklearn.ensemble 中的 RandomForestRegressor。我們現在要用此函式處理糖尿病患資料集。

```
# --- 第 1 部分 ---
# 載入函式庫與資料集
from copy import deepcopy
from sklearn.datasets import load_diabetes
from sklearn.ensemble import RandomForestRegressor
from sklearn import metrics

import numpy as np

diabetes = load_diabetes()

train_size = 400
train_x = diabetes.data[:train_size]
train_y = diabetes.target[:train_size]
test_x = diabetes.data[train_size:]
test_y = diabetes.target[train_size:]

np.random.seed(123456)

# --- 第 2 部分 ---
# 初始化模型
ensemble_size = 100
ensemble = RandomForestRegressor(n_estimators = ensemble_size,
                                 n_jobs = 4)

# --- 第 3 部分 ---
# 訓練模型
ensemble.fit(train_x, train_y)
predictions = ensemble.predict(test_x)
```

接下頁

```
# --- 第 4 部分 ---
# 評估模型
train_r2 = metrics.r2_score(train_y,
                            ensemble.predict(train_x))
train_mse = metrics.mean_squared_error(train_y,
                                       ensemble.predict(train_x))

test_r2 = metrics.r2_score(test_y, predictions)
test_mse = metrics.mean_squared_error(test_y, predictions)

# --- 第 5 部分 ---
# 顯示結果
print('Random Forest Train:')
print('R-squared: %.2f' % train_r2)
print('MSE: %.2f' % train_mse)
print('Random Forest Test:')
print('R-squared: %.2f' % test_r2)
print('MSE: %.2f' % test_mse)
```

輸出

```
Random Forest:
R-squared: 0.51
MSE: 2729.81
```

訓練資料集上決定係數為 0.92，均方誤差為 468.86；驗證資料集的決定係數為 0.51，均方誤差為 2729.81。猜測模型發生了過度配適。如果我們加上常規化的設定（min_samples_leaf = 20），即可將驗證資料集的決定係數提高到 0.6，同時均方誤差降低到 2206.67。此外，若再將基學習器數目增加到 1000，我們可以進一步將決定係數提高到 0.61，同時 MSE 降低到 2158.64。讀者可以自行修改程式再試試看。

7.4 使用 scikit-learn 提供的極端隨機樹處理分類問題

除了隨機森林以外，scikit-learn 也提供了極端隨機樹，處理分類問題的函式為 ExtraTreesClassifier。我們再一次用手寫數字識別為範例，來展示極端隨機樹的效能。

```
# --- 第 1 部分 ---
# 載入函式庫與資料集
from sklearn.datasets import load_digits
from sklearn.ensemble import ExtraTreesClassifier
from sklearn import metrics
import numpy as np

digits = load_digits()

train_size = 1500
train_x = digits.data[:train_size]
train_y = digits.target[:train_size]
test_x = digits.data[train_size:]
test_y = digits.target[train_size:]

np.random.seed(123456)

# --- 第 2 部分 ---
# 初始化模型
ensemble_size = 500
ensemble = ExtraTreesClassifier(n_estimators = ensemble_size,
                                n_jobs = 4)

# --- 第 3 部分 ---
# 訓練模型
ensemble.fit(train_x, train_y)

# --- 第 4 部分 ---
# 評估模型
ensemble_predictions = ensemble.predict(test_x)
```

接下頁

```
ensemble_acc = metrics.accuracy_score(test_y,
                                      ensemble_predictions)

# --- 第 5 部分 ---
# 顯示準確率
print('Extra Tree Forest: %.2f' % ensemble_acc)
```

輸出

```
Extra Tree Forest: 0.94
```

讀者可能會注意到，本節的程式碼與 7.2 節相比，只是從 RandomForestClassifier 換成 ExtraTreesClassifier。集成後的準確率達到了 94%。我們一樣使用驗證曲線來看基學習器數目跟準確率的關係。

```
# --- 第 1 部分 ---
# 載入函式庫與資料集
from sklearn.datasets import load_digits
from sklearn.ensemble import ExtraTreesClassifier
from sklearn.model_selection import validation_curve
from sklearn import metrics
import numpy as np
import matplotlib.pyplot as plt

digits = load_digits()


train_size = 1500
train_x = digits.data[:train_size]
train_y = digits.target[:train_size]
test_x = digits.data[train_size:]
test_y = digits.target[train_size:]

np.random.seed(123456)

# --- 第 2 部分 ---
# 初始化模型
ensemble_size = 500
ensemble = ExtraTreesClassifier(n_estimators = ensemble_size,
                                n_jobs = 4)
```

接下頁

```
param_range = [10, 50, 100, 150, 200, 250, 300, 350, 400]
train_scores, test_scores = validation_curve(
    ensemble,
    train_x,
    train_y,
    'n_estimators',
    param_range,
    cv = 10,
    scoring = 'accuracy')

# --- 第 3 部分 ---
# 計算準確率的平均數跟標準差
train_scores_mean = np.mean(train_scores, axis = 1)
train_scores_std = np.std(train_scores, axis = 1)
test_scores_mean = np.mean(test_scores, axis = 1)
test_scores_std = np.std(test_scores, axis = 1)

# --- 第 4 部分 ---
# 繪製圖形
plt.figure(figsize = (8, 8))
plt.title('Validation curves (Extra Trees)')
# 繪製標準差
plt.fill_between(param_range,
                 train_scores_mean - train_scores_std,
                 train_scores_mean + train_scores_std,
                 alpha = 0.1,
                 color = "C1")
plt.fill_between(param_range,
                 test_scores_mean - test_scores_std,
                 test_scores_mean + test_scores_std,
                 alpha = 0.1,
                 color = "C0")

# 繪製平均數
plt.plot(param_range,
         train_scores_mean,
         'o-',
         color = "C1",
         label = "Training score")
```
接下頁

```
plt.plot(param_range,
         test_scores_mean,
         'x-',
         color = "C0",
         label = "Cross-validation score")

plt.xticks(param_range)
plt.xlabel('Number of learners)
plt.ylabel('Accuracy')
plt.legend(loc = "best")
```

圖中可以發現驗證資料的準確率可以提高到 97%，明顯比隨機森林來的優異。

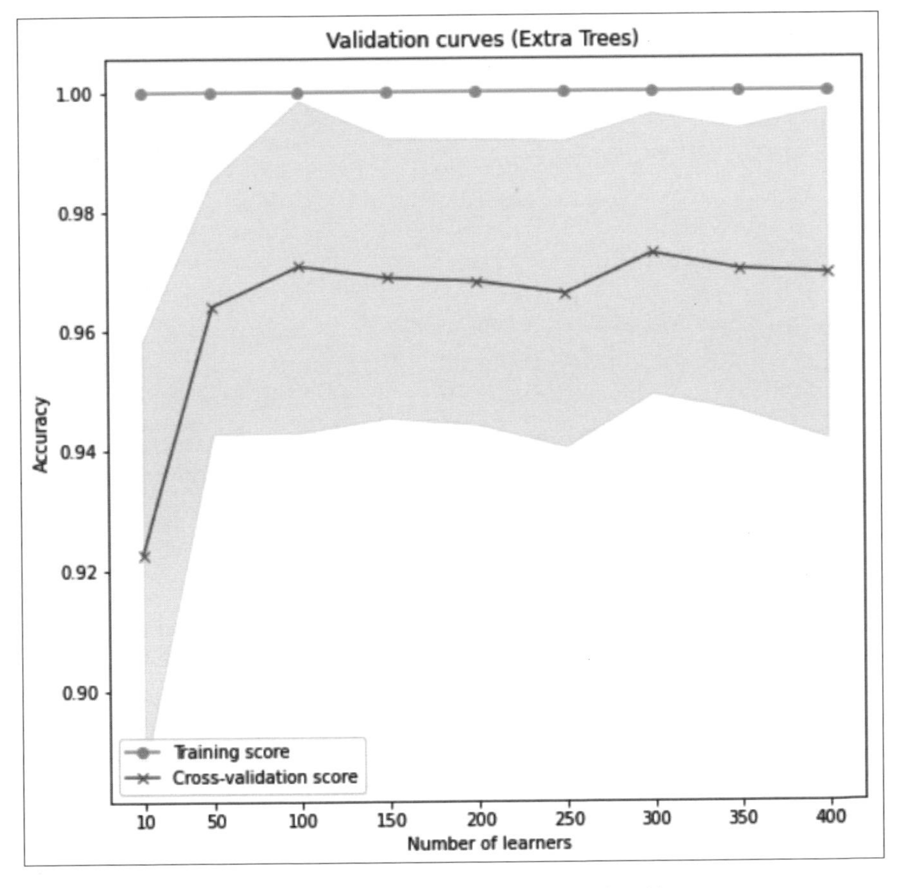

▲ 不同數量的基學習器與準確率的關係

7.5 使用 scikit-learn 提供的極端隨機樹處理迴歸問題

最後一個範例中，我們要用極端隨機樹處理糖尿病患資料集迴歸問題，使用的 scikit-learn 函式為 ExtraTreesRegressor。事實上，本段程式與 7.3 節相比，主要差異也只是從 RandomForestRegressor 換成 ExtraTreesRegressor。

```
# --- 第 1 部分 ---
# 載入函式庫與資料集
from copy import deepcopy
from sklearn.datasets import load_diabetes
from sklearn.ensemble import ExtraTreesRegressor
from sklearn import metrics

import numpy as np

diabetes = load_diabetes()

train_size = 400
train_x = diabetes.data[:train_size]
train_y = diabetes.target[:train_size]
test_x = diabetes.data[train_size:]
test_y = diabetes.target[train_size:]

np.random.seed(123456)

# --- 第 2 部分 ---
# 初始化模型
ensemble_size = 100
ensemble = ExtraTreesRegressor(n_estimators = ensemble_size,
                               n_jobs = 4)
```

接下頁

```
# --- 第 3 部分 ---
# 訓練模型
ensemble.fit(train_x, train_y)
predictions = ensemble.predict(test_x)

# --- 第 4 部分 ---
# 評估模型
r2 = metrics.r2_score(test_y, predictions)
mse = metrics.mean_squared_error(test_y, predictions)

# --- 第 5 部分 ---
# 顯示結果
print('Extra Trees:')
print('R-squared: %.2f' % r2)
print('MSE: %.2f' % mse)
```

輸出

```
Extra Trees:
R-squared: 0.55
MSE: 2479.18
```

極端隨機樹在驗證資料集上決定係數為 0.55，而均方誤差為 2479.18，比隨機森林效能更佳。但是，其實模型是有一點過度配適。如果我們啟用常規化（min_samples_leaf = 10），並將基學習器的數量增加到 1000，則在驗證資料集上決定係數可以達到 0.62，均方誤差降低到 2114。同樣，讀者可以自行修改程式再試試看。

7.6 小結

在本章中，我們介紹了隨機森林，並說明了 2 種訓練模型的演算法。第一種是找尋特徵子集中最佳的特徵以及閾值，另一種是在隨機抽出的特徵跟閾值組合中尋找最佳的一組。接者，我們討論模型的調整以及優缺點。最後，提供了使用隨機森林和極端隨機樹解決迴歸及分類問題的範例。

隨機森林也如同自助聚合法，使用重抽樣得到的子樣本來訓練基學習器。不過在每個節點上，每個基學習器能使用的特徵也是經過抽樣出來的特徵子集，從特徵子集中找最佳的特徵以及閾值。特徵子集的數量是一個可以調整的超參數，然而基本原則如下：

- 對於分類問題，取所有特徵數目的平方根。
- 對於迴歸問題，取所有特徵數目的三分之一。

極端隨機樹和隨機森林比較有機會避免過度配適，但是並不代表絕對不會出現過度配適，慎選基學習器的複雜度仍然相當重要。此外，當無相關特徵的比率高時，隨機森林可能會出現較高的偏誤。

分群

本篇，我們將介紹集成式學習方法在**分群**（clustering）上的應用。此篇包含下列一章：

- 第 8 章，分群（clustering）。

分群（Clustering）

本章內容

分群是廣泛使用的**非監督式學習**方法之一，主要用來發掘**無標籤資料**（unlabeled data）中的結構，目標是將資料分成數個子群，子群內的資料有很高的相似性，而不同子群的資料相似性很低。分群也可以透過組合基學習器來提升效能。在本章中，我們介紹 **K 平均法**（K-Means），以及如何使用集成方法來提高模型效能。最後，我們也會說明 OpenEnsembles 集成分群函式庫的使用方法與範例。本章涵蓋的主題如下：

- K 平均演算法的原理。
- K 平均演算法的優缺點。
- 集成方法如何增進其效能。
- 使用 OpenEnsembles 函式庫。

小編補充 本章部分程式需要指定 Python 函式庫版本

本章的程式在 Anaconda 環境使用以下的 Python 函式庫版本可以正常執行：

- Python version: 3.6.13
- Numpy version: 1.11.3
- Pandas version: 0.23.4
- Scikit-learn version: 0.19.1
- Matplotlib version: 3.1.1
- networkx version: 1.11
- scipy version: 1.1.0

想要建立能夠執行特殊版本的開發環境，可以考慮使用 Anaconda 開發環境。以下程式提供讀者檢查函式庫版本。

```
import sys
import numpy
import pandas as pd
import sklearn
import matplotlib
import networkx
import scipy
print("Python version:", sys.version)
print("Numpy version:", numpy.version.version)
print("Pandas version:", pd.__version__)
print("Scikit-learn version:", sklearn.__version__)
print("Matplotlib version:", matplotlib.__version__)
print("networkx version:", networkx.__version__)
print("scipy version:", scipy.__version__)
```

8.1 分群演算法

共識分群（Consensus Clustering）

當我們應用集成式學習於分群時，則稱為**共識分群**。在分群中，基學習器會為每筆資料指定一個預測值，所謂預測值即代表該資料屬於哪一個子群。我們之後會發現，即便使用相同的分群演算法，2 個基學習器可能做出不一樣的分群。我們也會提到，組合基學習器的預測值並不像迴歸或分類問題這麼簡單。

階層式分群（Hierarchical Clustering）

階層式分群的第一步是為每一筆資料建立一個子群。接著找出兩個距離（比如**歐幾里得距離**，Euclidean distance）最小的子群，將它們合併為一個新的子群。重複這個過程直到所有資料都在同一群裡面為止。此方法的輸出是一個**樹狀圖**（dendrogram），可以展現出資料間的關係。在樹狀圖中水平畫一條線，即可得到分群結果。比如，圖中虛線可以將資料分為 3 群。

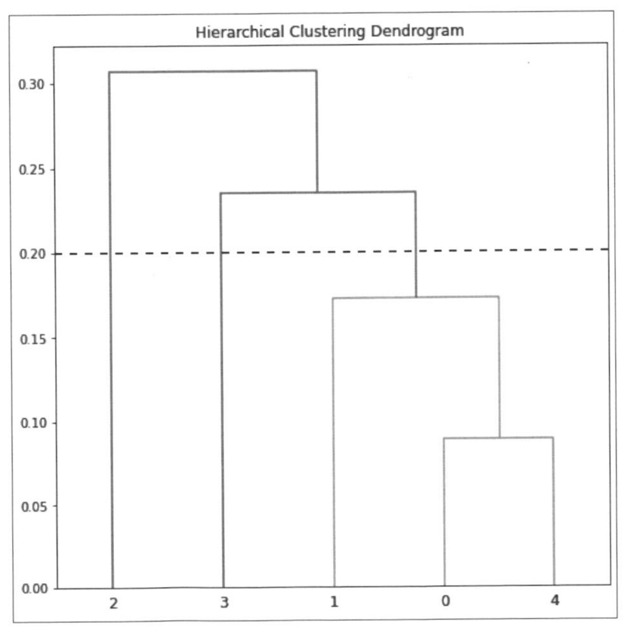

◀ 階層式分群樹狀圖

K 平均法分群（K-Means）

K 平均法的主要概念是設定 K 個子群的**群心**（cluster centers），再將每筆資料指派給最接近的群心，然後重新計算各子群中所有資料的平均數作為新的群心，重複這個過程，直到群心不再變動為止。演算法步驟如下：

- 步驟 1：選擇子群數 K。
- 步驟 2：隨機選擇 K 筆資料作為 K 個子群的初始群心。
- 步驟 3：將每筆資料指派至最接近的群心所屬的子群。
- 步驟 4：重新計算每個子群中所有資料的平均數作為新群心（位置不再變動）。
- 步驟 5：重複步驟 3 與步驟 4，直到群心位置收斂為止。

以下是一個範例，演算法在經過四次迭代後群心即收斂。

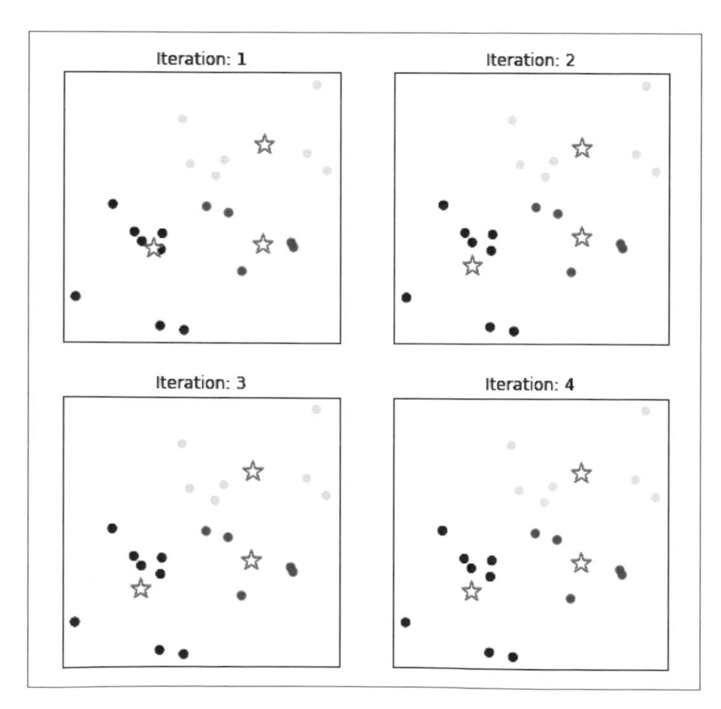

▲ K 平均法 4 次迭代，星形表示群心

K 平均法的優點與缺點

K 平均法容易理解及實作，且通常收斂地相當快，所需的計算較少。但主要缺點便是其對初始條件的敏感性，初始的群心會影響到最終收斂的答案，也會影響計算量。比如，在下圖中是選擇了不好的初始群心，演算法執行後發現 3 個子群的資料量差異很大。

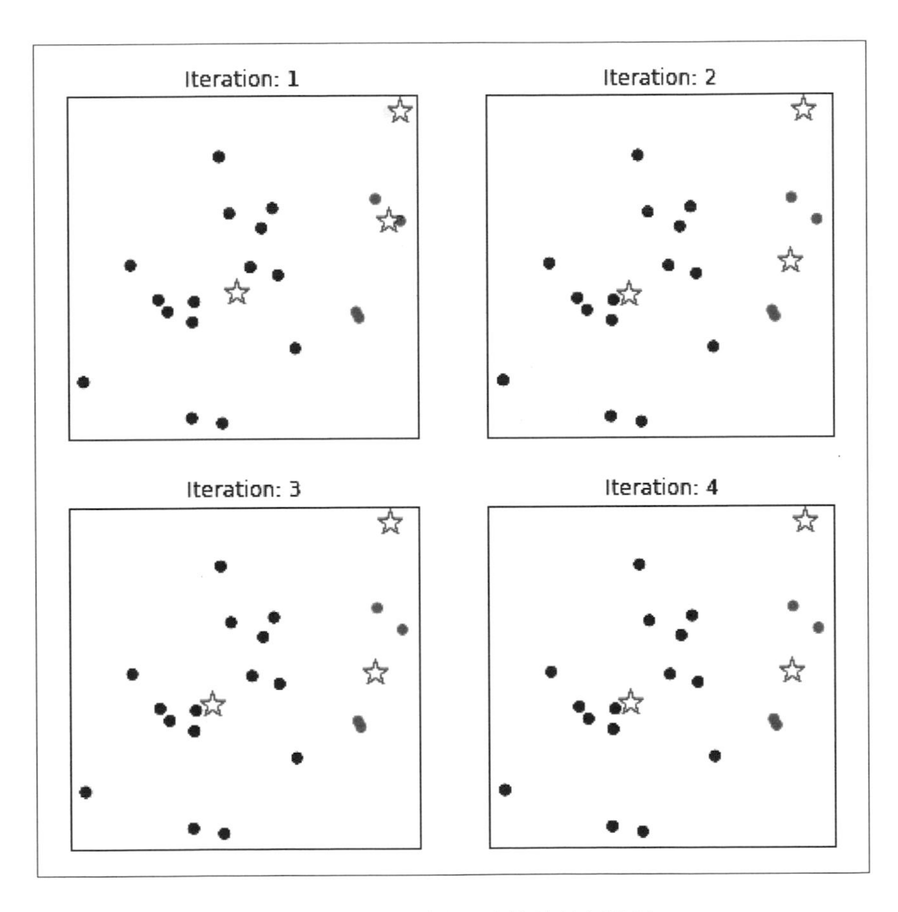

▲ 不好的初始群心，演算法執行結果

因此，這個演算法**確定性**（deterministically）較低。另一個主要問題在於如何決定子群的數量。針對此問題，有幾種不同的解決方案。第一個解決方案是如果對問題已經有**預先知識**（prior knowledge）的情形，就可以根據預先知識設定子群數量。例如，球季中球員的表現如何？在此例中，體育教練可能事先指出運動員的狀態變化大多只有 3 個情形：水準提升、維持水準、或是退步。因此可以選擇 3 作為子群的數目。另一個可能的解決方案是：嘗試使用不同的 K 值，並測量每個 K 值的**適當性**（appropriateness）。這個方法不需有任何預先知識，在本章後續會提到如何測量每個 K 值的適當性。

8.2 使用 scikit-learn 提供的 K 平均法來處理分群問題

本節要介紹 scikit-learn 中 K 平均法的函式 KMeans()，來處理乳癌切片資料。雖然這個資料集可以使用監督式學習的方法，不過我們也可以用非監督式來處理資料後，再把分群的結果跟資料集原有的標籤作比較，看看非監督式學習是否能有效區分惡性病例與良性病例。為了能夠將分群結果畫在圖上，我們必須先對資料集做降維，這邊選擇 **t- 分佈隨機鄰居嵌入**（t-distributed Stochastic Neighbor Embedding, t-SNE）。第 1 部分程式中，我們先載入函式庫與資料集。

t-SNE是要將高維度資料視覺化時，常使用的降維演算法，更多有關 t-SNE 的資訊請參考：https://lvdmaaten.github.io/tsne/。

```
# --- 第 1 部分 ---
# 載入函式庫與資料集
import matplotlib.pyplot as plt
import numpy as np

from sklearn.cluster import KMeans
from sklearn.datasets import load_breast_cancer
from sklearn.manifold import TSNE


np.random.seed(123456)

bc = load_breast_cancer()
tsne = TSNE()
```

第 2 部分要使用 t-SNE 將資料降維，並且繪製降維後的資料。

```
# --- 第 2 部分 ---
# 使用 t-SNE 降維
data = tsne.fit_transform(bc.data)
reds = bc.target == 0
blues = bc.target == 1
plt.scatter(data[reds, 0], data[reds, 1],
            label='malignant', marker = 'x')
plt.scatter(data[blues, 0], data[blues, 1],
            label='benign')
plt.xlabel('1st Component')
plt.ylabel('2nd Component')
plt.title('Breast Cancer data')
plt.legend()
```

程式輸出如下圖，圓點代表的為良性腫瘤。

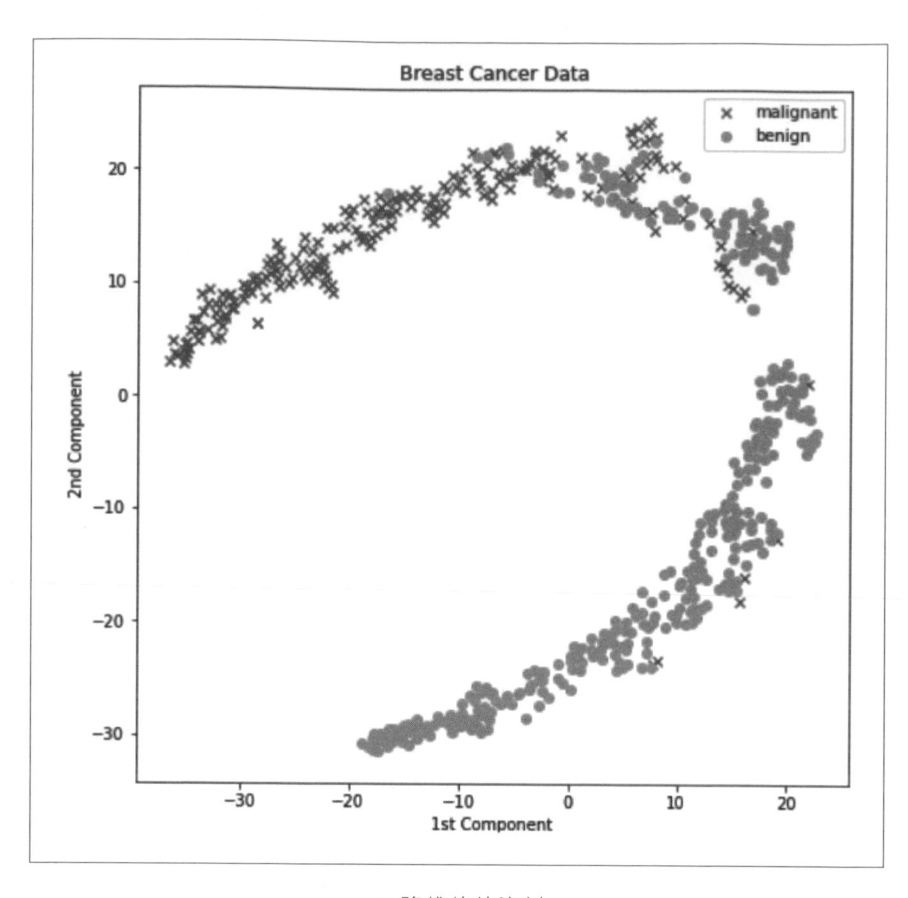

▲ 降維後的資料

第 3 部分程式中使用 K 平均法來分群。我們已知資料集有 2 個類別，因此 2 個子群即足夠了。儘管如此，我們也會嘗試 4 個和 6 個子群，看是否有可能提供更多的資訊。因為我們已經有資料的標籤，可以計算每個子群中的每個類別的百分比，以衡量分群的適當性。我們用 classified 來記錄每一個子群裡面，有多少個良性腫瘤跟惡性腫瘤，就可以算出對應的百分比。

```
# --- 第 3 部分 ---
# 訓練模型
plt.figure(figsize = (16, 8))
plt.title('2, 4, and 6 clusters.')
for k in [2, 4, 6]:
    km = KMeans(n_clusters=k)
    preds = km.fit_predict(data)
    plt.subplot(1, 3, k/2)
    plt.scatter(*zip(*data), c=preds)

    classified = {x: {'m': 0, 'b': 0} for x in range(k)}

    for i in range(len(data)):
        p = preds[i]
        label = bc.target[i]
        label = 'm' if label == 0 else 'b'
        classified[p][label] = classified[p][label]+1

    print('-'*40)
    for c in classified:
        print('Cluster %d. Malignant percentage: ' % c, end=' ')
        print(classified[c], end=' ')
        print('%.3f' %
                (classified[c]['m'] /
                (classified[c]['m'] + classified[c]['b'])))
```

程式執行結果如下，可以看到，此演算法即使是在完全沒有標籤的資訊時，也能非常有效將資料分群。

▼降維轉換後資料的分群結果

子群數	子群索引	惡性	良性	惡性比例
2	0	6	260	0.023
	1	206	97	0.680
4	0	72	96	0.429
	1	4	135	0.029
	2	134	1	0.993
	3	2	125	0.016
6	0	0	79	0.000
	1	36	87	0.293
	2	89	0	1.000
	3	2	94	0.021
	4	81	10	0.890
	5	4	87	0.044

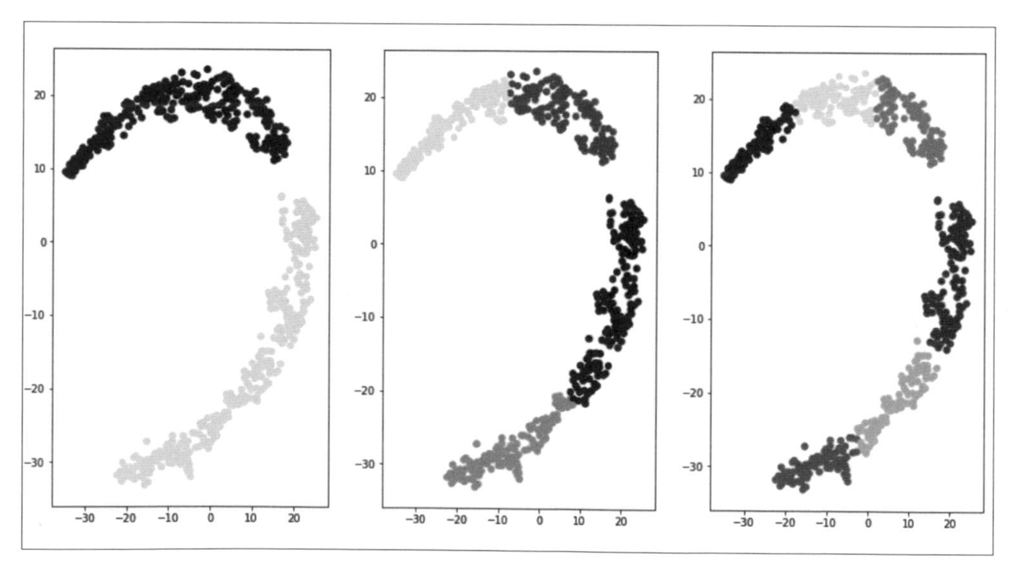

▲ 不同子群數的分群結果

此外，我們還可以發現，增加子群的數量，可以讓每個子群裡面幾乎只含一個類別的資料（**編註：** 惡性比例會趨於 100% 或 0%），也就是能更準確地預測資料屬於任一類別。如果我們沒有對資料做降維，則會得到以下結果。

▼ **原始資料的分群結果**

子群數	子群索引	惡性	良性	惡性比例
2	0	130	1	0.992
	1	82	356	0.187
4	0	87	94	0.481
	1	19	0	1.000
	2	100	1	0.990
	3	6	262	0.022
6	0	68	8	0.895
	1	5	203	0.024
	2	59	0	1.000
	3	32	0	1.000
	4	11	0	1.000
	5	37	146	0.202

有兩個指標可以用來衡量分群的適當性：**同質性**（homogeneity）與**輪廓係數**（silhouette coefficient）。對於已知標籤的資料集，同質性衡量子群裡面的資料是否屬於同一個類別；輪廓係數衡量子群內部的**內聚性**（cohesiveness）和子群之間的**可分離性**（separability），內聚性是計算同一個子群裡面資料的平均距離，可分離性是計算相鄰子群的平均距離。將可分離性減去內聚性，除以可分離性跟內聚性的最大值，即可得到輪廓係數。這 2 個評價指標可以使用 homogeneity_score 以及 silhouette_score 函式算出來，並且分數越高代表模型效能用好。下表中可以看到降維轉換後的資料同質性較高，但輪廓係數則不一定，這是因為轉換後的資料只有 2 個維度，使資料之間的距離更小，影響了輪廓係數。

▼原始資料和降維轉換資料的分群同質性和輪廓係數

評價指標	子群數	原始資料	轉換資料
同質性	2	0.422	0.418
	4	0.575	0.603
	6	0.624	0.649
輪廓係數	2	0.697	0.509
	4	0.533	0.576
	6	0.484	0.553

8.3 使用投票法集成非監督式學習的基學習器

想要將不同分群結果整合起來，直接的想法就是使用類似監督式學習中的投票法。但此時卻發生新的問題：子群的代碼無法直接進行運算。舉例來說，如果有 3 個基學習器的分類結果如下表：

▼3 個基學習器分群結果

資料	基學習器 A	基學習器 B	基學習器 C
第 1 筆資料	子群 1	子群 3	子群 2
第 2 筆資料	子群 1	子群 3	子群 2
第 3 筆資料	子群 2	子群 1	子群 3
第 4 筆資料	子群 2	子群 1	子群 3
第 5 筆資料	子群 3	子群 2	子群 1
第 6 筆資料	子群 3	子群 2	子群 1

可以發現其實這 3 個基學習器的分群是一致，差別只在於子群的索引不同（編註：分群演算法不使用標籤，所以索引也不具意義）。但是如果直接使用投票法，反而無法集成得到最終預測。我們必須要連結不同基學習器的相似子群，常見的作法是將交集較多的子群連結起來。以下為一個範例。

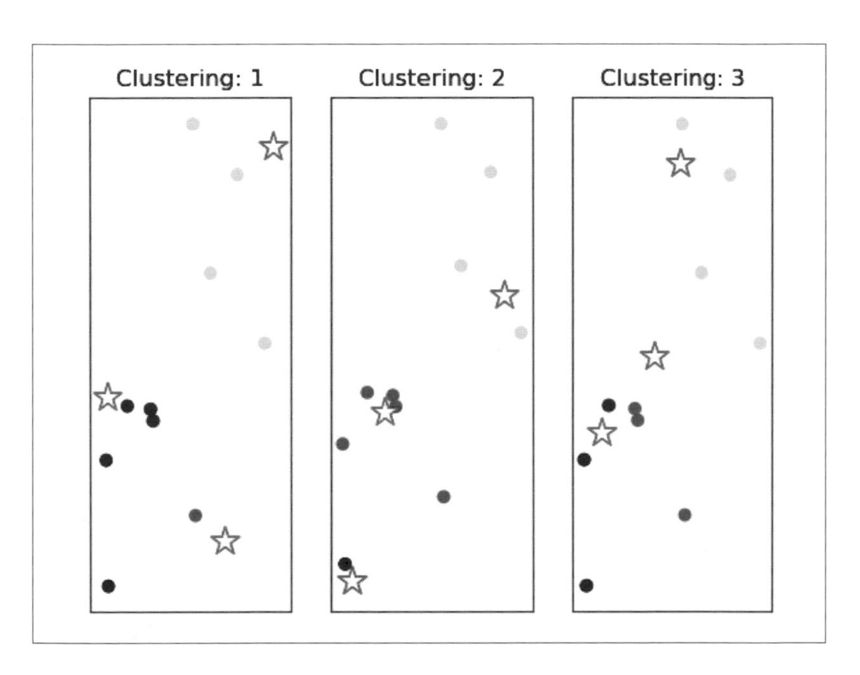

▲ 3 個不同基學習器的分群結果

下表列出了三個不同基學習器分群結果中，每筆資料所屬子群。

▼每筆資料所屬的子群（由深到淺分別為 0、1、2 號子群）

資料索引	1	2	3	4	5	6	7	8	9	10
第 1 個基學習器	0	0	2	2	2	0	0	1	0	2
第 2 個基學習器	1	1	2	2	2	1	0	1	1	2
第 3 個基學習器	0	0	2	2	2	1	0	1	1	2

接著，我們計算**共現矩陣**（co-occurrence matrix），此矩陣的行跟列都是 10 個資料點的索引，可顯示任 2 筆資料屬於同一個子群的次數（**編註：** 3 個基學習器都將資料索引 1 跟索引 2 放在同一個子群，因此矩陣中第一列、第二行填入 3；有 2 個基學習器將資料索引 8 跟 9 放在同一個子群，因此矩陣中的第 8 列第 9 行填入 2；對角線則代表每個基學習器都將每筆資料跟自己放在同一個子群，因此會填入基學習器的個數 3）。

▼**共現矩陣**

資料索引	1	2	3	4	5	6	7	8	9	10
1	3	3	0	0	0	2	2	1	2	0
2	3	3	0	0	0	2	2	1	2	0
3	0	0	3	3	3	0	0	0	0	3
4	0	0	3	3	3	0	0	0	0	3
5	0	0	3	3	3	0	0	0	0	3
6	2	2	0	0	0	3	1	0	3	0
7	2	2	0	0	0	1	3	0	1	0
8	1	1	0	0	0	0	0	3	2	0
9	2	2	0	0	0	3	1	2	3	0
10	0	0	3	3	3	0	0	0	0	3

若超過一半的基學習器，同時都將 2 筆資料放在同一個子群，則集成後的模型也要將這 2 筆資料放在同一個子群。比如：從矩陣的第 1 列可以看出，資料索引 1、2、6、7、9 要放在同一個子群；矩陣的第 9 列可以看出，資料索引 1、2、6、8、9 要放在同一個子群。集成之後資料索引 1、2、6、7、8、9 要放在同一個子群。此外，矩陣的第 3、4、5、10 列可以看出，資料索引 3、4、5、10 要放在同一個子群。

▼集成結果

資料索引	1	2	3	4	5	6	7	8	9	10
集成後結果	0	0	1	1	1	0	0	0	0	1

可以發現對於此資料集，2 個子群就足夠了，即使每個基學習器事實上生成了 3 個不同的子群。

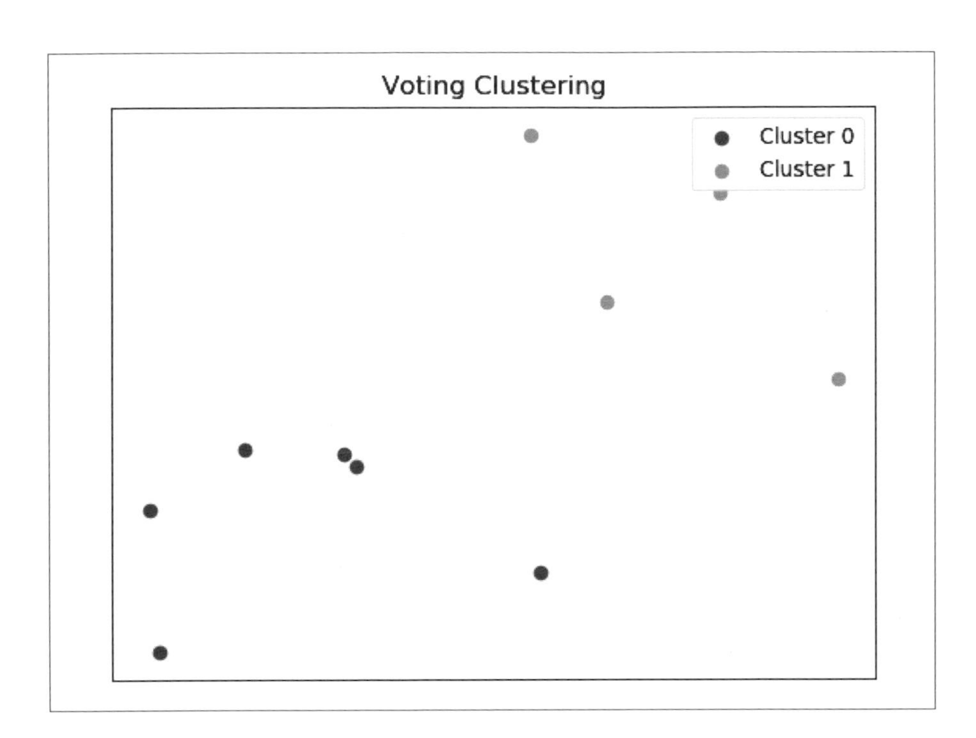

▲ 視覺化集成後結果

8.4 使用 OpenEnsembles 集成非監督式學習的基學習器

OpenEnsembles 是集成式分群的 Python 函式庫，在本節中，我們將介紹使用方法。請執行 pip install openensembles 來安裝此函式庫。此函式庫是基於 scikit-learn，但使用上略有差異，最大的不同在於傳入的資料要是 OpenEnsembles 自訂的 data 資料型別，此型別含有一個 pandas DataFrame，以及一個特徵名稱的串列。以下程式中，我們載入函式庫、資料集。

```
# --- 第 1 部分 ---
# 載入函式庫與資料集
import openensembles as oe
import numpy as np
import pandas as pd
import sklearn.metrics

from sklearn.datasets import load_breast_cancer

bc = load_breast_cancer()

np.random.seed(123456)

# --- 第 2 部分 ---
# 建立資料
cluster_data = oe.data(pd.DataFrame(bc.data), bc.feature_names)
```

第 3 部分程式中，我們要計算不同基學習器數量，不同子群數的同質性。我們要使用 cluster 函式，主要的超參數有 source_name 來指定輸入資料、algorithm 決定基學習器使用哪種演算法、output_name 儲存每個基學習器的結果、以及子群數。最後，我們使用 finish_majority_vote 函式，計算多數投票最終的分群，此函式的唯一超參數是 threshold，用來決定多少比例的基學習器有一致的分類便將資料視為同一群。

```
# --- 第 3 部分 ---
# 訓練模型並計算同質性
for K in [2, 3, 4, 5, 6, 7]:
    for ensemble_size in [3, 4, 5]:
        # 初始化基學習器
        ensemble = oe.cluster(cluster_data)
        for i in range(ensemble_size):
            # 訓練基學習器
            name = f'kmeans_{ensemble_size}_{i}'
            ensemble.cluster('parent', 'kmeans', name, K)

        # 使用投票法組成所有基學習器的輸出
        preds = ensemble.finish_majority_vote(threshold=0.5)
        print(f'K: {K}, size {ensemble_size}:', end=' ')
        print('%.2f' % sklearn.metrics.homogeneity_score(
                bc.target, preds.labels['majority_vote']))
```

結果總結如下表。顯然，7 個子群、5 個基學習器能達到最佳結果。

▼原始資料的集成分群結果

子群數量	基學習器數量	同質性
2	3	0.42
2	4	0.42
2	5	0.42
3	3	0.47
3	4	0.47
3	5	0.45
4	3	0.58
4	4	0.58
4	5	0.58
5	3	0.60
5	4	0.60
5	5	0.60
6	3	0.62
6	4	0.62

接下頁

子群數量	基學習器數量	同質性
6	5	0.62
7	3	0.63
7	4	0.63
7	5	0.63

如果我們先使用 t-SNE 將資料降維，然後重複此實驗，我們將獲得如下的結果。可以發現整體來說，降維轉換的資料，同質性會比較高。而最佳效能則出現在 7 個子群、4 個基學習器。

▼降維轉換資料的集成分群結果

子群數量	基學習器數量	同質性
2	3	0.42
2	4	0.42
2	5	0.42
3	3	0.57
3	4	0.58
3	5	0.57
4	3	0.60
4	4	0.60
4	5	0.60
5	3	0.61
5	4	0.61
5	5	0.61
6	3	0.65
6	4	0.65
6	5	0.65
7	3	0.66
7	4	0.66
7	5	0.61

8.5 使用圖閉合（Graph Closure）集成非監督式學習的基學習器

可以用來組合分群結果的其他 2 種方法是：**圖閉合**（graph closure）和**共現鏈**（co-occurrence linkage）。接下來的 2 節，我們說明如何使用 OpenEnsembles 實作這 2 種方法。

圖閉合也是根據共現矩陣來決定集成後的分群。共現矩陣的每一個元素，代表有多少基學習器，將該元素對應的 2 筆資料放在同一個子群。接著，將矩陣視為一個**圖**（graph）的**鄰接矩陣**（adjacency matrix），根據指定的閾值來決定哪 2 個**節點**（vertex）中有**邊**（edge），並根據指定的最小團的節點數（**編註：** 要多少個節點有邊連接起來的，才算 1 個團），找出圖中的**團**（clique，團是節點的子集，其間任何兩個節點都有相互連接）。最後，使用**滲透法**（Percolation）找出子群。

> **編註** 相關內容請參考 Tom Ronan, Shawn Anastasio, Zhijie Qi, Roman Sloutsky, Kristen M. Naegle, and Pedro Henrique S. Vieira Tavares. 2018. Openensembles: a python resource for ensemble clustering. J. Mach. Learn. Res. 19, 1 (January 2018), 956 - 961.

圖閉合的函式為 finish_graph_closure，超參數 clique_size 可以指定團中的節點數目，threshold 可以指定形成邊的最小**共現**（co-occurrence）。我們使用圖閉合來對乳癌切片資料集做分群。

```
# --- 第 1 部分 ---
# 載入函式庫與資料集
import openensembles as oe
import numpy as np
import pandas as pd
import sklearn.metrics
```

接下頁

```
from sklearn.datasets import load_breast_cancer

bc = load_breast_cancer()

np.random.seed(123456)

# --- 第 2 部分 ---
# 建立資料
cluster_data = oe.data(pd.DataFrame(bc.data), bc.feature_names)
```

我們用 finish_graph_closure 取代 finish_majority_vote，並將 'majority_vote' 改成 'graph_closure'。

```
# --- 第 3 部分 ---
# 建立總體並計算同質性
for K in [2, 3, 4, 5, 6, 7]:
    for ensemble_size in [3, 4, 5]:
        # 初始化基學習器
        ensemble = oe.cluster(cluster_data)
        for i in range(ensemble_size):
            # 訓練基學習器
            name = f'kmeans_{ensemble_size}_{i}'
            ensemble.cluster('parent', 'kmeans', name, K)

        # 使用圖閉合組成所有基學習器的輸出
        preds = ensemble.finish_graph_closure(threshold=0.5)
        print(f'K: {K}, size {ensemble_size}:', end=' ')
        print('%.2f' % sklearn.metrics.homogeneity_score(
                bc.target, preds.labels['graph_closure']))
```

可以發現子群數量較少時，效果跟投票法相差不大，然而整體來說效能略差一點。

▼集成分群結果

子群數量	基學習器數量	同質性
2	3	0.42
2	4	0.42
2	5	0.42
3	3	0.47
3	4	0.47
3	5	0.47
4	3	0.58
4	4	0.58
4	5	0.58
5	3	0.60
5	4	0.26
5	5	0.50
6	3	0.62
6	4	0.60
6	5	0.03
7	3	0.63
7	4	0.27
7	5	0.37

8.6 使用共現鏈（Co-occurrence Linkage）集成非監督式學習的基學習器

共現鏈是將共現矩陣視為**相似度矩陣**（similarity matrix），並根據相似度做階層式分群（先將相似度最高的資料放在一群，接著找次相似的資料，依此類推）。我們用同樣的範例資料集來展示共現鏈的使用方式。

```
# --- 第 1 部分 ---
# 載入函式庫與資料
import openensembles as oe
import numpy as np
import pandas as pd
import sklearn.metrics

from sklearn.datasets import load_breast_cancer

bc = load_breast_cancer()

np.random.seed(123456)

# --- 第 2 部分 ---
# 建立資料
cluster_data = oe.data(pd.DataFrame(bc.data), bc.feature_names)

# --- 第 3 部分 ---
# 建立總體並計算同質性
for K in [2, 3, 4, 5, 6, 7]:
    for ensemble_size in [3, 4, 5]:
        # 初始化基學習器
        ensemble = oe.cluster(cluster_data)
        for i in range(ensemble_size):
            # 訓練基學習器
            name = f'kmeans_{ensemble_size}_{i}'
            ensemble.cluster('parent', 'kmeans', name, K)
```

接下頁

```
# 使用共現鏈組成所有基學習器的輸出
preds = ensemble.finish_co_occ_linkage(threshold=0.5)
print(f'K: {K}, size {ensemble_size}:', end=' ')
print('%.2f' % sklearn.metrics.homogeneity_score(
        bc.target, preds.labels['co_occ_linkage']))
```

結果如下表。一般來說與其他兩種方法相比，共現鏈的結果更穩定、執行所需的時間較少。

▼集成分群結果

子群數量	基學習器數量	同質性
2	3	0.42
2	4	0.42
2	5	0.42
3	3	0.47
3	4	0.47
3	5	0.45
4	3	0.58
4	4	0.58
4	5	0.58
5	3	0.60
5	4	0.60
5	5	0.60
6	3	0.60
6	4	0.62
6	5	0.62
7	3	0.63
7	4	0.63
7	5	0.63

8.7 小結

在本章中，我們介紹了 K 平均分群法與集成分群方法，並說明如何使用多數決投票來組合基學習器的分群結果。接著，我們還介紹了專門用於集成分群 OpenEnsembles 函式庫。本章的重點如下。

K 平均法是反覆地將 K 個群心設為該群的資料平均數，初始條件和子群數可能會影響其效能。多數決投票有助於克服其缺點，當過半的基學習器都將 2 筆資料分為同群，則集成後也會是同群。共現矩陣顯示任何 2 筆資料被基學習器分在相同子群的頻率，圖閉合將共現矩陣視為鄰接矩陣，接著用團的演算法找到分群。共現鏈將共現矩陣視為相似度矩陣，接著使用階層式分群。

5 個實務案例

我們將介紹集成式學習如何應用於各種真實世界中的問題。本篇包含下列章節：

- 第 9 章，檢測詐騙交易。
- 第 10 章，預測比特幣價格。
- 第 11 章，推特 (Twitter) 情感分析。
- 第 12 章，推薦電影。
- 第 13 章，世界幸福報告分群。

檢測詐騙交易

本章內容

在本章中，我們將對 2013 年 9 月份的歐洲信用卡持卡人的信用卡交易資料進行分類，以辨別詐騙交易。這個資料集的主要特點是：詐騙交易極少數。此類型的資料集稱為**不平衡**（unbalanced），因為每種標籤所佔的百分比不相等。我們要使用集成式學習，來處理此類不平衡資料集。本章涵蓋的主題以及使用的方法如下：

- 探索式資料分析
- 投票法
- 堆疊法
- 自助聚合法
- 提升法
- 隨機森林
- 不同集成方法的分析比較

9.1 初探資料集

資料集來自 Andrea Dal Pozzolo 的博士論文「Adaptive Machine learning for credit card fraud detection」，原作者已經提供資料給公眾使用，下載網址 https://www.kaggle.com/mlg-ulb/creditcardfraud。此資料集包含超過 284,000 筆資料，但只有 492 筆是詐騙交易，大約佔 0.17%。

用 pandas 讀取資料集，欄位 Class 即為標籤，其餘是特徵。標籤值為 0 代表不是詐騙交易；反之，標籤值為 1 即為詐騙交易。資料集的特徵包含 28 個**主成分**（Principal Component）、交易金額、從資料集中第一筆交易起經過的時間。資料已經預先使用了**主成分分析**（Principal Components Analysis, PCA）進行了轉換，避免洩漏機密以及個資。此資料集的特徵敘述統計如下。

```
data = pd.read_csv('creditcard.csv')
data = data.drop(columns = ['Class'])
data.describe()
```

▼特徵的敘述統計

特徵	筆數	平均數	標準差	最小值	最大值
Time	284807	94813.859575	47488.145955	0.000000	172792.000000
V1	284807	3.918649e-15	1.958696e+00	-5.640751e+01	2.454930e+00
V2	284807	5.682686e-16	1.651309e+00	-7.271573e+01	2.205773e+01
V3	284807	-8.761736e-15	1.516255e+00	-4.832559e+01	9.382558e+00
V4	284807	2.811118e-15	1.415869e+00	-5.683171e+00	1.687534e+01
V5	284807	-1.552103e-15	1.380247e+00	-1.137433e+02	3.480167e+01
V6	284807	2.040130e-15	1.332271e+00	-2.616051e+01	7.330163e+01

接下頁

特徵	筆數	平均數	標準差	最小值	最大值
V7	284807	-1.698953e-15	1.237094e+00	-4.355724e+01	1.205895e+02
V8	284807	-1.893285e-16	1.194353e+00	-7.321672e+01	2.000721e+01
V9	284807	-3.147640e-15	1.098632e+00	-1.343407e+01	1.559499e+01
V10	284807	1.772925e-15	1.088850e+00	-2.458826e+01	2.374514e+01
V11	284807	9.289524e-16	1.020713e+00	-4.797473e+00	1.201891e+01
V12	284807	-1.803266e-15	9.992014e-01	-1.868371e+01	7.848392e+00
V13	284807	1.674888e-15	9.952742e-01	-5.791881e+00	7.126883e+00
V14	284807	1.475621e-15	9.585956e-01	-1.921433e+01	1.052677e+01
V15	284807	3.501098e-15	9.153160e-01	-4.498945e+00	8.877742e+00
V16	284807	1.392460e-15	8.762529e-01	-1.412985e+01	1.731511e+01
V17	284807	-7.466538e-16	8.493371e-01	-2.516280e+01	9.253526e+00
V18	284807	4.258754e-16	8.381762e-01	-9.498746e+00	5.041069e+00
V19	284807	9.019919e-16	8.140405e-01	-7.213527e+00	5.591971e+00
V20	284807	5.126845e-16	7.709250e-01	-5.449772e+01	3.942090e+01
V21	284807	1.473120e-16	7.345240e-01	-3.483038e+01	2.720284e+01
V22	284807	8.042109e-16	7.257016e-01	-1.093314e+01	1.050309e+01
V23	284807	5.282512e-16	6.244603e-01	-4.480774e+01	2.252841e+01
V24	284807	4.456271e-15	6.056471e-01	-2.836627e+00	4.584549e+00
V25	284807	1.426896e-15	5.212781e-01	3.507156e-01	7.519589e+00
V26	284807	1.701640e-15	4.822270e-01	-2.604551e+00	3.517346e+00
V27	284807	-3.662252e-16	4.036325e-01	-2.256568e+01	3.161220e+01
V28	284807	-1.217809e-16	3.300833e-01	-1.543008e+01	3.384781e+01
Amount	284807	88.349619	250.120109	0.000000	25691.160000

9.2 探索式資料分析

這個資料集的一個重要特點是：它沒有任何**缺失值**（missing values），因為每一個特徵的筆數都相同。另一個重要的特點是：大多數的特徵值都已經**標準化**（standardize，標準化會對變數值進行轉換使其平均值接近 0，而標準差接近 1），因為資料已經做了 PCA，PCA 在將資料分解為主要成分之前會對其進行標準化，只有「時間」（Time）和「金額」（Amount）兩個特徵沒有標準化。以下為每個特徵的**直方圖**（histogram）。

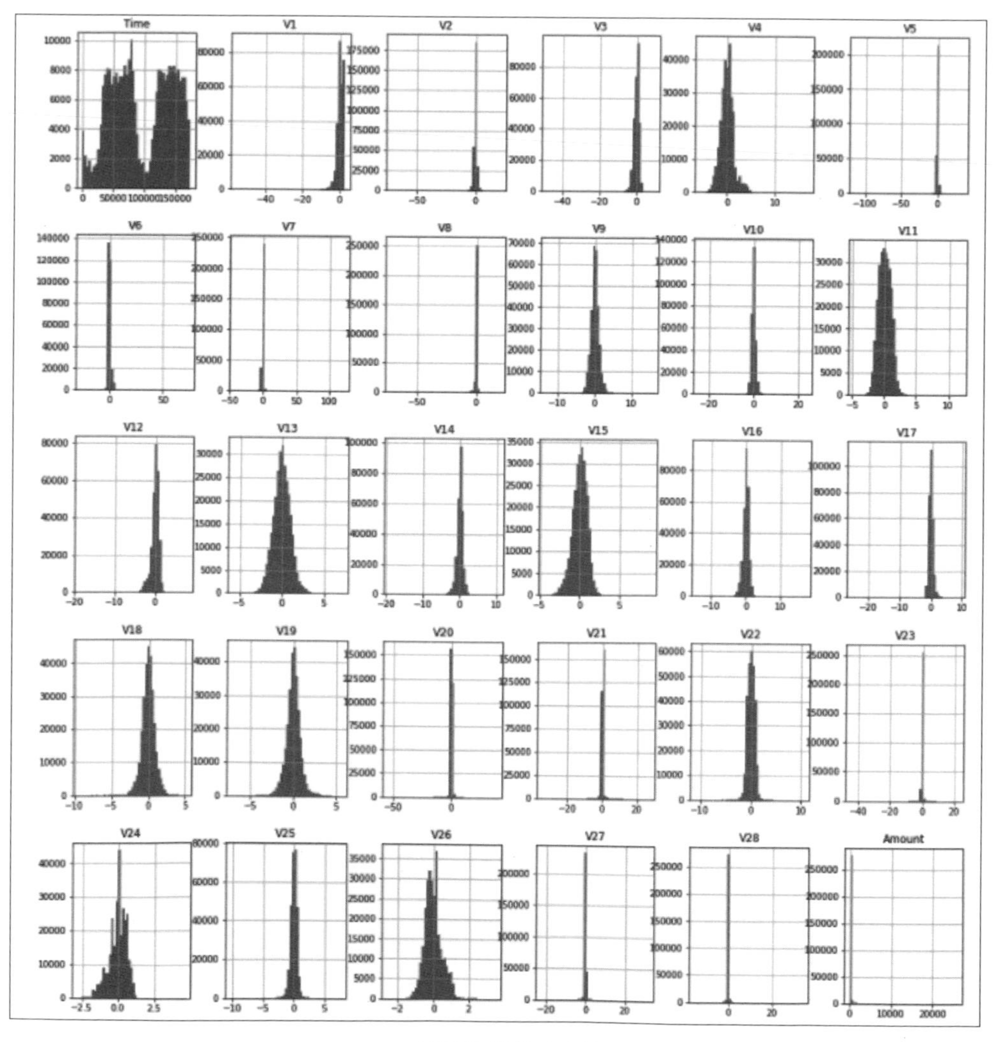

▲ 每個特徵的直方圖

如果仔細觀察每筆交易的時間和金額，可以發現一些有趣的現象。在時間直方圖中（即左上角第一張圖，以下有放大圖），交易頻率在第 75000 到 125000 秒（約 13 小時）大幅降低，這可能跟大多店家的營業時間有關（例如在晚上，大多數商家不營業）。從每筆交易金額可以看出（即右下角的圖，以下有放大圖），大多數交易只是少量金額，交易金額平均數大約只有 88 歐元。

```
plt.figure(figsize = (8, 8))
ax = data.Amount.hist(grid = False, bins = 50)
ax.set_yscale("log", nonposy = 'clip')
plt.title('Amount')
```

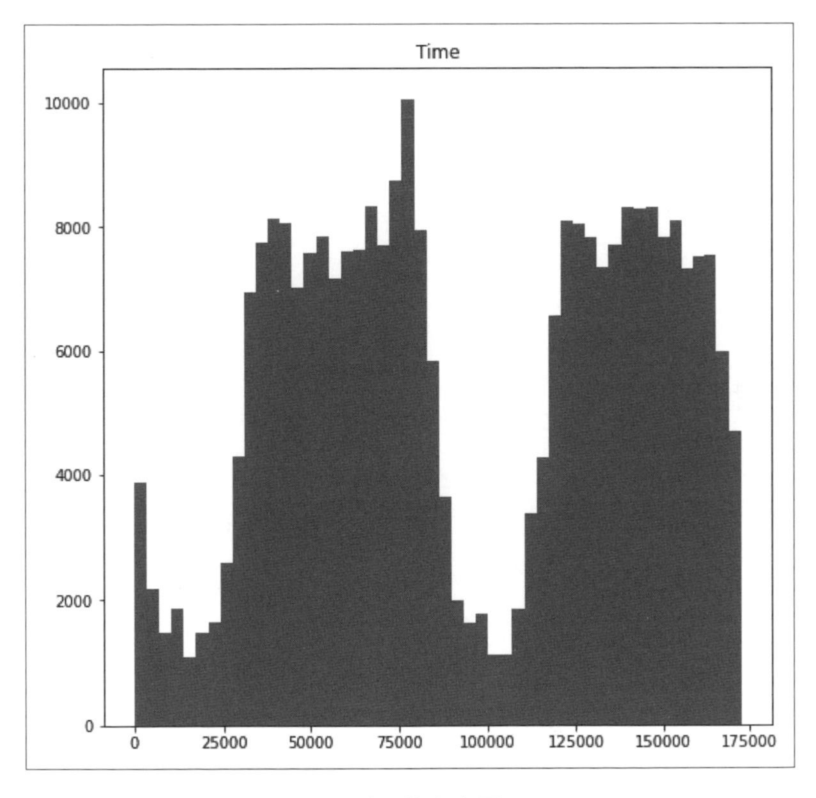

▲ 時間的直方圖

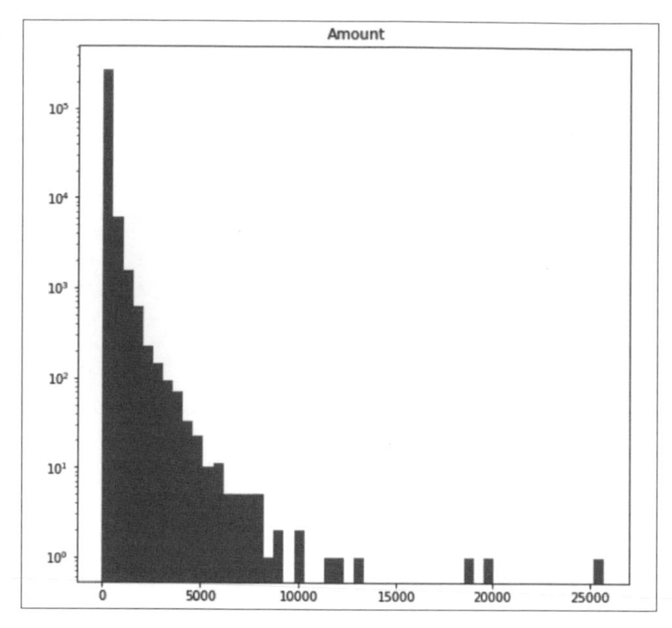

▲ 金額的直方圖

為了避免特徵的權重不均，我們也將金額與時間標準化，讓每個特徵的影響力相同。標準化後的直方圖如下所示。標準化並不會改變圖形原本的樣貌，而是改變座標軸（X 軸）的刻度。

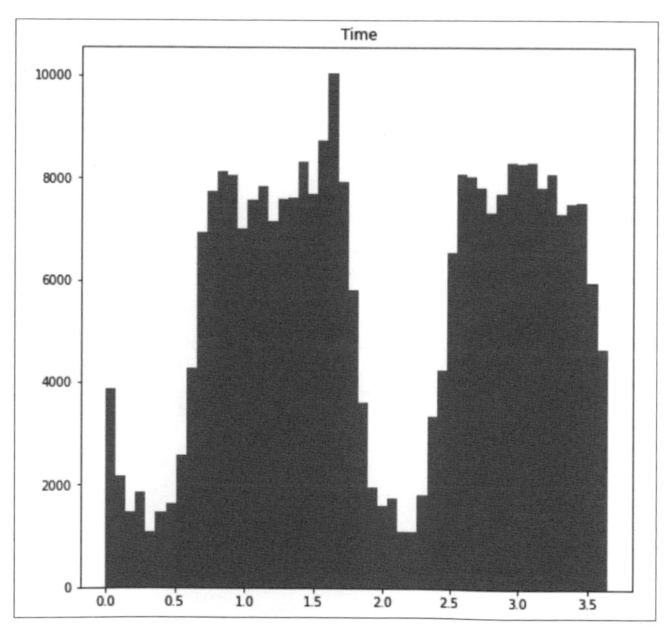

▲ 標準化時間的直方圖

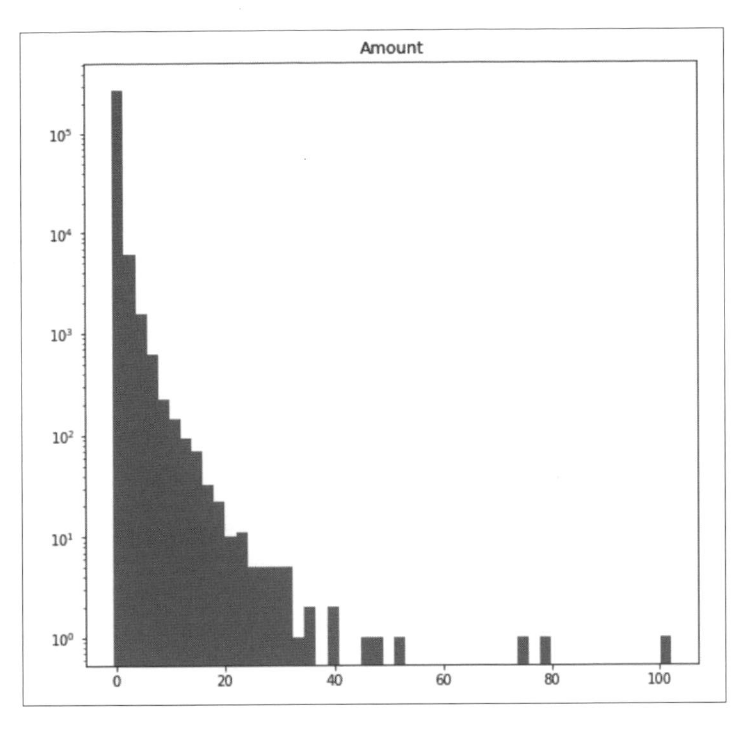

▲ 標準化金額的直方圖

9.3 投票法

對於不平衡的資料集，不適合使用準確率來評估模型，因為只要將所有資料分類為「非詐騙」，即可達到 99% 的準確率。而這並不代表模型的效能，因為事實上並沒有檢測到任何詐騙交易。為了能評估模型的效能，我們將使用召回率（真正的詐騙交易中，有多少檢測出來）和 F1 分數（召回率和精確率的幾何平均值，其中精確率是檢測為詐騙交易中確實為詐騙交易的比率）。

在本節中，我們將使用投票法。我們先使用單純貝氏分類器、邏輯斯迴歸及決策樹。首先會測試個別的基學習器，接著再將基學習器組合起來。

測試基學習器

我們先對基學習器進行測試，以了解基學習器的表現。首先載入函式庫和資料集，再將資料分割為 70% 訓練資料集的和 30% 驗證資料集。

```
# --- 第 1 部分 ---
# 載入函式庫與資料集
import numpy as np
import pandas as pd
import matplotlib.pyplot as plt
from sklearn.tree import DecisionTreeClassifier
from sklearn.linear_model import LogisticRegression
from sklearn.naive_bayes import GaussianNB
from sklearn.model_selection import train_test_split
from sklearn import metrics

np.random.seed(123456)
data = pd.read_csv('creditcard.csv')
data.Time = (data.Time-data.Time.min()) / data.Time.std()
data.Amount = (data.Amount
               - data.Amount.mean()) / data.Amount.std()

# 把資料分為 70% 訓練資料集與 30% 驗證資料集
x_train, x_test, y_train, y_test = train_test_split(
    data.drop('Class', axis = 1).values,
    data.Class.values,
    test_size = 0.3)
```

第 2 部分程式中，我們訓練每個基學習器，並使用 f1_score 以及 recall_score 函式來計算基學習器的 F1 分數以及召回率。此外，為了避免過度配適，我們限制決策樹的最大深度為 3。

```
# --- 第 2 部分 ---
# 訓練基學習器
base_classifiers = [('DT', DecisionTreeClassifier(max_depth = 3)),
                    ('NB', GaussianNB()),
                    ('LR', LogisticRegression())]
```

接下頁

```
for bc in base_classifiers:
    lr = bc[1]
    lr.fit(x_train, y_train)

    predictions = lr.predict(x_test)
    print(bc[0]+' f1',
          metrics.f1_score(y_test, predictions))
    print(bc[0]+' recall',
          metrics.recall_score(y_test, predictions))
    print(metrics.confusion_matrix(y_test, predictions))
```

結果如下表所示。只看 F1 分數，決策樹的表現優於其他 2 個基學習器。若只看召回率，單純貝氏是最優，但 F1 分數卻很低。

▼基學習器於原始資料集的結果

方法	F1	召回率
決策樹、原始資料集	0.770	0.713
單純貝氏、原始資料集	0.107	0.824
邏輯斯迴歸、原始資料集	0.751	0.632

篩選特徵

也許我們可以嘗試減少資料集的特徵數目，經由繪製特徵與標籤的相關性，來過濾掉與標籤相關性低的特徵。下圖描述了每個特徵與標籤的相關性。

```
# --- 第 3 部分 ---
# 檢查特徵與標籤的相關性
plt.figure(figsize = (8, 8))
correlations = data.corr()['Class'].drop('Class')
correlations.sort_values().plot(kind = 'bar')
plt.title('Correlations to Class')
```

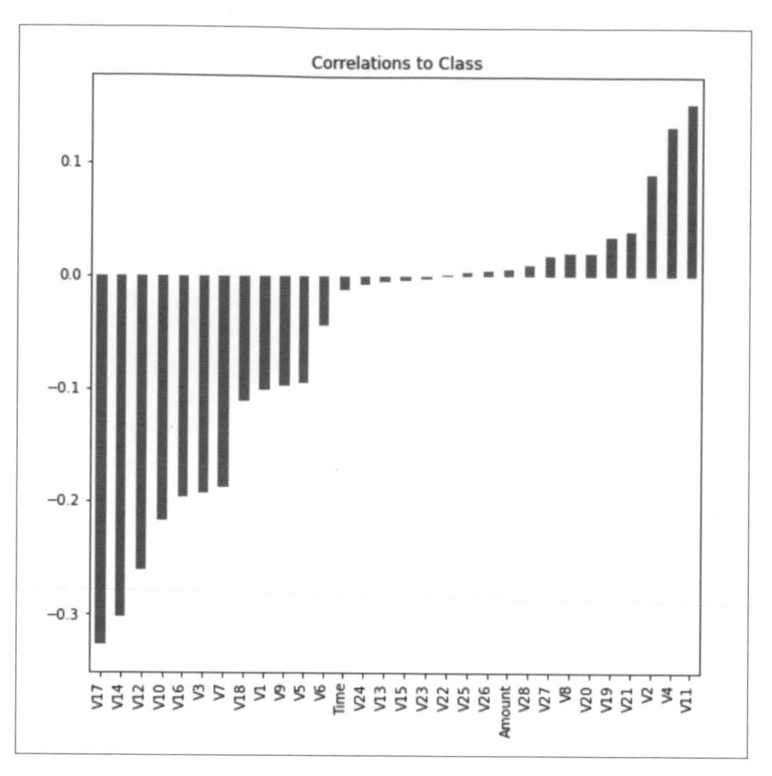

▲ 特徵與標籤的相關性

去除相關性的絕對值低於 0.1 的特徵，看看基學習器是否能更有效地檢測詐騙交易。我們重複以上的實驗，並使用 fs 儲存相關性大於閾值（閾值即為 0.1）的特徵名稱。

```
# --- 第 4 部分 ---
# 根據與標籤的相關性篩選特徵
threshold = 0.1

correlations = data.corr()['Class'].drop('Class')
fs = list(correlations[(abs(correlations)
                        > threshold)].index.values)
fs.append('Class')
data = data[fs]
```

```
x_train, x_test, y_train, y_test = train_test_split(
    data.drop('Class', axis = 1).values,
    data.Class.values,
    test_size = 0.3)
for bc in base_classifiers:
    lr = bc[1]
    lr.fit(x_train, y_train)

    predictions = lr.predict(x_test)
    print(bc[0]+' f1',
          metrics.f1_score(y_test, predictions))
    print(bc[0]+' recall',
          metrics.recall_score(y_test, predictions))
    print(metrics.confusion_matrix(y_test, predictions))
```

結果如下表所示。決策樹與單純貝氏在這 2 個指標上都有改進；然而邏輯斯迴歸模型則明顯退步。

▼基學習器於過濾資料集的結果

方法	F1	召回率
決策樹、過濾資料集	0.782	0.732
單純貝氏、過濾資料集	0.202	0.873
邏輯斯迴歸、過濾資料集	0.705	0.606

優化決策樹

我們可以優化決策樹的深度，來最大化 F1 分數或召回率。我們嘗試最大深度 3 到 11，並使用原始訓練資料和過濾低相關性的資料，分別訓練決策樹後，評估決策樹在驗證資料上的效能如何。

```
# --- 第 5 部分 ---
# 優化決策樹
raw_f1 = []
raw_recall = []
```

```
range_ = [x for x in range(3,12)]
for max_d in range_:
    lr = DecisionTreeClassifier(max_depth = max_d)
    lr.fit(x_train, y_train)

    predictions = lr.predict(x_test)
    raw_f1.append(metrics.f1_score(y_test, predictions))
    raw_recall.append(metrics.recall_score(y_test,
                                           predictions))

plt.plot(range_, raw_f1, label = 'Raw F1')
plt.plot(range_, raw_recall, label = 'Raw Recall')

filter_f1 = []
filter_recall = []
for max_d in range_:
    lr = DecisionTreeClassifier(max_depth = max_d)
    lr.fit(x_train_f, y_train_f)

    predictions = lr.predict(x_test_f)
    filter_f1.append(metrics.f1_score(y_test_f, predictions))
    filter_recall.append(metrics.recall_score(y_test_f,
                                              predictions))

plt.plot(range_, filter_f1, label = 'Filtered F1')
plt.plot(range_, filter_recall, label = 'Filtered Recall')
plt.show()

print("Raw Data Max F1:", max(raw_f1))
print("Raw Data Max Recall:", max(raw_recall))
print("Filtered Data Max F1:", max(filter_f1))
print("Filtered Data Max Recall:", max(filter_recall))
```

輸出

```
Raw Data Max F1: 0.8312757201646092
Raw Data Max Recall: 0.7647058823529411
Filtered Data Max F1: 0.8368794326241136
Filtered Data Max Recall: 0.8309859154929577
```

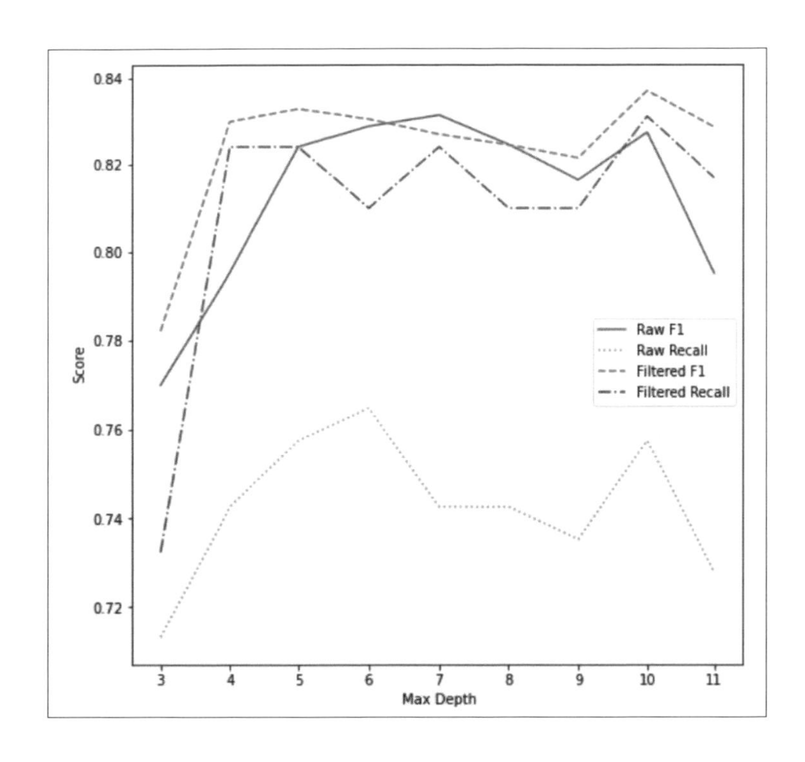

我們觀察到，最大深度為 10 時，在過濾後的資料集上達到最佳的 F1 分數和召回率。若使用更深的決策樹，可能會導致過度配適。此外，當最大深度為 10 時，使用過濾後資料集的決策樹，表現比使用原始資料集的決策樹還優良。

▼優化決策樹的結果

方法	F1	召回率
決策樹、原始資料集	0.770	0.713
單純貝氏、原始資料集	0.107	0.824
邏輯斯迴歸、原始資料集	0.751	0.632
決策樹、過濾資料集	0.782	0.732
單純貝氏、過濾資料集	0.202	0.873
邏輯斯迴歸、過濾資料集	0.705	0.606
優化決策樹、原始資料集	0.831	0.765
優化決策樹、過濾資料集	0.837	0.831

進行集成

現在我們要開始進行集成，一樣會評估原始資料集以及過濾後資料集的集成後效能。

```
# --- 第 6 部分 ---
# 進行集成
base_classifiers = [('DT', DecisionTreeClassifier(max_depth = 10)),
                    ('NB', GaussianNB()),
                    ('LR', LogisticRegression(solver = 'liblinear'))]

ensemble = VotingClassifier(base_classifiers)
ensemble.fit(x_train, y_train)

print('Voting f1',
      metrics.f1_score(y_test, ensemble.predict(x_test)))
print('Voting recall',
      metrics.recall_score(y_test, ensemble.predict(x_test)))

ensemble = VotingClassifier(base_classifiers)
ensemble.fit(x_train_f, y_train_f)

print('Voting f1',
      metrics.f1_score(y_test_f, ensemble.predict(x_test_f)))
print('Voting recall',
      metrics.recall_score(y_test_f, ensemble.predict(x_test_f)))
```

結果如下表。可以發現單純貝氏的召回率比集成後還高，另外，經過優化的決策樹，效能並不會輸給集成後結果。

▼投票法結果（只留每節單項指標最高分的方法）

方法	F1	召回率
單純貝氏、過濾資料集	0.202	0.873
優化決策樹、過濾資料集	0.837	0.831
投票、原始資料集	0.825	0.779
投票、過濾資料集	0.818	0.824

增加基學習器

我們添加另外 2 棵決策樹，最大深度分別為 6 和 7，因為這個設定可以讓決策樹在原始資料集，分別達到召回率以及 F1 分數最高，以增加基學習器的更多樣化。

```
# --- 第 7 部分 ---
# 增加基學習器
base_classifiers = [('DT1', DecisionTreeClassifier(max_depth = 10)),
                    ('DT2', DecisionTreeClassifier(max_depth = 7)),
                    ('DT3', DecisionTreeClassifier(max_depth = 6)),
                    ('NB', GaussianNB()),
                    ('LR', LogisticRegression(solver = 'liblinear'))]

ensemble = VotingClassifier(base_classifiers)
ensemble.fit(x_train, y_train)

print('Voting f1',
      metrics.f1_score(y_test, ensemble.predict(x_test)))
print('Voting recall',
      metrics.recall_score(y_test, ensemble.predict(x_test)))

ensemble = VotingClassifier(base_classifiers)
ensemble.fit(x_train_f, y_train_f)

print('Voting f1',
      metrics.f1_score(y_test_f, ensemble.predict(x_test_f)))
print('Voting recall',
      metrics.recall_score(y_test_f, ensemble.predict(x_test_f)))
```

結果如下表，可以發現 F1 分數提高了，但召回率卻往下掉。若最終目標是要看 F1 分數，則此集成後模型在原始資料集可以達到目前為止最高的 F1 分數：0.850。

▼投票法結果（只留每節單項指標最高分的方法）

方法	F1	召回率
單純貝氏、過濾資料集	0.202	0.873
優化決策樹、過濾資料集	0.837	0.831
投票、原始資料集	0.825	0.779
投票、過濾資料集	0.818	0.824
投票、原始資料集、增加基學習器	0.850	0.772
投票、過濾資料集、增加基學習器	0.835	0.817

9.4 堆疊法

除了投票法，我們也可以嘗試堆疊法。首先，試著堆疊最大深度為 10 的決策樹、單純貝氏分類器及邏輯斯迴歸基學習器，並且以邏輯斯迴歸作為超學習器。首先，載入函式庫和資料集並分割出訓練資料集和驗證資料集（**編註：** 如同本書第 4 章所提，scikit-learn 並沒有提供堆疊的函式庫，我們只能自己建立堆疊函式，方法於本書第 4 章已經有說明了，因此在這邊就直接使用。如果讀者有疑問，請回頭看本書第 4 章，並且參考本書提供的範例程式）。

```
# --- 第 1 部分 ---
# 載入函式庫與資料集
import numpy as np
import pandas as pd

#from stacking_classifier import Stacking
from sklearn.tree import DecisionTreeClassifier
from sklearn.linear_model import LogisticRegression
from sklearn.naive_bayes import GaussianNB
from sklearn.svm import LinearSVC
from sklearn.model_selection import train_test_split
```

接下頁

```
from sklearn import metrics

np.random.seed(123456)
data = pd.read_csv('creditcard.csv')
data.Time = (data.Time-data.Time.min())/data.Time.std()
data.Amount = (data.Amount-data.Amount.mean())/data.Amount.std()

# 把資料分為 70% 訓練資料集與 30% 驗證資料集
x_train, x_test, y_train, y_test = train_test_split(
    data.drop('Class', axis = 1).values,
    data.Class.values,
    test_size = 0.3)
```

第 2 部分程式中，我們建立基學習器跟超學習器，並且堆疊學習器後開始訓練模型。

```
# --- 第 2 部分 ---
# 進行集成
base_classifiers = [DecisionTreeClassifier(max_depth = 10),
                    GaussianNB(),
                    LogisticRegression(solver = 'liblinear')]

meta_learners = [LogisticRegression(solver = 'liblinear')]

ensemble = Stacking(learner_levels = [base_classifiers,
                                      meta_learners])

ensemble.fit(x_train, y_train)
print('Stacking f1',
      metrics.f1_score(y_test, ensemble.predict(x_test)))
print('Stacking recall',
      metrics.recall_score(y_test, ensemble.predict(x_test)))
```

第 3 部分程式中，我們用過濾後資料來訓練模型。

```
# --- 第 3 部分 ---
# 篩選特徵
threshold = 0.1
correlations = data.corr()['Class'].drop('Class')
fs = list(correlations[(abs(correlations)
                         > threshold)].index.values)
fs.append('Class')
data = data[fs]

x_train_f, x_test_f, y_train_f, y_test_f = train_test_split(
    data.drop('Class', axis = 1).values,
    data.Class.values,
    test_size = 0.3)
ensemble = Stacking(learner_levels = [base_classifiers,
                                      meta_learners])
ensemble.fit(x_train_f, y_train_f)
print('Stacking f1',
      metrics.f1_score(y_test_f, ensemble.predict(x_test_f)))
print('Stacking recall',
      metrics.recall_score(y_test_f, ensemble.predict(x_test_f)))
```

結果如下表。可以發現堆疊法的效能，雖然在過濾資料集有比投票法更好的召回率，但是 F1 分數是下降的。

▼堆疊法結果 (只留每節單項指標最高分的方法)

方法	F1	召回率
單純貝氏、過濾資料集	0.202	0.873
優化決策樹、過濾資料集	0.837	0.831
投票、過濾資料集	0.818	0.824
投票、原始資料集、增加基學習器	0.850	0.772
堆疊、原始資料集	0.815	0.743
堆疊、過濾資料集	0.846	0.797

第 4 部分程式中，我們一樣增加 2 個基學習器，分別是最大深度為 6 跟 7 的決策樹。

```
# --- 第 4 部分 ---
# 增加基學習器
base_classifiers = [DecisionTreeClassifier(max_depth = 10),
                    DecisionTreeClassifier(max_depth = 7),
                    DecisionTreeClassifier(max_depth = 6),
                    GaussianNB(),
                    LogisticRegression(solver = 'liblinear')]

ensemble = Stacking(learner_levels = [base_classifiers,
                                      meta_learners])
ensemble.fit(x_train, y_train)
print('Stacking f1',
      metrics.f1_score(y_test, ensemble.predict(x_test)))
print('Stacking recall',
      metrics.recall_score(y_test, ensemble.predict(x_test)))

ensemble = Stacking(learner_levels = [base_classifiers,
                                      meta_learners])
ensemble.fit(x_train_f, y_train_f)
print('Stacking f1',
      metrics.f1_score(y_test_f, ensemble.predict(x_test_f)))
print('Stacking recall',
      metrics.recall_score(y_test_f, ensemble.predict(x_test_f)))
```

結果發現獲得目前為止最高的 F1 分數，且召回率表現也不錯。

▼ 堆疊法結果(只留每節單項指標最高分的方法)

方法	F1	召回率
單純貝氏、過濾資料集	0.202	0.873
優化決策樹、過濾資料集	0.837	0.831
投票、過濾資料集	0.818	0.824
投票、原始資料集、增加基學習器	0.850	0.772
堆疊、原始資料集	0.815	0.743
堆疊、過濾資料集	0.846	0.797
堆疊、原始資料集、增加基學習器	0.817	0.721
堆疊、過濾資料集、增加基學習器	0.852	0.818

最後，我們多疊一層基學習器，基學習器包含了深度為 2 的決策樹和一個線性支援向量機。

```
# --- 第 5 部分 ---
# 增加一層
base_classifiers = [DecisionTreeClassifier(max_depth = 10),
                    DecisionTreeClassifier(max_depth = 7),
                    DecisionTreeClassifier(max_depth = 6),
                    GaussianNB(),
                    LogisticRegression(solver = 'liblinear')]

second_learners = [DecisionTreeClassifier(max_depth = 2),
                   LinearSVC()]

ensemble = Stacking(learner_levels = [base_classifiers,
                                      second_learners,
                                      meta_learners])
ensemble.fit(x_train, y_train)
print('Stacking f1',
      metrics.f1_score(y_test, ensemble.predict(x_test)))
print('Stacking recall',
      metrics.recall_score(y_test, ensemble.predict(x_test)))

ensemble = Stacking(learner_levels = [base_classifiers,
                                      second_learners,
                                      meta_learners])
ensemble.fit(x_train_f, y_train_f)
print('Stacking f1',
      metrics.f1_score(y_test_f, ensemble.predict(x_test_f)))
print('Stacking recall',
      metrics.recall_score(y_test_f, ensemble.predict(x_test_f)))
```

下表為具有第二層基學習器的堆疊法總體的結果，可以發現效能並沒有比較好。若是看 F1 分數，在過濾資料集堆疊 1 層是目前最好的模型。

▼堆疊法結果（只留每節單項指標最高分的方法）

方法	F1	召回率
單純貝氏、過濾資料集	0.202	0.873
優化決策樹、過濾資料集	0.837	0.831
投票、過濾資料集	0.818	0.824
投票、原始資料集、增加基學習器	0.850	0.772
堆疊、原始資料集	0.815	0.743
堆疊、過濾資料集	0.846	0.797
堆疊、原始資料集、增加基學習器	0.817	0.721
堆疊、過濾資料集、增加基學習器	0.852	0.818
堆疊、原始資料集、增加基學習器、增加層數	0.829	0.750
堆疊、過濾資料集、增加基學習器、增加層數	0.846	0.818

9.5 自助聚合法

在本節中，將使用自助聚合法對資料集進行分類，我們一樣使用最大深度為 10 的基學習器。由於必須先知道集成多少基學習器，可以達到比較好的成效，我們先用驗證曲線（本書第 2 章有說明如何畫驗證曲線），尋找基學習器個數從 5 到 30 的範圍內，集成後效能最好的基學習器數量。

```
# --- 第 1 部分 ---
# 載入函式庫與資料集
from sklearn.datasets import load_digits
from sklearn.tree import DecisionTreeClassifier
from sklearn.ensemble import BaggingClassifier
from sklearn.model_selection import validation_curve
from sklearn.model_selection import train_test_split
from sklearn import metrics
import warnings
import matplotlib.pyplot as plt
import numpy as np
import pandas as pd
```

接下頁

```
warnings.filterwarnings("ignore")

np.random.seed(123456)
data = pd.read_csv('creditcard.csv')
data.Time = (data.Time-data.Time.min()) / data.Time.std()
data.Amount = (data.Amount-data.Amount.mean()) / data.Amount.std()

# 把資料分為 70% 訓練資料集與 30% 驗證資料集
x_train, x_test, y_train, y_test = train_test_split(
    data.drop('Class', axis = 1).values,
    data.Class.values,
    test_size = 0.3)

# --- 第 2 部分 ---
# 計算訓練資料集以及驗證資料集準確率
x, y = x_train, y_train
learner = BaggingClassifier(base_estimator =
                            DecisionTreeClassifier(max_depth = 10),
                            oob_score = True)
param_range = [x for x in range(5, 31)]
train_scores, test_scores = validation_curve(
    learner, x, y,
    param_name = 'n_estimators',
    param_range = param_range,
    cv = 10,
    scoring = "f1",
    n_jobs = -1)


# --- 第 3 部分 ---
# 對每個超參數計算模型準確率的平均數與標準差
train_scores_mean = np.mean(train_scores, axis = 1)
train_scores_std = np.std(train_scores, axis = 1)
test_scores_mean = np.mean(test_scores, axis = 1)
test_scores_std = np.std(test_scores, axis = 1)


# --- 第 4 部分 ---
# 繪製折線圖
plt.figure(figsize = (8, 8))
plt.title('Validation curves')
```

接下頁

```
# 繪製標準差
plt.fill_between(param_range, train_scores_mean - train_scores_std,
                 train_scores_mean + train_scores_std, alpha = 0.1,
                 color = "C1")
plt.fill_between(param_range, test_scores_mean - test_scores_std,
                 test_scores_mean + test_scores_std, alpha = 0.1,
                 color = "C0")
# 繪製平均數
plt.plot(param_range, train_scores_mean, 'o-', color = "C1",
         label = "Training score")
plt.plot(param_range, test_scores_mean, 'o-', color = "C0",
         label = "Cross-validation score")

plt.xticks(param_range)
plt.xlabel('Ensemble Size')
plt.ylabel('F1 Score')
plt.legend(loc="best")
```

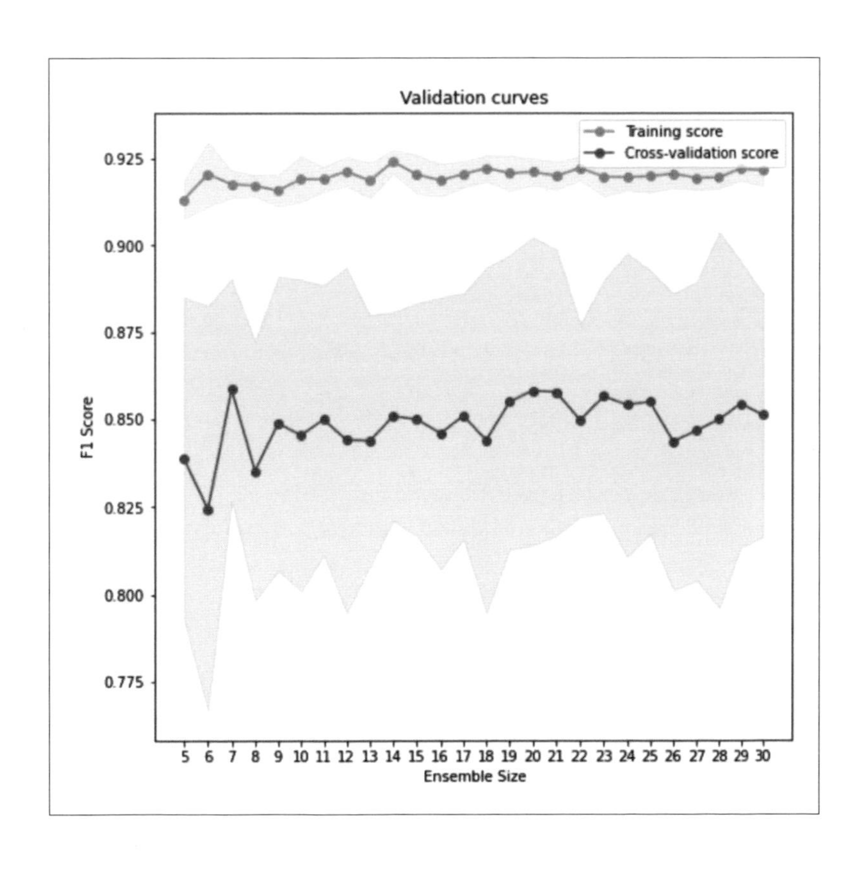

可以看到基學習器數量為 7 時，驗證資料有最高的分數，此時 2 條曲線的距離最近，代表變異最低。接下來的程式中，我們分別用原始資料集跟過濾資料集，來訓練集成 7 個基學習器的模型。

```
# --- 第 5 部分 ---
# 進行集成
ensemble = BaggingClassifier(n_estimators = 7,
                             base_estimator =
                             DecisionTreeClassifier(max_depth = 10))
ensemble.fit(x_train, y_train)
print('Bagging f1',
      metrics.f1_score(y_test, ensemble.predict(x_test)))
print('Bagging recall',
      metrics.recall_score(y_test, ensemble.predict(x_test)))

# --- 第 6 部分 ---
# 篩選特徵
threshold = 0.1

correlations = data.corr()['Class'].drop('Class')
fs = list(correlations[(abs(correlations)
                        > threshold)].index.values)
fs.append('Class')
data = data[fs]

x_train_f, x_test_f, y_train_f, y_test_f = train_test_split(
    data.drop('Class', axis = 1).values,
    data.Class.values,
    test_size = 0.3)

ensemble = BaggingClassifier(n_estimators = 7,
                             base_estimator =
                             DecisionTreeClassifier(max_depth = 10))
ensemble.fit(x_train_f, y_train_f)
print('Bagging f1',
      metrics.f1_score(y_test_f, ensemble.predict(x_test_f)))
print('Bagging recall',
      metrics.recall_score(y_test_f, ensemble.predict(x_test_f)))
```

結果如下表，可以發現自助聚合法可以在過濾資料集達到目前為止最高的 F1 分數，在原始資料集也可以展現比其他方法更好的 F1 分數。

▼自助聚合法結果（只留每節單項指標最高分的方法）

方法	F1	召回率
單純貝氏、過濾資料集	0.202	0.873
優化決策樹、過濾資料集	0.837	0.831
投票、過濾資料集	0.818	0.824
投票、原始資料集、增加基學習器	0.850	0.772
堆疊、過濾資料集、增加基學習器	0.852	0.818
自助聚合、原始資料集	0.853	0.809
自助聚合、過濾資料集	0.865	0.815

接下來，我們嘗試增加基學習器的最大深度，從原本的 10 提高到 15。結果發現效果並沒有比較好。

```
# --- 第 7 部分 ---
# 增加最大深度
ensemble = BaggingClassifier(n_estimators = 7,
                             base_estimator =
                             DecisionTreeClassifier(max_depth = 15))
ensemble.fit(x_train, y_train)
print('Bagging f1', metrics.f1_score(y_test, ensemble.
predict(x_test)))
print('Bagging recall', metrics.recall_score(y_test, ensemble.
predict(x_test)))

ensemble = BaggingClassifier(n_estimators = 7,
                             base_estimator =
                             DecisionTreeClassifier(max_depth = 15))
ensemble.fit(x_train_f, y_train_f)
print('Bagging f1',
      metrics.f1_score(y_test_f, ensemble.predict(x_test_f)))
print('Bagging recall',
      metrics.recall_score(y_test_f, ensemble.predict(x_test_f)))
```

▼自助聚合法結果(只留每節單項指標最高分的方法)

方法	F1	召回率
單純貝氏、過濾資料集	0.202	0.873
優化決策樹、過濾資料集	0.837	0.831
投票、過濾資料集	0.818	0.824
投票、原始資料集、增加基學習器	0.850	0.772
堆疊、過濾資料集、增加基學習器	0.852	0.818
自助聚合、原始資料集	0.853	0.809
自助聚合、過濾資料集	0.865	0.815
自助聚合、原始資料集、增加深度	0.845	0.801
自助聚合、過濾資料集、增加深度	0.844	0.781

9.6 適應提升法

本節我們要使用提升法，因為適應提升會根據分類錯誤對資料集進行重抽樣，我們希望能夠較有效地處理不平衡資料集。我們首先要決定基學習器的數量，可以透過驗證曲線來找到最佳數量。

```
# --- 第 1 部分 ---
# 載入函式庫與資料集
from sklearn.datasets import load_digits
from sklearn.tree import DecisionTreeClassifier
from sklearn.ensemble import AdaBoostClassifier
from sklearn.model_selection import validation_curve
from sklearn.model_selection import train_test_split
from sklearn import metrics
import warnings
import matplotlib.pyplot as plt
import numpy as np
import pandas as pd

warnings.filterwarnings("ignore")
```

接下頁

```
np.random.seed(123456)
data = pd.read_csv('creditcard.csv')
data.Time = (data.Time-data.Time.min()) / data.Time.std()
data.Amount = (data.Amount
               - data.Amount.mean()) / data.Amount.std()

# 把資料分為 70% 訓練資料集與 30% 驗證資料集
x_train, x_test, y_train, y_test = train_test_split(
    data.drop('Class', axis = 1).values,
    data.Class.values,
    test_size = 0.3)

# --- 第 2 部分 ---
# 計算訓練資料集以及驗證資料集準確率
x, y = x_train, y_train
learner = AdaBoostClassifier(DecisionTreeClassifier(max_depth = 1),
                             algorithm="SAMME")
param_range = [x for x in range(90, 181, 10)]
train_scores, test_scores = validation_curve(
    learner, x, y,
    param_name = 'n_estimators',
    param_range = param_range,
    cv = 10,
    scoring = "f1",
    n_jobs = -1)


# --- 第 3 部分 ---
# 對每個超參數計算模型準確率的平均數與標準差
train_scores_mean = np.mean(train_scores, axis = 1)
train_scores_std = np.std(train_scores, axis = 1)
test_scores_mean = np.mean(test_scores, axis = 1)
test_scores_std = np.std(test_scores, axis = 1)


# --- 第 4 部分 ---
# 繪製折線圖
plt.figure(figsize = (8, 8))
plt.title('Validation curves')
# 繪製標準差
```

接下頁

```
plt.fill_between(param_range, train_scores_mean - train_scores_std,
                 train_scores_mean + train_scores_std, alpha = 0.1,
                 color="C1")
plt.fill_between(param_range, test_scores_mean - test_scores_std,
                 test_scores_mean + test_scores_std, alpha = 0.1,
                 color = "C0")

# 繪製平均數
plt.plot(param_range, train_scores_mean, 'o-', color = "C1",
         label="Training score")
plt.plot(param_range, test_scores_mean, 'o-', color = "C0",
         label="Cross-validation score")

plt.xticks(param_range)
plt.xlabel('Ensemble Size')
plt.ylabel('F1 Score')
plt.legend(loc = "best")
```

透過驗證曲線，我們看到 160 個基學習器，可以達到最佳效果。

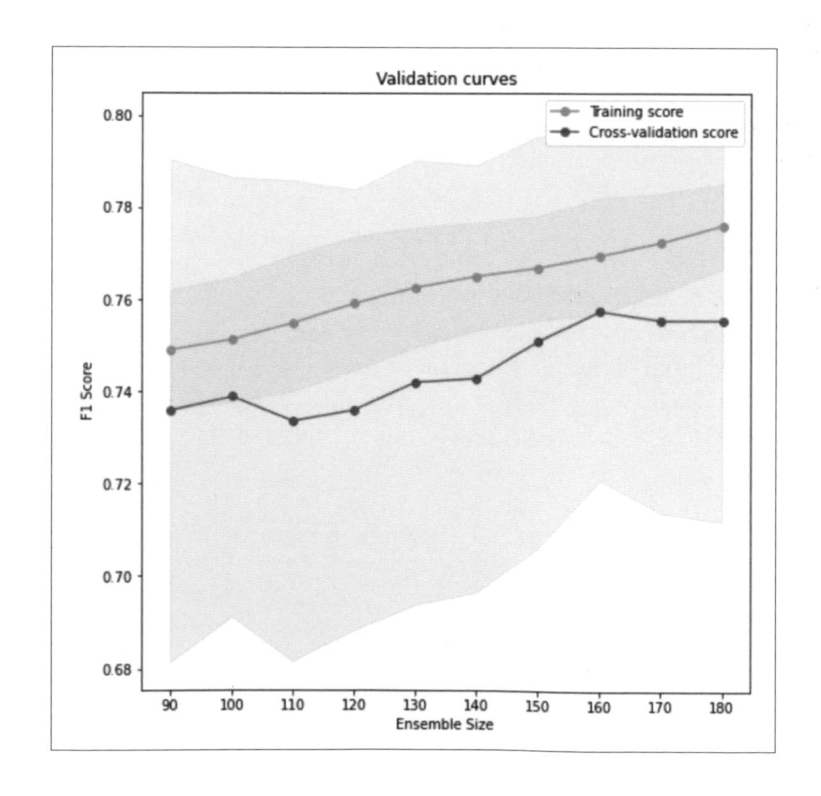

接下來，我們要訓練一個含有 160 個基學習器的模型，這邊先設定學習率為 1.0。

```
# --- 第 5 部分 ---
# 進行集成
ensemble = AdaBoostClassifier(n_estimators = 160,
                              learning_rate = 1.0)
ensemble.fit(x_train, y_train)
print('AdaBoost f1',
      metrics.f1_score(y_test, ensemble.predict(x_test)))
print('AdaBoost recall',
      metrics.recall_score(y_test, ensemble.predict(x_test)))

# --- 第 6 部分 ---
# 篩選特徵
threshold = 0.1

correlations = data.corr()['Class'].drop('Class')
fs = list(correlations[(abs(correlations)
                        > threshold)].index.values)
fs.append('Class')
data = data[fs]

x_train_f, x_test_f, y_train_f, y_test_f = train_test_split(
    data.drop('Class', axis = 1).values,
    data.Class.values,
    test_size = 0.3)

ensemble = AdaBoostClassifier(n_estimators = 160,
                              learning_rate = 1.0)
ensemble.fit(x_train_f, y_train_f)
print('AdaBoost f1',
      metrics.f1_score(y_test_f, ensemble.predict(x_test_f)))
print('AdaBoost recall',
      metrics.recall_score(y_test_f, ensemble.predict(x_test_f)))
```

下表為程式執行結果，可以發現效果並不比自助聚合法優異。

▼適應提升法結果(只留每節單項指標最高分的方法)

方法	F1	召回率
單純貝氏、過濾資料集	0.202	0.873
優化決策樹、過濾資料集	0.837	0.831
投票、過濾資料集	0.818	0.824
投票、原始資料集、增加基學習器	0.850	0.772
堆疊、過濾資料集、增加基學習器	0.852	0.818
自助聚合、過濾資料集	0.865	0.815
適應提升、原始資料集	0.827	0.772
適應提升、過濾資料集	0.817	0.817

接著我們提高學習率，從原先的 1.0 改成 1.3，看看效果是否會提升。

```
# --- 第 7 部分 ---
# 增加學習率到 1.3
ensemble = AdaBoostClassifier(n_estimators = 160,
                              learning_rate = 1.3)
ensemble.fit(x_train, y_train)
print('AdaBoost f1',
      metrics.f1_score(y_test, ensemble.predict(x_test)))
print('AdaBoost recall',
      metrics.recall_score(y_test, ensemble.predict(x_test)))

ensemble = AdaBoostClassifier(n_estimators = 160,
                              learning_rate = 1.3)
ensemble.fit(x_train_f, y_train_f)
print('AdaBoost f1',
      metrics.f1_score(y_test_f, ensemble.predict(x_test_f)))
print('AdaBoost recall',
      metrics.recall_score(y_test_f, ensemble.predict(x_test_f)))
```

結果發現，較高的學習率，對於原始資料集可以得到較好的結果。但是對於過濾資料集，分數反而出現顯著的下降。

▼**適應提升法結果(只留每節單項指標最高分的方法)**

方法	F1	召回率
單純貝氏、過濾資料集	0.202	0.873
優化決策樹、過濾資料集	0.837	0.831
投票、過濾資料集	0.818	0.824
投票、原始資料集、增加基學習器	0.850	0.772
堆疊、過濾資料集、增加基學習器	0.852	0.818
自助聚合、過濾資料集	0.865	0.815
適應提升、原始資料集	0.827	0.772
適應提升、過濾資料集	0.817	0.817
適應提升、原始資料集、學習率 1.3	0.828	0.779
適應提升、過濾資料集、學習率 1.3	0.799	0.768

我們試著用更高的學習率,從 1.3 調高到 1.6,看看對於原始資料集,是否可以有顯著的效能提升。

```
# --- 第 8 部分 ---
# 增加學習率到 1.6
ensemble = AdaBoostClassifier(n_estimators = 160,
                              learning_rate = 1.6)
ensemble.fit(x_train, y_train)
print('AdaBoost f1',
      metrics.f1_score(y_test, ensemble.predict(x_test)))
print('AdaBoost recall',
      metrics.recall_score(y_test, ensemble.predict(x_test)))

ensemble = AdaBoostClassifier(n_estimators = 160,
                              learning_rate = 1.6)
ensemble.fit(x_train_f, y_train_f)
print('AdaBoost f1',
      metrics.f1_score(y_test_f, ensemble.predict(x_test_f)))
print('AdaBoost recall',
      metrics.recall_score(y_test_f, ensemble.predict(x_test_f)))
```

結果發現增加學習率,並沒有帶來更好的模型效能。

▼**適應提升法結果（只留每節單項指標最高分的方法）**

方法	F1	召回率
單純貝氏、過濾資料集	0.202	0.873
優化決策樹、過濾資料集	0.837	0.831
投票、過濾資料集	0.818	0.824
投票、原始資料集、增加基學習器	0.850	0.772
堆疊、過濾資料集、增加基學習器	0.852	0.818
自助聚合、過濾資料集	0.865	0.815
適應提升、原始資料集	0.827	0.772
適應提升、過濾資料集	0.817	0.817
適應提升、原始資料集、學習率 1.3	0.828	0.779
適應提升、過濾資料集、學習率 1.3	0.799	0.768
適應提升、原始資料集、學習率 1.6	0.814	0.772
適應提升、過濾資料集、學習率 1.6	0.793	0.782

既然增加學習率的效果不彰，我們改增加基學習器的數量，看看有沒有機會達到跟自助聚合法一樣的模型表現。

```
# --- 第 9 部分 ---
# 增加基學習器數量
ensemble = AdaBoostClassifier(n_estimators = 320, learning_rate = 1.3)
ensemble.fit(x_train, y_train)
print('AdaBoost f1',
      metrics.f1_score (y_test, ensemble.predict(x_test)))
print('AdaBoost recall',
      metrics.recall_score(y_test, ensemble.predict(x_test)))

ensemble = AdaBoostClassifier(n_estimators = 320, learning_rate = 1.3)
ensemble.fit(x_train_f, y_train_f)
print('AdaBoost f1',
      metrics.f1_score(y_test_f, ensemble.predict(x_test_f)))
print('AdaBoost recall',
      metrics.recall_score(y_test_f, ensemble.predict(x_test_f)))
```

可以發現，在這個資料集，適應提升並沒有辦法展現良好的成果。不過沒關係，提升法還有另一個演算法：梯度提升。我們於下一節說明。

▼適應提升法結果（只留每節單項指標最高分的方法）

方法	F1	召回率
單純貝氏、過濾資料集	0.202	0.873
優化決策樹、過濾資料集	0.837	0.831
投票、過濾資料集	0.818	0.824
投票、原始資料集、增加基學習器	0.850	0.772
堆疊、過濾資料集、增加基學習器	0.852	0.818
自助聚合、過濾資料集	0.865	0.815
適應提升、原始資料集	0.827	0.772
適應提升、過濾資料集	0.817	0.817
適應提升、原始資料集、學習率 1.3	0.828	0.779
適應提升、過濾資料集、學習率 1.3	0.799	0.768
適應提升、原始資料集、學習率 1.6	0.814	0.772
適應提升、過濾資料集、學習率 1.6	0.793	0.782
適應提升、原始資料集、學習率 1.3、增加基學習器	0.809	0.765
適應提升、過濾資料集、學習率 1.3、增加基學習器	0.821	0.789

9.7 梯度提升法

我們也試著使用梯度提升法對資料集進行分類，這裡選擇的函式庫為 XGBoost，因為 XGBoost 在滿多問題中都表現優異，因此我們期待 XGBoost 可以得到最好的成果。我們先跟 Adaboost 一樣，使用最大深度為 3 的決策樹作為基學習器。

```
# --- 第 1 部分 ---
# 載入函式庫與資料集
import numpy as np
import pandas as pd
from sklearn.model_selection import train_test_split
from sklearn.utils import shuffle
from sklearn import metrics
from xgboost import XGBClassifier

np.random.seed(123456)
data = pd.read_csv('creditcard.csv')
data.Time = (data.Time-data.Time.min()) / data.Time.std()
data.Amount = (data.Amount-data.Amount.mean()) / data.Amount.std()

# 把資料分為 70% 訓練資料集與 30% 驗證資料集
x_train, x_test, y_train, y_test = train_test_split(
    data.drop('Class', axis = 1).values,
    data.Class.values,
    test_size = 0.3)

# --- 第 2 部分 ---
# 進行集成
ensemble = XGBClassifier(max_depth = 3, n_jobs = 4)
ensemble.fit(x_train, y_train)
print('XGB f1',
      metrics.f1_score(y_test, ensemble.predict(x_test)))
print('XGB recall',
      metrics.recall_score(y_test, ensemble.predict(x_test)))

# --- 第 3 部分 ---
# 篩選特徵
threshold = 0.1

correlations = data.corr()['Class'].drop('Class')
fs = list(correlations[(abs(correlations)
                        > threshold)].index.values)
fs.append('Class')
data = data[fs]
```

接下頁

```
x_train_f, x_test_f, y_train_f, y_test_f = train_test_split(
    data.drop('Class', axis = 1).values,
    data.Class.values,
    test_size = 0.3)

ensemble = XGBClassifier(max_depth = 3, n_jobs = 4)
ensemble.fit(x_train_f, y_train_f)
print('XGB f1',
      metrics.f1_score(y_test_f, ensemble.predict(x_test_f)))
print('XGB recall',
      metrics.recall_score(y_test_f, ensemble.predict(x_test_f)))
```

可以發現梯度提升確實表現不錯，跟自助聚合法於過濾資料集相比，F1 分數只少一點點，但是有較高的召回率。

▼梯度提升法結果（只留每節單項指標最高分的方法）

方法	F1	召回率
單純貝氏、過濾資料集	0.202	0.873
優化決策樹、過濾資料集	0.837	0.831
投票、過濾資料集	0.818	0.824
投票、原始資料集、增加基學習器	0.850	0.772
堆疊、過濾資料集、增加基學習器	0.852	0.818
自助聚合、過濾資料集	0.865	0.815
適應提升、過濾資料集	0.817	0.817
適應提升、原始資料集、學習率 1.3	0.828	0.779
梯度提升、原始資料集	0.854	0.794
梯度提升、過濾資料集	0.864	0.824

不過一般來說，用 XGBoost 函式的預設值，就可以有很好的效能，因此我們來看看使用預設的最大深度（預設值為 6），成果是否會比較好。

```
# --- 第 4 部分 ---
# 改用預設
ensemble = XGBClassifier(n_jobs = 4)
ensemble.fit(x_train, y_train)
print('XGB f1',
      metrics.f1_score(y_test, ensemble.predict(x_test)))
print('XGB recall',
      metrics.recall_score(y_test, ensemble.predict(x_test)))

ensemble = XGBClassifier(n_jobs = 4)
ensemble.fit(x_train_f, y_train_f)
print('XGB f1',
      metrics.f1_score(y_test_f, ensemble.predict(x_test_f)))
print('XGB recall',
      metrics.recall_score(y_test_f, ensemble.predict(x_test_f)))
```

▼梯度提升法結果（只留每節單項指標最高分的方法）

方法	F1	召回率
單純貝氏、過濾資料集	0.202	0.873
優化決策樹、過濾資料集	0.837	0.831
投票、過濾資料集	0.818	0.824
投票、原始資料集、增加基學習器	0.850	0.772
堆疊、過濾資料集、增加基學習器	0.852	0.818
自助聚合、過濾資料集	0.865	0.815
適應提升、過濾資料集	0.817	0.817
適應提升、原始資料集、學習率 1.3	0.828	0.779
梯度提升、原始資料集	0.854	0.794
梯度提升、過濾資料集	0.864	0.824
梯度提升、原始資料集、預設值	0.865	0.801
梯度提升、過濾資料集、預設值	0.873	0.840

從結果來看，XGBoost 函式的預設值，不管在原始資料集還是在過濾資料集，F1 分數跟召回率效能都有提升，並且達到目前最高的 F1 分數。

9.8 隨機森林

最後，我們要用隨機森林，首先使用驗證曲線決定要集成多少基學習器。

```
# --- 第 1 部分 ---
# 載入函式庫與資料集
from sklearn.datasets import load_digits
from sklearn.ensemble import RandomForestClassifier
from sklearn.model_selection import validation_curve
from sklearn.model_selection import train_test_split
from sklearn import metrics
import warnings
import matplotlib.pyplot as plt
import numpy as np
import pandas as pd

warnings.filterwarnings("ignore")

np.random.seed(123456)
data = pd.read_csv('creditcard.csv')
data.Time = (data.Time-data.Time.min()) / data.Time.std()
data.Amount = (data.Amount-data.Amount.mean()) / data.Amount.std()

# 把資料分為 70% 訓練資料集與 30% 驗證資料集
x_train, x_test, y_train, y_test = train_test_split(
    data.drop('Class', axis = 1).values,
    data.Class.values,
    test_size = 0.3)

# --- 第 2 部分 ---
# 計算訓練資料集以及驗證資料集準確率
x, y = x_train, y_train
learner = RandomForestClassifier(criterion = 'gini', n_jobs = 4)
param_range = [x for x in range(10, 101, 10)]
```

接下頁

```
train_scores, test_scores = validation_curve(
    learner, x, y,
    param_name = 'n_estimators',
    param_range = param_range,
    cv = 10,
    scoring = "f1",
    n_jobs = -1)


# --- 第 3 部分 ---
# 對每個超參數計算模型準確率的平均數與標準差
train_scores_mean = np.mean(train_scores, axis = 1)
train_scores_std = np.std(train_scores, axis = 1)
test_scores_mean = np.mean(test_scores, axis = 1)
test_scores_std = np.std(test_scores, axis = 1)


# --- 第 4 部分 ---
# 繪製折線圖
plt.figure(figsize = (8, 8))
plt.title('Validation curves')
# 繪製標準差
plt.fill_between(param_range, train_scores_mean - train_scores_std,
                 train_scores_mean + train_scores_std, alpha = 0.1,
                 color = "C1")
plt.fill_between(param_range, test_scores_mean - test_scores_std,
                 test_scores_mean + test_scores_std, alpha = 0.1,
                 color = "C0")

# 繪製平均數
plt.plot(param_range, train_scores_mean, 'o-', color = "C1",
         label = "Training score")
plt.plot(param_range, test_scores_mean, 'o-', color = "C0",
         label = "Cross-validation score")

plt.xticks(param_range)
plt.xlabel('Ensemble Size')
plt.ylabel('F1 Score')
plt.legend(loc = "best")
```

結果如下，可以發現使用 50 個基學習器，可以得到最好的效能。

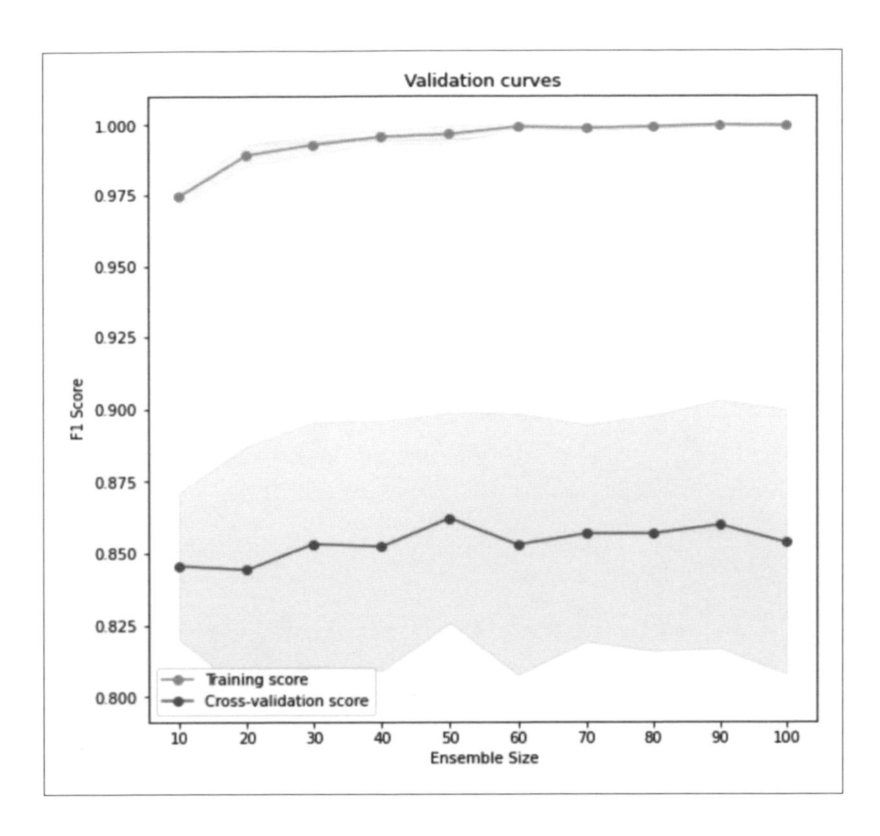

接下來，我們要使用原始資料集以及過濾資料集，訓練隨機森林，其中機學習器的數量即為剛剛找到的 50 個。

```
# --- 第 5 部分 ---
# 進行集成
ensemble = RandomForestClassifier(criterion = 'gini',
                                  n_estimators = 50,
                                  n_jobs = 4)
ensemble.fit(x_train, y_train)
print('RF f1', metrics.f1_score(y_test, ensemble.predict(x_test)))
print('RF recall', metrics.recall_score(y_test,
                                        ensemble.predict(x_test)))
```

接下頁

```
# --- 第 6 部分 ---
# 篩選特徵
np.random.seed(123456)
threshold = 0.1

correlations = data.corr()['Class'].drop('Class')
fs = list(correlations[(abs(correlations)
                          > threshold)].index.values)
fs.append('Class')
data = data[fs]

x_train_f, x_test_f, y_train_f, y_test_f = train_test_split(
    data.drop('Class', axis = 1).values,
    data.Class.values,
    test_size = 0.3)

ensemble = RandomForestClassifier(criterion = 'gini',
                                  n_estimators = 50,
                                  n_jobs = 4)
ensemble.fit(x_train_f, y_train_f)
print('RF f1',
      metrics.f1_score(y_test_f, ensemble.predict(x_test_f)))
print('RF recall',
      metrics.recall_score(y_test_f, ensemble.predict(x_test_f)))
```

結果如下表，在各種集成的方法中，隨機森林在 F1 分數的表現是相當好。然而跟 XGBoost 比起來，還是略差一點，尤其是在召回率部分，明顯是不如 XGBoost。

▼隨機森林結果（只留每節單項指標最高分的方法）

方法	F1	召回率
單純貝氏、過濾資料集	0.202	0.873
優化決策樹、過濾資料集	0.837	0.831
投票、過濾資料集	0.818	0.824
投票、原始資料集、增加基學習器	0.850	0.772
堆疊、過濾資料集、增加基學習器	0.852	0.818

接下頁

方法	F1	召回率
自助聚合、過濾資料集	0.865	0.815
適應提升、過濾資料集	0.817	0.817
適應提升、原始資料集、學習率 1.3	0.828	0.779
梯度提升、過濾資料集、預設值	0.873	0.840
隨機森林、原始資料集	0.851	0.779
隨機森林、過濾資料集	0.861	0.794

隨機森林的目標函數，除了有基尼不純度（Gini impurity）之外，還可以選擇熵（entropy）。我們試著修改目標函數，來看看是否可以讓隨機森林處理不平衡資料集的效果更好。

```
# --- 第 7 部分 ---
# 修改目標函數
ensemble = RandomForestClassifier(criterion='entropy',
                                  n_estimators = 50,
                                  n_jobs = 4)
ensemble.fit(x_train, y_train)
print('RF f1',
      metrics.f1_score(y_test, ensemble.predict(x_test)))
print('RF recall',
      metrics.recall_score(y_test, ensemble.predict(x_test)))

ensemble = RandomForestClassifier(criterion='entropy',
                                  n_estimators = 50,
                                  n_jobs = 4)
ensemble.fit(x_train_f, y_train_f)
print('RF f1',
      metrics.f1_score(y_test_f, ensemble.predict(x_test_f)))
print('RF recall',
      metrics.recall_score(y_test_f, ensemble.predict(x_test_f)))
```

結果發現，在 F1 分數的部分，可以獲得所有集成方法中，最高的分數，然而召回率是沒有明顯地提升。

▼隨機森林結果(只留每節單項指標最高分的方法)

方法	F1	召回率
單純貝氏、過濾資料集	0.202	0.873
優化決策樹、過濾資料集	0.837	0.831
投票、過濾資料集	0.818	0.824
投票、原始資料集、增加基學習器	0.850	0.772
堆疊、過濾資料集、增加基學習器	0.852	0.818
自助聚合、過濾資料集	0.865	0.815
適應提升、過濾資料集	0.817	0.817
適應提升、原始資料集、學習率 1.3	0.828	0.779
梯度提升、過濾資料集、預設值	0.873	0.840
隨機森林、原始資料集	0.851	0.779
隨機森林、過濾資料集	0.861	0.794
隨機森林、原始資料集、交叉熵	0.874	0.794
隨機森林、過濾資料集、交叉熵	0.864	0.794

9.9 不同方法的分析比較

我們嘗試了不同的集成方法，並且比較在原始資料集以及過濾資料集上的效能。下表為結果彙整，對於每一種演算法，我們只取成績最好的組合。

若只看 F1 分數，隨機森林法可以獲得最佳的成果，但是隨機森林法卻有最差的召回率。若只看召回率，單純貝氏的成果最好，但是 F1 並不佳，退而求其次可以選梯度提升法。同時考慮 2 個指標的話，可以發現梯度提升法獲得的成果是相當優異，不管在 F1 分數跟召回率，都獲得了第 2 名。

▼F1 分數排名

方法	F1 分數
單純貝氏	0.202
適應提升法	0.828
優化決策樹	0.837
投票法	0.850
堆疊法	0.852
自助聚合法	0.865
★ 梯度提升法	0.873
隨機森林	0.874

▼召回率排名

方法	召回率
隨機森林	0.794
自助聚合法	0.815
適應提升法	0.817
堆疊法	0.818
投票法	0.824
優化決策樹	0.831
★ 梯度提升法	0.840
單純貝氏	0.873

9.10 小結

在本章中，我們先示範了本書介紹過的幾種集成方法，來檢測詐騙交易。過程中，我們考慮了演算法中不同的設定，也考慮對資料集的特徵做過濾。此外，我們也示範使用驗證曲線，來找到比較好的設定，以提升集成後的效能。經過本章內容，相信讀者對於集成式學習的應用，可以更熟悉。

以本章的範例資料集來說，XGBoost 函式庫提供的梯度提升法，即便只使用預測的配置，也可以在 F1 分數跟召回率都達到優異的成果。

預測比特幣價格

本 章 內 容

近年來，比特幣（Bitcoin）和其他加密貨幣吸引很多人的目光，大家看上的是價格飆漲以及區塊鏈技術帶來的商機。在本章中，我們將嘗試使用歷史資料來預測第二天比特幣價格，分析結果可作為投資比特幣的參考買賣點。資料來源為 Yahoo Finance，網址為 https://finance.yahoo.com/quote/BTC-USD/（**編註：** 已經幫讀者準備好，下載範例程式中就有資料集）。本章涵蓋的主題如下：

- 時間序列（time series）資料
- 自助聚合法
- 投票法
- 提升法
- 堆疊法
- 隨機森林

小編提醒 本章提供分析貨幣的範例，並非提供投資的建議，請讀者自負投資風險。

10.1 時間序列資料

時間序列（time series）資料指的是每一筆資料當中都有特定的時間點。單位時間內有多少資料，又稱**抽樣頻率**（sampling frequency），是由測量變數當下的頻率所決定。比如，我們可以每小時測量一次溫度，則頻率為「小時」；或每天測量一次，則頻率為「日」。在金融領域的應用中，頻率通常會比較高，如每 10 分鐘一次，或每 4 小時一次。

時間序列的另一個有趣的特點是，相近時間點的資料間通常具有相關性，這稱為**自相關**（autocorrelation）。比如，大氣的溫度在短時間內不會有很大的變化。這樣的特點讓我們能用較早的資料點來預測未來的資料點。下圖是希臘雅典市從 2016 到 2019 年的溫度（每一點是三小時的平均溫度），大部分的資料點都很接近上一個資料點，且可以觀察到冷熱月份、四季交迭，也就是季節性。

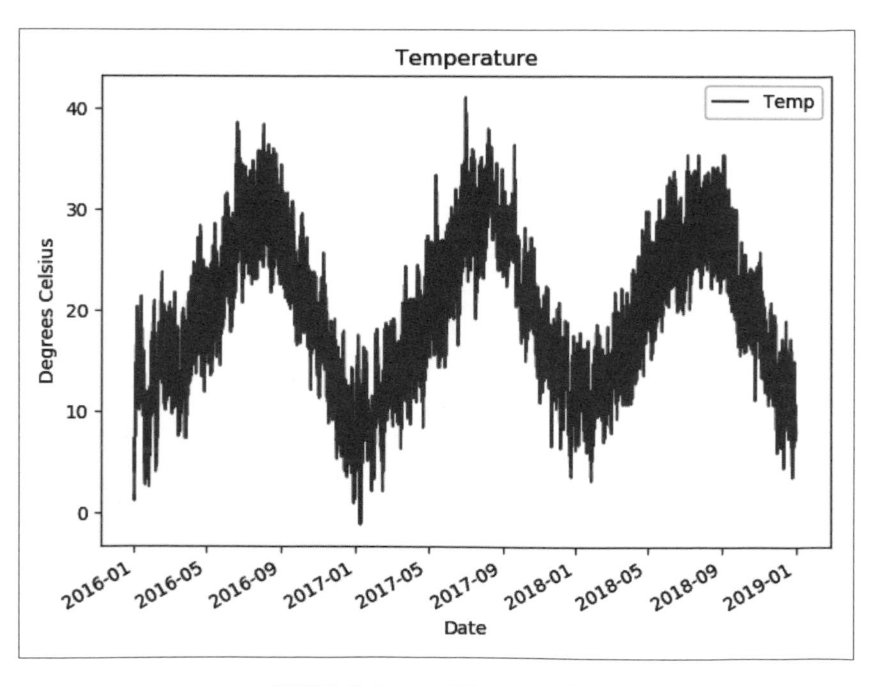

▲ 希臘雅典市 2016 到 2019 年的溫度

為了解不同時間資料之間的相關性，我們可以使用**自相關函數**（autocorrelation function, ACF）。自相關函數測量某一筆資料點與之前另一筆資料點（也就是延遲，lags）之間的線性相關性。下圖為溫度資料（每一點是一個月的平均溫度）的自相關函數，可以看到某一筆資料與上一筆資料（延遲為 1 個月）有很強的正相關性，這代表一個月的月均溫通常不會與上個月相差太多。比如，通常 12 月和 1 月一樣都很冷，12 月和 7 月的月均溫相差則較多。此外，延遲為 5、6 個月的 2 筆資料之間有很強的負相關，代表冬季寒冷且夏季炎熱。

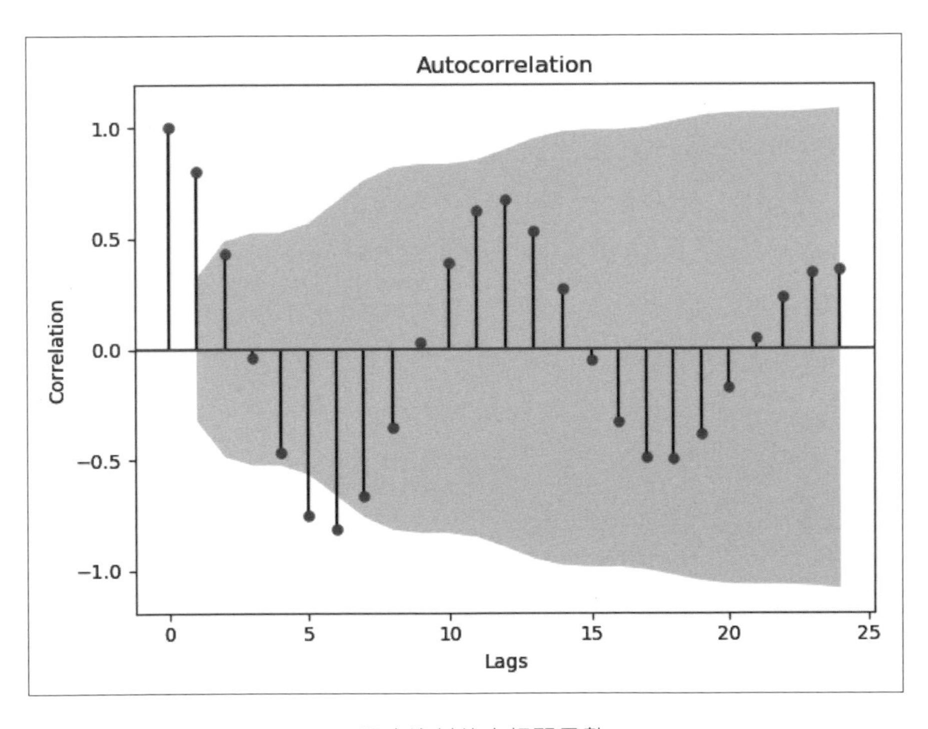

▲ 溫度資料的自相關函數

10.2 比特幣資料分析

比特幣資料與溫度資料的性質差異滿大。剛剛我們看到，每年同一月份的溫度大致相同，基本上溫度的分佈每年是相似。這種現象的時間序列稱為**穩態**（stationary），處理這些資料可以使用一些常見的時間序列分析工具，比如**自我迴歸**（autoregressive, AR）、**移動平均**（moving average, MA）、**差分自我迴歸移動平均**（autoregressive integrated moving average, ARIMA）。但是，金融資料通常是**非穩態**（nonstationary），下圖即為每日比特幣收盤資料，整個歷史記錄中不會出現一模一樣的走勢。

```
# 載入函式庫
import matplotlib.pyplot as plt
import numpy as np
import pandas as pd
from statsmodels.graphics.tsaplots import plot_acf, plot_pacf

# 載入資料集
data = pd.read_csv('BTC-USD.csv')

# 刪除資料中的缺失值
data = data.dropna()

# 將 UTC 時間轉成年月日
data['Date'] = pd.to_datetime(data['Date'])

# 將時間設定為索引
data.set_index('Date', drop = True, inplace = True)

# 繪製圖形
plt.figure(figsize = (8, 8))
data.Close.plot()
plt.xlabel('Date')
plt.ylabel('Price')
plt.title('Bitcoin')
plt.xticks(rotation = 70)
plt.show()
```

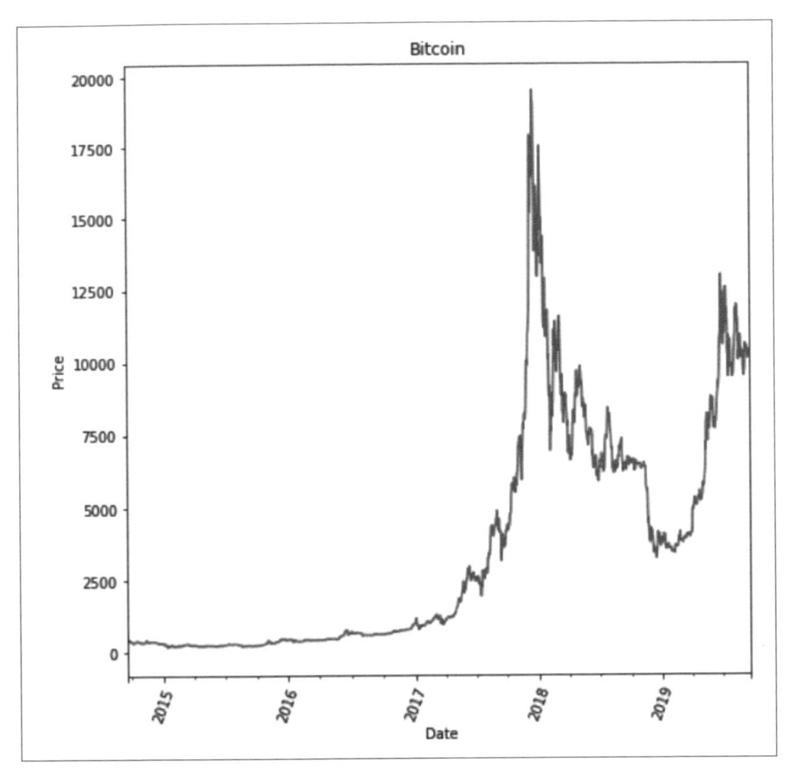

▲ 比特幣每日收盤價

金融資料通常會提供開盤價、當日最高價、當日最低價、以及收盤價。

非穩態資料中具有一些**趨勢**（trend）以及**異質性**（heteroskedasticity，變異數隨時間變化）。我們可以透過自相關函數來判斷資料是否穩態，如果自相關函數一直維持在高度相關，則時間序列很可能是非穩態。下圖為比特幣的自相關函數，幾乎一直都很接近 1，因此比特幣價格為非穩態資料。

```
# 計算自相關
fig, axes = plt.subplots(figsize = (8, 8))
plot_acf(data.Close, axes, lags = 30)
plt.xlabel('Date')
plt.ylabel('Correlation')
plt.show()
```

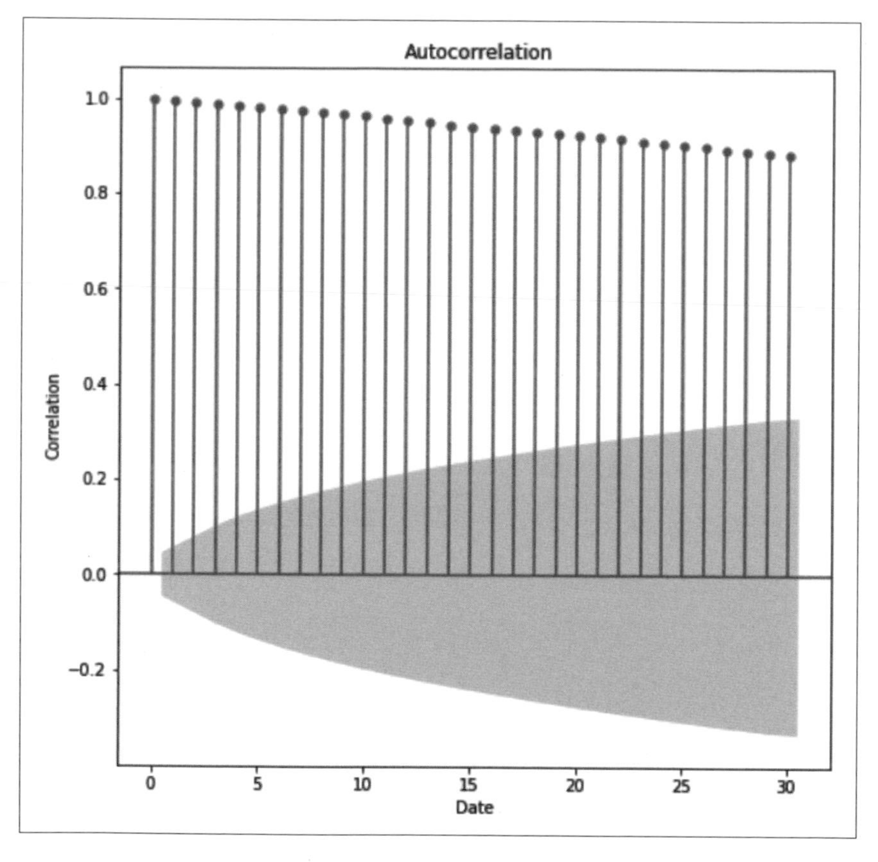

▲ 比特幣資料的自相關函數

我們將資料轉換成變化百分比，可以得到一個比較穩態、相關性較低的時間序列。計算方式如下：

$$p = \frac{t_n - t_{n-1}}{t_{n-1}}$$

其中 p 是變化百分比，t_n 是 n 時刻的比特幣價格，t_{n-1} 是 n-1 時刻的比特幣價格。下圖為轉換後的資料、自相關函數、以及 30 天標準差。

```
# 計算變化百分比
data['diffs'] = (data.Close.diff() /
                 data.Close.shift(periods = 1,
                                  fill_value = 0)).values
data['diffs'].fillna(0)

# 繪製圖形
plt.figure(figsize = (8, 8))
data.diffs.plot()
plt.xlabel('Date')
plt.ylabel('Change %')
plt.title('Transformed Data')
plt.xticks(rotation = 70)
plt.show()

fig, axes = plt.subplots(figsize = (8, 8))
plot_acf(data.diffs, axes, lags=60)
plt.xlabel('Date')
plt.ylabel('Correlation')
plt.show()

plt.figure(figsize = (8, 8))
data.diffs.rolling(30).std().plot()
plt.xlabel('Date')
plt.ylabel('Std. Dev.')
plt.title('Transformed Data Rolling Std.Dev.')
plt.xticks(rotation = 70)
plt.show()
```

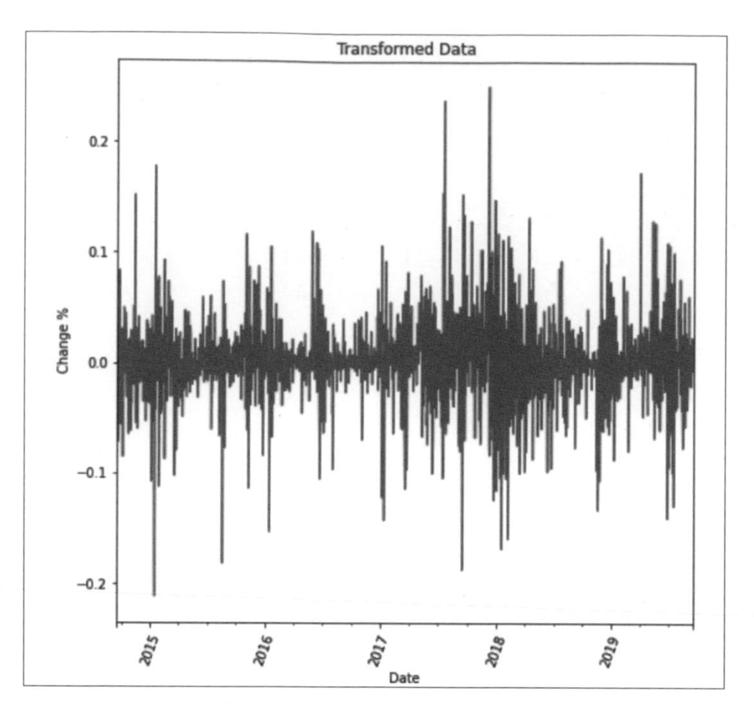

▲ 轉換後資料

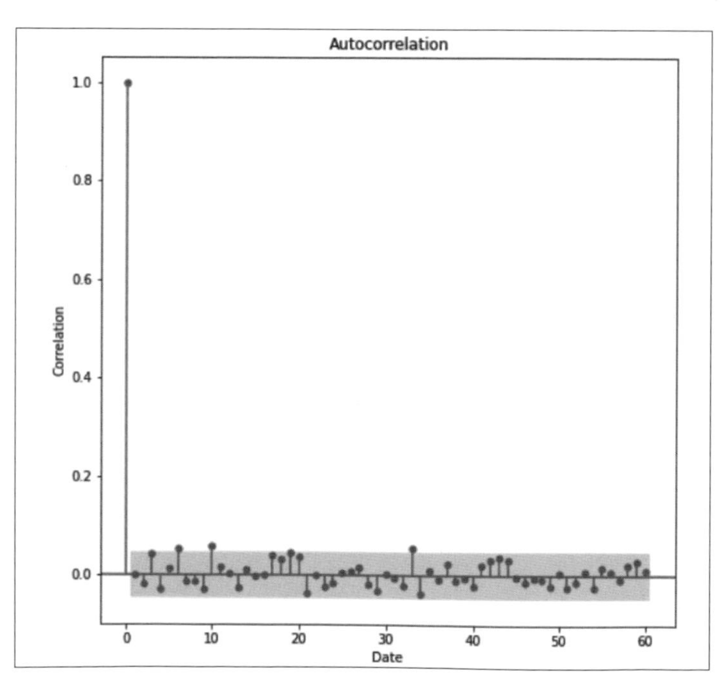

▲ 轉換後資料自相關函數

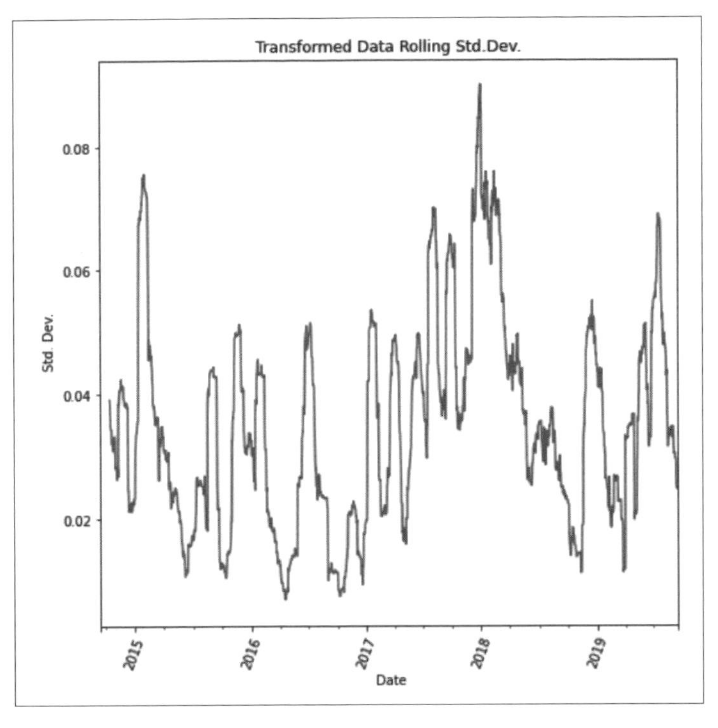

▲ 30 天標準差

10.3 建立基準模型

我們先試著使用線性迴歸進行建模，作法是使用大小為 S 的窗口（sliding window），窗口所罩住的資料為訓練資料，用這些資料訓練好模型之後，便預測目前窗口之後的資料點。接下來，將窗口往後平移一個資料點，重複這個過程。此方法稱為**前向驗證**（walk-forward validation），缺點是無法預測最開頭的 S 個資料點。另外，若資料總數為 L，此方法需要訓練 L-S 個模型。

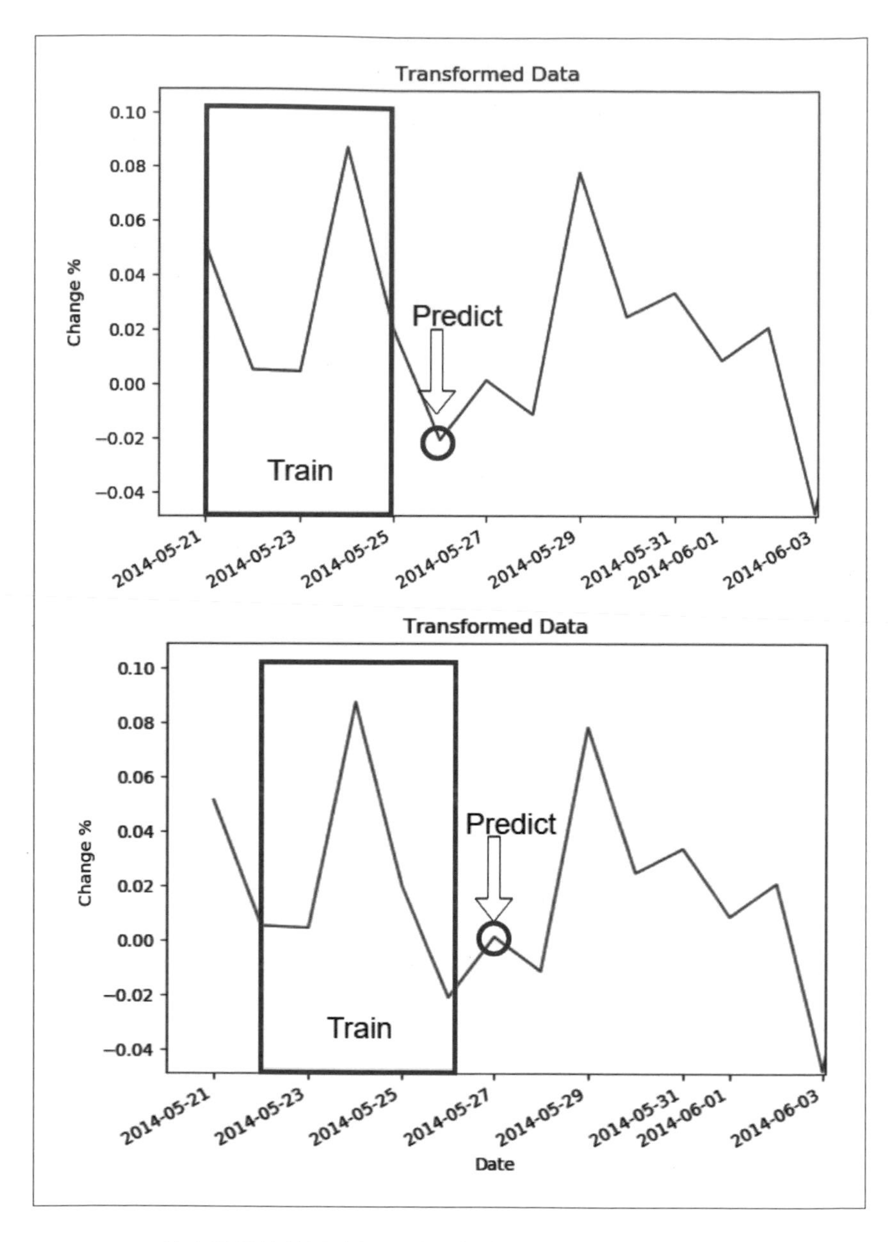

▲ 前向驗證的前兩步驟，此程序將重複應用於整個時間序列

首先，我們載入函式庫以及資料集。

```
# 第 1 部分
# 載入函式庫與資料集
import numpy as np
import pandas as pd
import matplotlib.pyplot as plt
from sklearn import metrics
from sklearn.linear_model import LinearRegression
from sklearn.model_selection import train_test_split

np.random.seed(123456)
lr = LinearRegression()

data = pd.read_csv('BTC-USD.csv')

# 第 2 部分
# 特徵工程
data = data.dropna()
data['Date'] = pd.to_datetime(data['Date'])
data.set_index('Date', drop = True, inplace = True)
diffs = (data.Close.diff() /
         data.Close.shift(periods = 1,
                          fill_value = 0)).values[1:]
diff_len = len(diffs)
```

我們建立一個函式，create_x_data，來產生特徵，將原始變化百分比做為資料集的第 1 個特徵，接著將原始變化百分比平移 1 筆資料（原本的第 n 筆資料，變成第 n+1 筆資料，第 1 筆資料補 0）做為第 2 個特徵，再將原始變化百分比平移 2 筆資料（原本的第 n 筆資料，變成第 n+2 筆資料，第 1 筆跟第 2 筆資料補 0）做為第 3 個特徵。如此不斷重複，重複次數為此函式的輸入。下圖的範例中，原始資料有 4 筆資料，每 1 筆資料有 1 個特徵、1 個標籤。圖中最左邊是原始特徵平移 1 筆資料的結果，中間則為原始特徵平移 2 筆資料的結果，右邊則為資料的標籤。

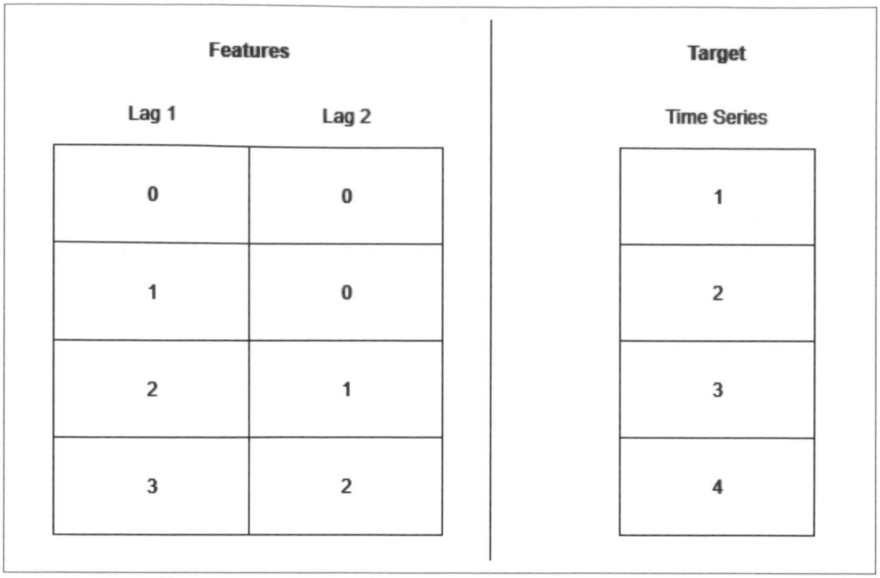

Features

Lag 1	Lag 2
0	0
1	0
2	1
3	2

Target

Time Series
1
2
3
4

▲ 建立特徵

我們選擇使用過去 20 天來預測下一天的比特幣價格，因此函式的輸入要填 20，我們將會得到每一筆資料都有 20 個特徵的訓練資料集。

此外，為了讓程式結果具有再現性，我們將特徵和標籤放大 100 倍，並且四捨五入到小數點後 8 位，避免浮點數溢位使得結果有隨機性。

```
# 第 3 部分
# 建立特徵
def create_x_data(lags = 1):
    diff_data = np.zeros((diff_len, lags))

    for lag in range(1, lags+1):
        this_data = diffs[:-lag]
        diff_data[lag:, lag-1] = this_data

    return  diff_data

# 資料可重現調整
x_data = create_x_data(lags = 20) * 100
y_data = diffs * 100
```

接下頁

```
x_data = np.around(x_data, decimals = 8)
y_data = np.around(y_data, decimals = 8)
```

第 4 部分程式中，我們要訓練模型，訓練資料選擇 150 筆，大約為 5 個月的資料量。每 1 筆資料都有 20 個特徵、1 個標籤。特徵是從當前時間點往回推算 20 筆比特幣收盤價變化百分比，標籤為當前時間點比特幣收盤價變化百分比。選擇更多資料來訓練，可能會因為太舊的資訊干擾模型判斷，但是選擇太少資料可能會造成建模失敗。而評價指標為均方誤差。

```
# 第 4 部分
# 訓練模型
window = 150
preds = np.zeros(diff_len - window)
for i in range(diff_len - window - 1):
    x_train = x_data[i : i + window, :]
    y_train = y_data[i : i + window]
    lr.fit(x_train, y_train)
    preds[i] = lr.predict(x_data[i + window + 1, :].reshape(1, -1))

print('Percentages MSE: %.2f' %
      metrics.mean_absolute_error(y_data[window : ], preds))

simulate(data, preds)
```

簡單線性迴歸的均方誤差為 2.77，不過對於金融問題，均方誤差的意義可能不大，因為我們最終想要知道獲利多少。我們可以利用得到預測結果，來模擬金融交易。比如，每次預測比特幣價格變化百分比大於 0.5% 時（$\frac{t_n - t_{n-1}}{t_{n-1}} \times 100 > 0.5$），我們投資 100 元買比特幣；反之，如果變化百分比低於 -0.5% 時，就出售我們持有的比特幣。為了評估我們的模型作為交易策略的效果，我們可以使用簡化的 **Sharpe 值**，也就是預期收益與收益標準差的比率，當 Sharpe 值很高時，表示這是一個好的交易策略。

$$Sharpe = \frac{E(\text{returns})}{\sigma(\text{returns})}$$

本書範例程式中提供了模擬購入以及賣出比特幣，並計算 Sharpe 的函式（函式的細節於下節說明），將我們的模型預測值以及標籤值傳入函式，該函式就會根據模型預測值來模擬買賣比特幣，並且計算出 Sharpe 值。線性迴歸可以得到 0.16 的 Sharpe 值。

▼基礎模型結果

方法	均方誤差	Sharpe 值
基礎模型	2.77	0.16

以下分別顯示了模型產生的交易和利潤，打叉的點表示依照模型提供的策略買入價值 100 元比特幣的時間點，圓點表示賣出手上持有比特幣的時間點。

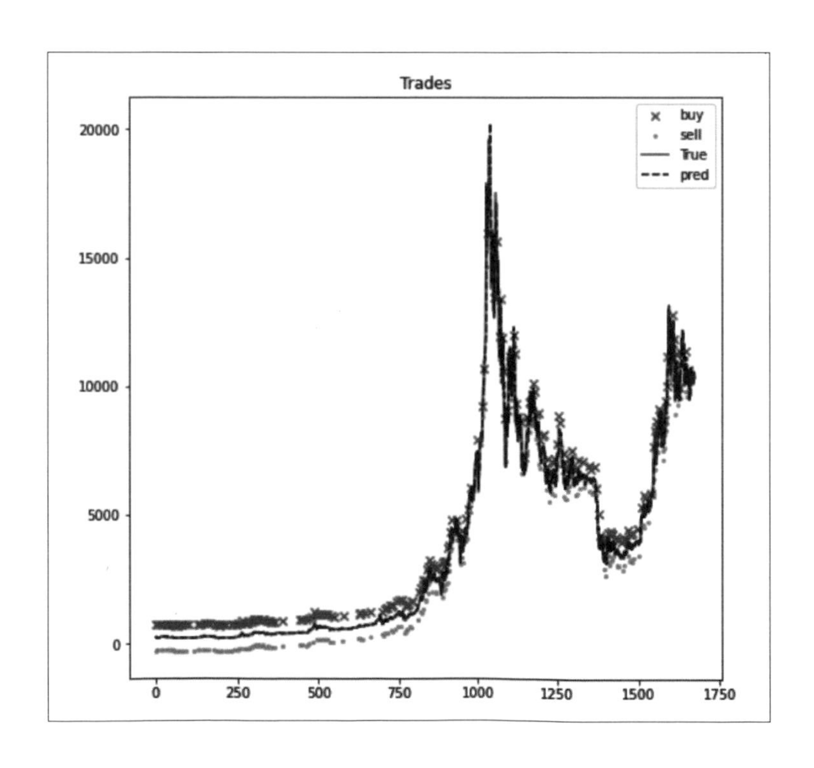

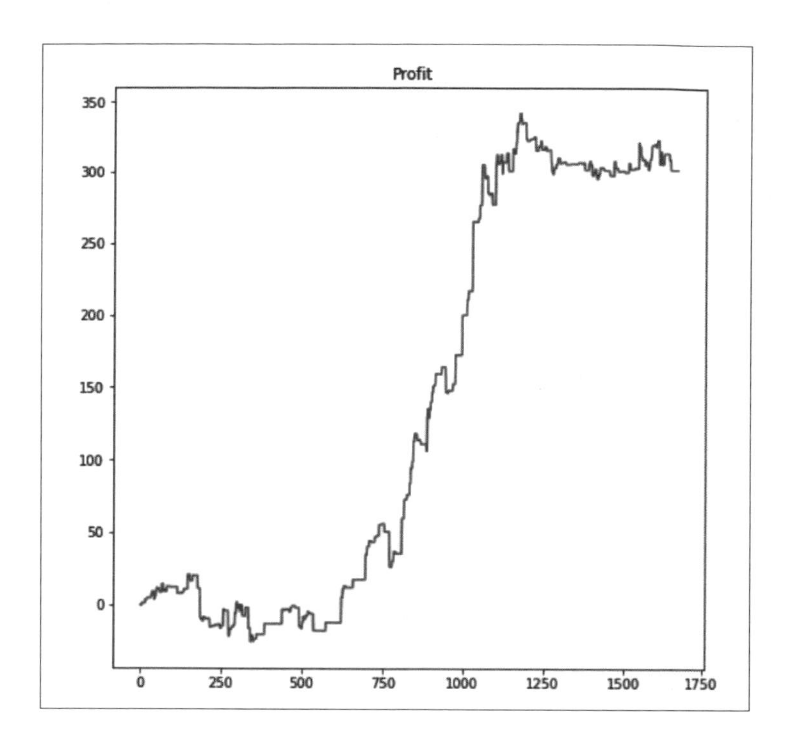

10.4 計算 Sharpe 值

本節要描述如何根據模型的預測值，模擬買賣比特幣，並且計算出 Sharpe 值。此函式會接受使用者傳入的比特幣價格資料以及模型預測值。首先，定義購買門檻和每次要投入多少現金購買比特幣。此外，定義 buy_price 變數來儲存購買比特幣時的價格，如果價格為 0，代表還沒有持有任何比特幣。buy_points 和 sell_points 是買賣比特幣的時間點，之後繪圖時會使用。

```
def simulate(data, preds):
    # 常數與暫存變數
    buy_threshold = 0.5
    stake = 100

    true, pred, balances = [], [], []
```

接下頁

```
buy_price = 0
buy_points, sell_points = [], []
balance = 0

start_index = len(data) - len(preds) - 1
```

接著，對於每個時間點，我們儲存昨日的收盤價、今日的收盤價、用昨日收盤價以及模型預測值算出來的預測今日收盤價。如果模型的變化百分比預測值大於 0.5% 時（$\frac{t_n - t_{n-1}}{t_{n-1}} \times 100 > 0.5$），並且手上沒有持有比特幣，則用 100 元現金購買比特幣；如果預測值小於 -0.5%，並且手上持有比特幣，則以當前收盤價出售。最後，計算出售時的利潤，也就是將出售價減去購入價，並且存在 balances 中。

小編補充 利潤的計算方式

假設比特幣收盤價 4 元（程式中的 buy_price）的時候，用 100 元現金（程式中的 stake），可以買到 25 單位的比特幣（程式中的 stake / buy_price）。如果比特幣收盤價上漲到 5 元，這時候賣出比特幣，每單位可以賺 1 元（程式中的 current_close - last_close），因此利潤為（current_close - last_close）*（stake / buy_price）。

```
# 計算預測值
for i in range(len(preds)):
    # 昨日收盤價
    last_close = data.Close[i+start_index-1]
    # 今日收盤價
    current_close = data.Close[i+start_index]

    # 儲存今日收盤價
    true.append(current_close)
    # 儲存今日預測收盤價
    # 使用昨日收盤價跟模型預測的變化百分比換算而得
    pred.append(last_close*(1+preds[i]/100))
```

接下頁

```
        # 根據預測進行交易
        # 預測會漲價並且手上沒有比特幣
        if preds[i] > buy_threshold and buy_price == 0:
            buy_price = true[-1]
            buy_points.append(i)

        # 預測會下跌且手上持有比特幣
        elif preds[i] < -buy_threshold and not buy_price == 0:
            unit = stake / buy_price
            profit = (current_close - buy_price) * unit
            balance += profit
            buy_price = 0
            sell_points.append(i)

        balances.append(balance)


    true = np.array(true)
    pred = np.array(pred)

    # 繪製圖表
    plt.figure(figsize = (8, 8))
    plt.scatter(buy_points, true[buy_points] + 500,
                marker = 'x', label = "buy")
    plt.scatter(sell_points, true[sell_points] - 500,
                marker = 'o', label = "sell", s = 5)
    plt.plot(true, label = 'True', c = 'red')
    plt.plot(pred, label = 'pred', linestyle = '--',
             c = 'black')
    plt.title('Trades')
    plt.legend()
    plt.show()

    plt.figure(figsize = (8, 8))
    plt.plot(balances)
    plt.title('Profit')
    plt.show()
    print('MSE: %.2f'%metrics.mean_squared_error(true, pred))
    balance_df = pd.DataFrame(balances)
```

接下頁

```
    pct_returns = balance_df.diff()/stake
    pct_returns = pct_returns[pct_returns != 0].dropna()

    print('Sharpe: %.2f'%
          (np.mean(pct_returns) / np.std(pct_returns)))
```

10.5 投票法

我們將嘗試以投票法整合三種基學習器來改進均方誤差，我們採用的投票機制是計算基學習器輸出的平均值。為了方便之後進行集成，我們先準備一個投票的函式，函式內容與本書第 3 章相似，因此這邊就不再多說明。有了投票函式後，我們就可以直接使用函式，即可完成模型訓練、預測。

```
import numpy as np
from copy import deepcopy

class VotingRegressor():

    # 接收基學習器
    def __init__(self, base_learners):
        self.base_learners = {}
        for name, learner in base_learners:
            self.base_learners[name] = deepcopy(learner)


    # 訓練個別基學習器
    def fit(self, x_data, y_data):
        for name in self.base_learners:
            learner = self.base_learners[name]
            learner.fit(x_data, y_data)

    # 產生預測
    def predict(self, x_data):
```

接下頁

```
        predictions = np.zeros((len(x_data),
                                len(self.base_learners)))
        names = list(self.base_learners.keys())

        # 每一個基學習器都做預測
        for i in range(len(self.base_learners)):
            name = names[i]
            learner = self.base_learners[name]

            # 將基學習器的預測存在對應的欄
            preds = learner.predict(x_data)
            predictions[:,i] = preds

        # 計算每列的平均
        predictions = np.mean(predictions, axis = 1)
        return predictions
```

我們選擇的基學習器為支援向量機、K 近鄰迴歸器、以及線性迴歸，藉此增加基學習器之間的多樣性。第 1 部分程式中，我們載入需要的函式庫與資料集，並且進行與本章第 2 節一樣的特徵工程。

```
# 第 1 部分
# 載入函式庫
import numpy as np
import pandas as pd
import matplotlib.pyplot as plt
from copy import deepcopy
from sklearn import metrics
from sklearn.neighbors import KNeighborsRegressor
from sklearn.linear_model import LinearRegression
from sklearn.svm import SVR

# 載入資料集
np.random.seed(123456)
data = pd.read_csv('BTC-USD.csv')

# 特徵工程
data = data.dropna()
data['Date'] = pd.to_datetime(data['Date'])
data.set_index('Date', drop = True, inplace = True)
```

接下頁

```
diffs = (data.Close.diff() /
         data.Close.shift(periods = 1,
                          fill_value = 0)).values[1:]
diff_len = len(diffs)
```

接著，我們要建立模型以及特徵，建立特徵的方式也與本章第 3 節一致，建立模型的時候只要將初始化的基學習器傳入 VotingRegressor 就好了。

```
# 第 2 部分
# 建立模型
base_learners = [('SVR', SVR()),
                 ('LR', LinearRegression()),
                 ('KNN', KNeighborsRegressor())]

lr = VotingRegressor(base_learners)

# 第 3 部分
# 建立特徵
x_data = create_x_data(lags = 20) * 100
y_data = diffs * 100


x_data = np.around(x_data, decimals = 8)
y_data = np.around(y_data, decimals = 8)
```

第 4 部分的程式中，就開始訓練集成模型。

```
# 第 4 部分
# 訓練模型
window = 150
preds = np.zeros(diff_len-window)
for i in range(diff_len-window-1):
    x_train = x_data[i:i+window, :]
    y_train = y_data[i:i+window]
    lr.fit(x_train, y_train)
    preds[i] = lr.predict(x_data[i+window+1, :].reshape(1, -1))
```

接下頁

```
print('Percentages MSE: %.2f' %
      metrics.mean_squared_error(y_data[window:], preds))

simulate(data, preds)
```

經由添加兩個額外的迴歸器，均方誤差是 15.17，不過 Sharpe 值可以提高到 0.19，比基準模型（本章 10.3 節得到的 Sharpe 值為 0.16）還好。接著，我們可以直接去除線性迴歸來進一步改進集成後效能。

```
# 第 5 部分
# 改進模型
base_learners = [('SVR', SVR()),
                 ('KNN', KNeighborsRegressor())]

lr = VotingRegressor(base_learners)

window = 150
preds = np.zeros(diff_len-window)
for i in range(diff_len-window-1):
    x_train = x_data[i:i+window, :]
    y_train = y_data[i:i+window]
    lr.fit(x_train, y_train)
    preds[i] = lr.predict(x_data[i+window+1, :].reshape(1, -1))

print('Percentages MSE: %.2f' %
      metrics.mean_squared_error(y_data[window:], preds))

simulate(data, preds)
```

結果均方誤差為 14.96，Sharpe 值為 0.22。下表總結了我們的結果。

▼投票法結果

方法	均方誤差	Sharpe 值
基礎模型	2.77	0.16
投票法、有集成線性迴歸	15.17	0.19
投票法、無集成線性迴歸	14.96	0.22

10.6 堆疊法

本節我們改用堆疊法，本書第 4 章已經有說明如何建立堆疊法函式，因此這裡會直接使用。第 1 部分程式與前一節相同，我們載入函式庫、資料集，並且進行需要的特徵工程。

```
# 第 1 部分
# 載入函式庫
import numpy as np
import pandas as pd
import matplotlib.pyplot as plt
from sklearn import metrics
from sklearn.neighbors import KNeighborsRegressor
from sklearn.linear_model import LinearRegression
from sklearn.svm import SVR
from sklearn.model_selection import train_test_split
from sklearn.model_selection import KFold
from copy import deepcopy

# 載入資料集
np.random.seed(123456)
data = pd.read_csv('BTC-USD.csv')

# 特徵工程
data = data.dropna()
data['Date'] = pd.to_datetime(data['Date'])
data.set_index('Date', drop=True, inplace=True)
diffs = (data.Close.diff() /
         data.Close.shift(periods = 1,
                          fill_value = 0)).values[1:]
diff_len = len(diffs)
```

接下來的程式中，我們要用自己準備的堆疊法函式，來建立、訓練模型。

```
# 第 2 部分
# 建立模型
base_learners = [[SVR(),
                  LinearRegression(),
                  KNeighborsRegressor()],
                 [LinearRegression()]]
lr = StackingRegressor(base_learners)

# 第 3 部分
# 建立特徵
x_data = create_x_data(lags = 20) * 100
y_data = diffs * 100


x_data = np.around(x_data, decimals = 8)
y_data = np.around(y_data, decimals = 8)

# 第 4 部分
# 訓練模型
window = 150
preds = np.zeros(diff_len-window)
for i in range(diff_len-window-1):
    x_train = x_data[i:i+window, :]
    y_train = y_data[i:i+window]
    lr.fit(x_train, y_train)
    preds[i] = lr.predict(x_data[i+window+1,:].reshape(1,-1))[-1]

print('Percentages MSE: %.2f' %
      metrics.mean_squared_error(y_data[window:], preds))

simulate(data, preds)
```

使用堆疊法得到的均方誤差為 15.24，Sharpe 值為 0.24，比投票法還優異（**編註：** 再次提醒金融模型要看 Sharpe 值，會比均方誤差有用，因為最終我們想知道能賺多少錢）。接著，我們也跟上一節一樣，移除線性迴歸基學習器，重新訓練堆疊模型。

```
# 第 5 部分
# 改進模型
base_learners = [[SVR(),
                  KNeighborsRegressor()],
                 [LinearRegression()]]
lr = StackingRegressor(base_learners)

window = 150
preds = np.zeros(diff_len-window)
for i in range(diff_len-window-1):
    x_train = x_data[i:i+window, :]
    y_train = y_data[i:i+window]
    lr.fit(x_train, y_train)
    preds[i] = lr.predict(x_data[i+window+1, :].reshape(1, -1))[-1]

print('Percentages MSE: %.2f' %
      metrics.mean_squared_error(y_data[window:], preds))

simulate(data, preds)
```

如此可以稍微改進我們的模型。結果總結如下表：

▼堆疊法結果

方法	均方誤差	Sharpe 值
基礎模型	2.77	0.16
投票法、有集成線性迴歸	15.17	0.19
投票法、無集成線性迴歸	14.96	0.22
堆疊法、有集成線性迴歸	15.24	0.24
堆疊法、無集成線性迴歸	15.08	0.29

10.7 自助聚合法

本節當中我們要使用自助聚合法，scikit-learn 已經提供方便使用的自助聚合法的函式，因此我們只需要在第 2 部分程式中使用 scikit-learn 函式，其餘部分不需要多做修改，即可完成。

```
# 第 1 部分
# 載入函式庫
import numpy as np
import pandas as pd
import matplotlib.pyplot as plt
from sklearn import metrics
from sklearn.ensemble import BaggingRegressor
from sklearn.tree import DecisionTreeRegressor
from sklearn.model_selection import train_test_split

# 載入資料集
np.random.seed(123456)
data = pd.read_csv('BTC-USD.csv')

# 特徵工程
data = data.dropna()
data['Date'] = pd.to_datetime(data['Date'])
data.set_index('Date', drop = True, inplace = True)
diffs = (data.Close.diff() /
         data.Close.shift(periods = 1,
                          fill_value = 0)).values[1:]
diff_len = len(diffs)

# 第 2 部分
# 建立模型
learner = DecisionTreeRegressor(max_depth = 1)
lr = BaggingRegressor(base_estimator = learner)

# 第 3 部分
# 建立特徵
x_data = create_x_data(lags = 20) * 100
y_data = diffs * 100
```

接下頁

```
x_data = np.around(x_data, decimals = 8)
y_data = np.around(y_data, decimals = 8)

# 第 4 部分
# 訓練模型
window = 150
preds = np.zeros(diff_len-window)
for i in range(diff_len-window-1):
    x_train = x_data[i:i+window, :]
    y_train = y_data[i:i+window]
    lr.fit(x_train, y_train)
    preds[i] = lr.predict(x_data[i+window+1, :].reshape(1, -1))

print('Percentages MSE: %.2f' %
      metrics.mean_squared_error(y_data[window:], preds))

simulate(data, preds)
```

結果發現，自助聚合法的均方誤差是 15.33，Sharpe 值為 0.24，模型表現並沒有比堆疊法好。我們嘗試修改自助聚合法的基學習器，從最大深度為 1 改成最大深度為 3，看看能不能提高模型的效能。

```
# 第 5 部分
# 改進模型
learner = DecisionTreeRegressor(max_depth = 3)
lr = BaggingRegressor(base_estimator = learner)

window = 150
preds = np.zeros(diff_len-window)
for i in range(diff_len-window-1):
    x_train = x_data[i:i+window, :]
    y_train = y_data[i:i+window]
    lr.fit(x_train, y_train)
    preds[i] = lr.predict(x_data[i+window+1, :].reshape(1, -1))

print('Percentages MSE: %.2f' %
      metrics.mean_squared_error(y_data[window:], preds))

simulate(data, preds)
```

實驗結果發現，在均方誤差跟 Sharpe 值都變差了，因此這個問題較不適合使用自助聚合法。

▼自助聚合法結果

方法	均方誤差	Sharpe 值
基礎模型	2.77	0.16
投票法、有集成線性迴歸	15.17	0.19
投票法、無集成線性迴歸	14.96	0.22
堆疊法、有集成線性迴歸	15.24	0.24
堆疊法、無集成線性迴歸	15.08	0.29
自助聚合、最大深度為 1	15.33	0.24
自助聚合、最大深度為 3	15.86	0.25

10.8 提升法

上一章當中，梯度提升法展現出強大的效能，我們現在來看看本章的比特幣價格預測，是否適合使用梯度提升法，使用的梯度提升法函式庫為 XGBoost。上一章的經驗裡，我們發現使用預設值，可以得到最佳的效能，因此我們就從預設值開始實作。

```
# 第 1 部分
# 載入函式庫
import numpy as np
import pandas as pd
import matplotlib.pyplot as plt
from sklearn import metrics
from xgboost import XGBRegressor
from sklearn.model_selection import train_test_split

# 載入資料集
np.random.seed(123456)
data = pd.read_csv('BTC-USD.csv')
```

接下頁

```
# 特徵工程
data = data.dropna()
data['Date'] = pd.to_datetime(data['Date'])
data.set_index('Date', drop = True, inplace = True)
diffs = (data.Close.diff() /
         data.Close.shift(periods = 1,
                          fill_value = 0)).values[1:]
diff_len = len(diffs)

# 第 2 部分
# 建立模型
lr = XGBRegressor()

# 第 3 部分
# 建立特徵
x_data = create_x_data(lags = 20) * 100
y_data = diffs * 100

x_data = np.around(x_data, decimals = 8)
y_data = np.around(y_data, decimals = 8)

# 第 4 部分
# 訓練模型
window = 150
preds = np.zeros(diff_len-window)
for i in range(diff_len-window-1):
    x_train = x_data[i:i+window, :]
    y_train = y_data[i:i+window]
    lr.fit(x_train, y_train)
    preds[i] = lr.predict(x_data[i+window+1, :].reshape(1, -1))

print('Percentages MSE: %.2f' %
      metrics.mean_squared_error(y_data[window:], preds))

simulate(data, preds)
```

程式執行後發現，均方誤差為 19.66，Sharpe 值是 0.16，並沒有比其他集成方法來的好。因此，接下來我們要調整 XGBoost 的設定，首先猜測模型可能發生了過度配適，因此我們要做常規化，第一步是限制單一決策樹的最大深度為 2。

```
# 第 5 部分
# 改進模型
lr = XGBRegressor(max_depth = 2)

window = 150
preds = np.zeros(diff_len-window)
for i in range(diff_len-window-1):
    x_train = x_data[i:i+window, :]
    y_train = y_data[i:i+window]
    lr.fit(x_train, y_train)
    preds[i] = lr.predict(x_data[i+window+1, :].reshape(1, -1))

print('Percentages MSE: %.2f' %
      metrics.mean_squared_error(y_data[window:], preds))

simulate(data, preds)
```

這對模型效能的改善不大，現在均方誤差是 19.88，Sharpe 值是 0.15。接下來，我們限制只使用 10 個基學習器，來減少模型過度配適的可能性。

```
lr = XGBRegressor(max_depth = 2,
                  n_estimators = 10)

window = 150
preds = np.zeros(diff_len-window)
for i in range(diff_len-window-1):
    x_train = x_data[i:i+window, :]
    y_train = y_data[i:i+window]
    lr.fit(x_train, y_train)
    preds[i] = lr.predict(x_data[i+window+1, :].reshape(1, -1))

print('Percentages MSE: %.2f' %
      metrics.mean_squared_error(y_data[window:], preds))

simulate(data, preds)
```

模型的均方誤差降低到 16.55，但 Sharpe 值是 0.18，並沒有比堆疊法好。接著考慮添加 0.5 的 L1 常規化。

```
lr = XGBRegressor(max_depth = 2,
                  n_estimators = 10,
                  reg_alpha = 0.5)

window = 150
preds = np.zeros(diff_len-window)
for i in range(diff_len-window-1):
    x_train = x_data[i:i+window, :]
    y_train = y_data[i:i+window]
    lr.fit(x_train, y_train)
    preds[i] = lr.predict(x_data[i+window+1, :].reshape(1, -1))

print('Percentages MSE: %.2f' %
      metrics.mean_squared_error(y_data[window:], preds))

simulate(data, preds)
```

均方誤差為 16.31，Sharpe 值是 0.22，還是沒有勝過其他集成式學習方法。我們將嘗試增加模型可用的資訊，原本每一筆資料當中有 20 個特徵，分別代表過去 20 天的比特幣收盤價，現在增加到 30 個特徵。除此之外，還加入每 15 天的比特幣價格移動平均。

```
def create_x_data(lags=1):
    diff_data = np.zeros((diff_len, lags))
    ma_data = np.zeros((diff_len, lags))

    diff_ma = (data.Close.diff()/
               data.Close.shift(periods = 1, fill_value = 0)
              ).rolling(15).mean().fillna(0).values[1:]
    for lag in range(1, lags+1):
        this_data = diffs[:-lag]
        diff_data[lag:, lag-1] = this_data

        this_data = diff_ma[:-lag]
        ma_data[lag:, lag-1] = this_data
    return  np.concatenate((diff_data, ma_data), axis = 1)

x_data = create_extend_x_data(lags = 30) * 100
y_data = diffs * 100
```

新增 15 天移動平均值（標註於 diff_ma 區塊）

增加到 30 個特徵（標註於 lags = 30）

接下頁

```
x_data = np.around(x_data, decimals = 8)
y_data = np.around(y_data, decimals = 8)

lr = XGBRegressor(max_depth = 2,
                  n_estimators = 10,
                  reg_alpha = 0.5)

window = 150
preds = np.zeros(diff_len-window)
for i in range(diff_len-window-1):
    x_train = x_data[i:i+window, :]
    y_train = y_data[i:i+window]
    lr.fit(x_train, y_train)
    preds[i] = lr.predict(x_data[i+window+1, :].reshape(1, -1))

print('Percentages MSE: %.2f' %
      metrics.mean_squared_error(y_data[window:], preds))

simulate(data, preds)
```

均方誤差為 17.47，Sharpe 值為 0.06，並沒有辦法改善模型效能。從圖形中，我們可以發現購買比特幣的次數有減少，這可能是常規化之後的結果，也許影響到了 Sharpe 值。

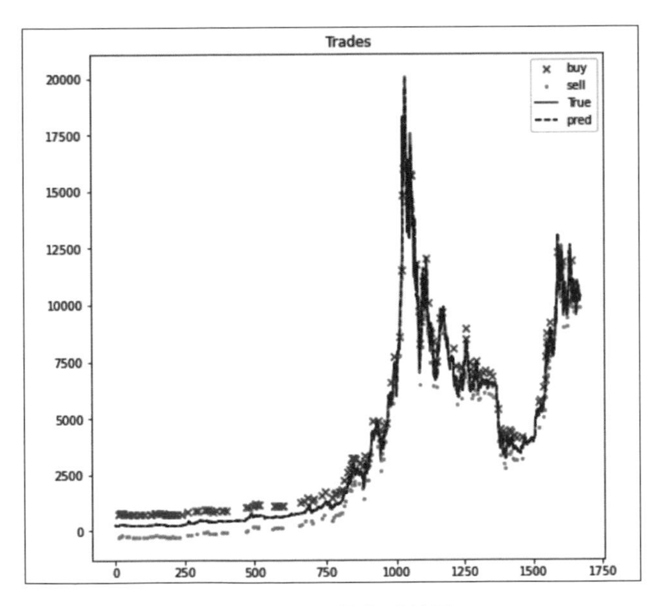

▲ XGBoost 的集成結果

▼**梯度提升法結果**

方法	均方誤差	Sharpe 值
基礎模型	2.77	0.16
投票法、有集成線性迴歸	15.17	0.19
投票法、無集成線性迴歸	14.96	0.22
堆疊法、有集成線性迴歸	15.24	0.24
堆疊法、無集成線性迴歸	15.08	0.29
自助聚合、最大深度為 1	15.33	0.24
自助聚合、最大深度為 3	15.86	0.25
梯度提升、預設值	19.66	0.16
梯度提升、限制最大深度	19.88	0.15
梯度提升、限制基學習器個數	16.55	0.18
梯度提升、增加L1常規化	16.31	0.22
梯度提升、增加特徵	17.47	0.06

10.9 隨機森林

最後，我們使用隨機森林，一樣從預設開始實驗。

```
# 第 1 部分
# 載入函式庫
import numpy as np
import pandas as pd
import matplotlib.pyplot as plt
from sklearn import metrics
from sklearn.ensemble import RandomForestRegressor
from sklearn.model_selection import train_test_split

# 載入資料集
np.random.seed(123456)
data = pd.read_csv('BTC-USD.csv')
```

接下頁

```
# 特徵工程
data = data.dropna()
data['Date'] = pd.to_datetime(data['Date'])
data.set_index('Date', drop = True, inplace = True)
diffs = (data.Close.diff() /
         data.Close.shift(periods = 1,
                          fill_value = 0)).values[1:]
diff_len = len(diffs)

# 第 2 部分
# 建立模型
lr = RandomForestRegressor(n_jobs = 5)

# 第 3 部分
# 建立特徵
x_data = create_x_data(lags = 20) * 100
y_data = diffs * 100

x_data = np.around(x_data, decimals = 8)
y_data = np.around(y_data, decimals = 8)

# 第 4 部分
# 訓練模型
window = 150
preds = np.zeros(diff_len-window)
for i in range(diff_len-window-1):
    x_train = x_data[i:i+window, :]
    y_train = y_data[i:i+window]
    lr.fit(x_train, y_train)
    preds[i] = lr.predict(x_data[i+window+1, :].reshape(1, -1))

print('Percentages MSE: %.2f' %
      metrics.mean_squared_error(y_data[window:], preds))

simulate(data, preds)
```

我們得到均方誤差為 16.40，Sharpe 值為 0.16，成效並沒有很好。接下來限制每棵樹的最大深度為 3。

```
# 第 5 部分
# 改進模型
lr = RandomForestRegressor(max_depth = 3,
                           n_jobs = 5)

window = 150
preds = np.zeros(diff_len-window)
for i in range(diff_len-window-1):
    x_train = x_data[i:i+window, :]
    y_train = y_data[i:i+window]
    lr.fit(x_train, y_train)
    preds[i] = lr.predict(x_data[i+window+1, :].reshape(1, -1))

print('Percentages MSE: %.2f' %
      metrics.mean_squared_error(y_data[window:], preds))

simulate(data, preds)
```

此作法大幅改善了效能，模型的均方誤差為 15.56，Sharpe 值是 0.21。若進一步將最大深度限制為 2，會發現 Sharpe 值降低到 0.19。考慮使用更多基學習器，從預設值 100 個調高到 150 個，Sharpe 可以增加到 0.21，但也沒有比其他集成式學習方法優異。最後，我們使用跟上一節相同的方法來新增更多的特徵，看看這樣的方法對隨機森林模型是否有效，結果發現並沒有辦法提升模型效能太多。

▼隨機森林結果

方法	均方誤差	Sharpe 值
基礎模型	2.77	0.16
投票法、有集成線性迴歸	15.17	0.19
投票法、無集成線性迴歸	14.96	0.22
堆疊法、有集成線性迴歸	15.24	0.24
堆疊法、無集成線性迴歸	15.08	0.29
自助聚合、最大深度為 1	15.33	0.24
自助聚合、最大深度為 3	15.86	0.25

接下頁

方法	均方誤差	Sharpe 值
梯度提升、預設值	19.66	0.16
梯度提升、限制最大深度	19.88	0.15
梯度提升、限制基學習器個數	16.55	0.18
梯度提升、增加L1常規化	16.31	0.22
梯度提升、增加特徵	17.47	0.06
隨機森林、預設值	16.40	0.16
隨機森林、限制最大深度為 3	15.56	0.21
隨機森林、限制最大深度為 2	15.39	0.19
隨機森林、增加基學習器數量	15.32	0.21
隨機森林、增加特徵	16.46	0.18

10.10 小結

在本章中，我們嘗試使用本書前面各章介紹過的集成方法，對比特幣的歷史價格進行建模。如同大多數的資料集，資料預處理、特徵的建立都是重要的過程，尤其是當資料集的特性不允許直接使用時，而時間序列資料集即是屬於此類。此外，將非穩態時間序列轉換為穩態時間序列，也是提高資料分析成果的重要方法。

為了評估模型的品質，我們使用了均方誤差以及 Sharpe 值，然而對於金融交易而言，能否獲利才是最重要的事情，因此 Sharpe 值在此處即扮演重要的角色。我們發現堆疊法中沒有集成線性迴歸基學習器，可以達到最高的 Sharpe 值。雖然無法詳細描述各種集成方法的細微調整，然而透過本範例，可以展現出如何使用集成學習，以及處理時間序列資料的基本觀念。

MEMO

chapter 11

推特 (Twitter) 情感分析

本章內容

Twitter 是一個非常受歡迎的社群網站，每月活躍用戶超過 3 億人。該平台的特色之一為使用者的貼文有字數限制，目前上限為 280 個字元，所以內文都很簡短。Twitter 上的貼文稱為推文（tweets），全世界平均每秒約產生 6000 條推文，即每年約有 2000 億條推文。這些推文猶如巨量資料庫，同時也包含龐大的訊息，以手動方式分析這些資料顯然是不可能。因此，Twitter 本身和其他單位都採用自動化方式來進行分析。最熱門的主題之一即是推文的「情感」，也就是用戶對他們發布主題的感受。

情感分析有許多種形式，最常見的方法是對每條推文進行「正面」或「負面」的分類。其他方法可能對正面和負面的情緒進行更複雜的分析，例如憤怒、厭惡、恐懼、快樂、悲傷和驚訝等。在本章中，我們概略介紹一些情感分析工具和方法，並介紹使用集成式學習技術對推文進行分類。最後將展示如何使用 Twitter 的 API 來對推文進行分類。本章涵蓋的主題如下：

- 情感分析工具。
- 取得 Twitter 資料。
- 建立模型。
- 即時分類推文。

11.1 情感分析工具

有許多方法可以對推文進行情感分析，最容易理解與實作的是基於**詞典**（lexicon）的方法，詞典記錄各種正面或負面的單詞、短句。比如，我們可以針對一個句子計算正面或負面單詞、短句的數目，如果正面的單詞、短句較多，則預測此句為正面情感；反之，如果負面的單詞、短句較多，則預測此句為負面情感；正面和負面的數目相同時就預測為中性情感。雖然這個方法很簡單，不需要訓練任何模型，但是有 2 個主要缺點：第 1 是沒有考慮單詞間的交互作用，比如「not bad」是一個正面的短句，卻可能被歸類為負面，因為「not」、「bad」在詞典裡都是屬於負面。就算詞典內將「not bad」視為正面情感，但可能還是會將「not that bad」歸類為負面。第 2 是整個分析過程依賴收錄完整的詞典，萬一詞典缺少某些詞彙，分析效果就不好。

另一種方法是：訓練機器學習模型來對句子分類，因此我們需要訓練資料集，並且要提供標籤：正面或負面的句子。但是，情感分析的問題及難處在於只有 80% 到 85% 的句子標籤很明確，其餘會因為許多主觀而影響標籤值。比如，「Today the weather is nice, yesterday it was bad」可以是正面、負面或中性，要更好判斷是哪種情感，取決於**語調**（intonation）。假設粗體表示語氣加重的部分，則「Today the weather is **nice**, yesterday it was bad」可能是正面；「Today the weather is nice, yesterday it was **bad**」可能是負面；「Today the weather is nice, yesterday it was bad」則可能是中性。

更多關於分析文句情感的問題，請參考以下網站 https://www.lexalytics.com/lexablog/sentiment-accuracy-quick-overview

為了讓模型看得懂文字，通常需要特別處理文字資料。常見的方法有 **n-gram**，這是在每個句子中，將連續 n 個單詞視為一個詞組。比如，「Hello there, kids」經由 n-gram 處理之後得到以下結果：

- 1-gram ：「Hello」、「there,」、「kids」。
- 2-gram ：「Hello there,」、「there, kids」。
- 3-gram ：「Hello there, kids」。

我們可以計算一個句子中，出現各個詞組的頻率，作為此句子的特徵。以下我們用 4 個句子做為範例。

▼範例句子

句子	情感（標籤）
My head hurts	負面
The food was good food	正面
The sting hurts	負面
That was a good time	正面

我們先使用 1-gram，上述 4 句話總共可以出現「My」、「head」、「hurts」、「The」、「food」、「was」、「good」、「sting」、「That」、「a」、「time」這 11 個詞組。接下來，我們記錄每句話當中分別出現每一個詞組多少次。

▼範例句子的1-gram

My	Head	Hurts	The	Food	Was	Good	Sting	That	A	Time	情感
1	1	1	0	0	0	0	0	0	0	0	負面
0	0	0	1	2	1	1	0	0	0	0	正面
0	0	1	1	0	0	0	1	0	0	0	負面
0	0	0	0	0	1	1	0	1	1	1	正面

到目前為止，我們已經將每一句話，轉成可以用數值來表示的特徵向量。不過，通常我們會將特徵正規化，因此我們會計算每一個詞組在該句子裡出現的頻率（編註：除以該句子所有出現的詞組總數），這個頻率值又稱為**詞頻**（Term Frequency, TF）。

▼範例句子的詞頻

My	Head	Hurts	The	Food	Was	Good	Sting	That	A	Time	情感
1/3	1/3	1/3	0	0	0	0	0	0	0	0	負面
0	0	0	1/5	2/5	1/5	1/5	0	0	0	0	正面
0	0	1/3	1/3	0	0	0	1/3	0	0	0	負面
0	0	0	0	0	1/5	1/5	0	1/5	1/5	1/5	正面

雖然我們已經有了每個句子的特徵向量，但是只用詞頻會出現一個問題：有一些詞組雖然出現的頻率頗高，但每個句子都有這個字，似乎跟情感表達無關，比如「was」。為了處理這個問題，我們可以計算**逆向檔案頻率**（Inverse Document Frequency, IDF）。計算逆向檔案頻率的方法是：對每一個詞組，計算「總句子數」除以「有多少句子包含此詞組」，最後「取對數」。範例 4 句話的逆向檔案頻率如下。

▼範例句子的逆向檔案頻率

My	Head	Hurts	The	Food	Was	Good	Sting	That	A	Time	情感
log(4)	log(4)	log(2)	0	0	0	0	0	0	0	0	負面
0	0	0	log(2)	log(4)	log(2)	log(2)	0	0	0	0	正面
0	0	log(2)	log(2)	0	0	0	log(4)	0	0	0	負面
0	0	0	0	0	log(2)	log(2)	0	log(4)	log(4)	log(4)	正面

另一種常用於情感分析的技術是**詞幹提取**（stemming），即是將單詞還原為字根的過程。這讓我們可以將源自同一個字根的單字視為同一個字。比如「love」、「loving」、「loved」都可視為「love」，而非獨立的三個單字。

11.2 取得 Twitter 資料

有許多方法可以取得 Twitter 資料，但是我們需要標籤，所以將使用 Sentiment140 資料集，可以從 http://cs.stanford.edu/people/alecmgo/trainingandtestdata.zip 下載。該資料集包含 160 萬條推文，每一條推文有以下 6 個欄位。

- **標籤**（polarity）。
- **推文索引**（id）。
- **發布日期**（date）。
- **是否有其他查詢方式蒐集此推文**（query）。
- **發文者**（user）。
- **推文內容**（text）。

對於我們的分類問題，只需要用到標籤以及推文內容。這個資料集的正面推文（標籤為 4）跟負面推文（標籤為 0）剛好各有 80 萬筆。

```
import matplotlib.pyplot as plt
import pandas as pd
from collections import Counter

# Read the data and assign labels
labels = ['polarity', 'id', 'date', 'query', 'user', 'text']
data = pd.read_csv("training.1600000.processed.noemoticon.csv",
                   names = labels,
                   encoding = 'latin-1')

plt.figure()
data.groupby('polarity').id.count().plot(kind = 'bar')
plt.plot()
```

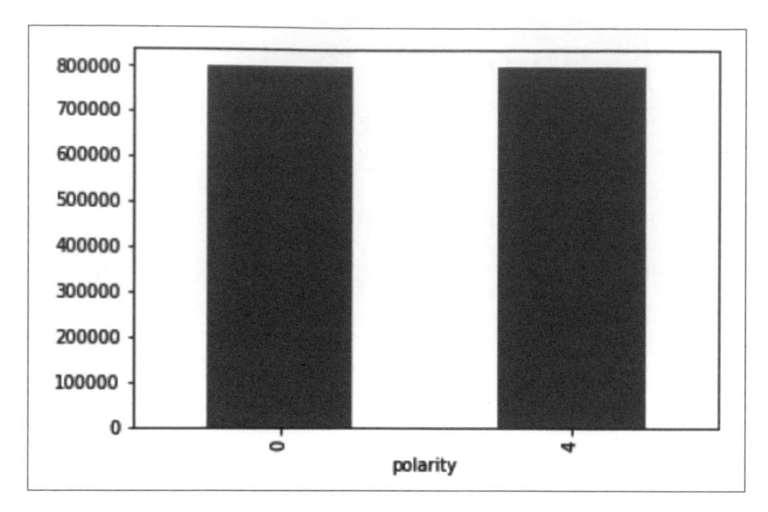

▲ 標籤分佈

我們看一下出現次數最高的 30 個單字，可以發現這些單字並沒有明確的情感。因此，處理文字資料的時候，可以考慮加上逆向檔案頻率。

```
# Get most frequent words
data['words'] = data.text.str.split()

words = []
# Get a list of all words
for w in data.words:
    words.extend(w)

# Get the frequencies and plot
freqs = Counter(words).most_common(30)
plt.figure(figsize = (8, 8))
plt.plot(*zip(*freqs))
plt.xticks(rotation = 80)
plt.ylabel('Count')
plt.title('30 most common words.')
plt.show()
```

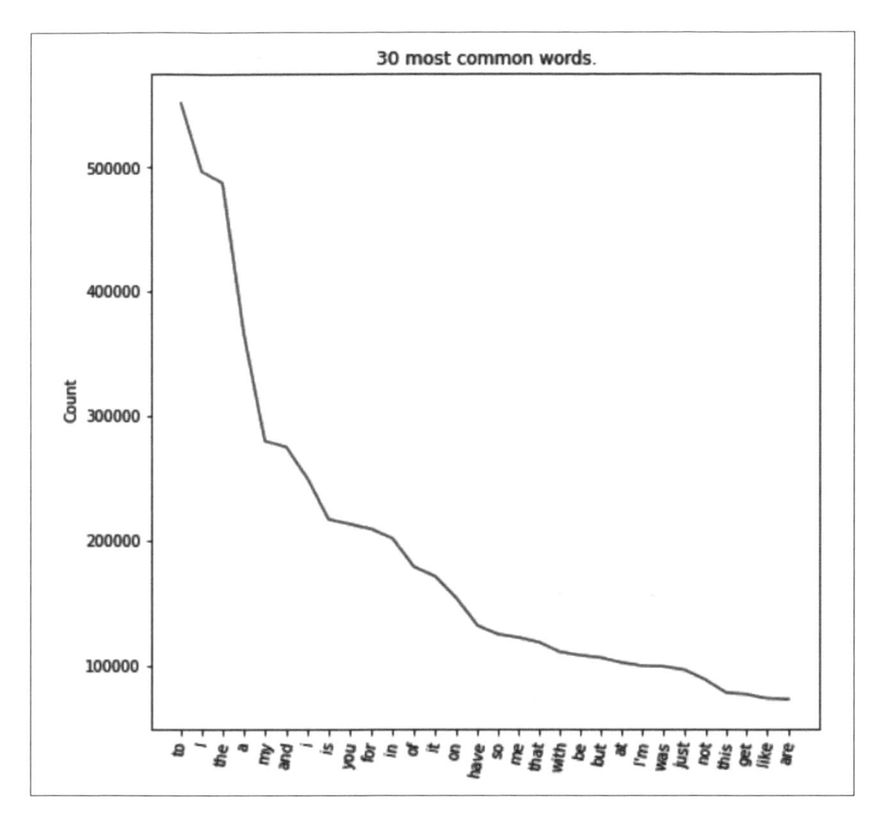

▲ 最常出現的 30 個字

11.3 建立模型

如同大多數的機器學習問題，情感分析中最重要的一步是**資料預處理**（data preprocessing）。以下為 10 個隨機抽樣出來的推文。

▼隨機抽樣的推文

索引	內文
44	@JonathanRKnight Awww I soo wish I was there to see...
143873	Shaking stomach flipping........god i hate thi...
466449	why do they refuse to put nice things in our v...

接下頁

索引	內文
1035127	@KrisAllenmusic visit here
680337	Rafa out of Wimbledon Love Drunk by BLG out S...
31250	It's official, printers hate me Going to sul...
1078430	@_Enigma__ Good to hear
1436972	Dear Photoshop CS2. i love you. and i miss you!
401990	my boyfriend got in a car accident today !
1053169	Happy birthday, Wisconsin! 161 years ago, you ...

首先發現有些推文提及其他用戶，比如「@KrisAllenmusic」，這些與推文的情感沒關係，因此可以刪除。其次，數字及標點符號也與情感沒關係，因此也須將其刪除。還有英文字母的大小寫也跟情感無關，所以要將大寫都轉成小寫。如果我們再看更多推文，將會發現更多問題，比如**主題標籤**（hashtag，例如 #summer）、URL（例如 https://www.packtpub.com/eu/）、HTML 屬性（例如 & 對應的 &），也將在預處理過程中一一刪除。

要處理上述提到的各種問題，我們需要使用 Python 的函式庫，包括：pandas 函式庫、內建的正規表示式函式庫 re、string 函式庫中的 punctuation、以及自然語言處理函式庫（Natural Language Toolkit，NLTK）。nltk 函式庫可以使用 pip 或 conda 安裝。以下程式中，我們載入所需要的函式庫。

```
import pandas as pd
import re
from nltk.corpus import stopwords
from nltk.stem import PorterStemmer
from string import punctuation
```

載入函式庫後，載入資料，將標籤為 4 的資料全部改成標籤為 1，也刪除文字內容與標籤之外的所有欄位。

```
# 讀取資料並指定欄位名稱
labels = ['polarity', 'id', 'date', 'query', 'user', 'text']
data = pd.read_csv("training.1600000.processed.noemoticon.csv",
                   names = labels,
                   encoding = 'latin-1')

# 只保留文字內容(text)和標籤(polarity)，將標籤改為 0-1
data = data[['text', 'polarity']]
data.polarity.replace(4, 1, inplace = True)
```

如同前述，儘管有些單字出現的頻率很高，但與情感無關。我們使用 NLTK 函式庫提供的**停用詞**（stopword）列表，來刪除資料中這些單字。此外，由於許多縮寫「you're」和「don't」，在推文中經常省略單引號，因此我們要將沒有單引號的縮寫，比如「dont」，加入停用詞列表。

```
# 創建一個停用詞列表
stops = stopwords.words("english")

# 添加不帶單引號的停用詞
no_quotes = []
for word in stops:
    if "'" in word:
        no_quotes.append(re.sub(r'\'', '', word))
stops.extend(no_quotes)
```

接著，定義 2 個不同的函式。第 1 個函式 clean_string 經由刪除之前討論提到的主題標籤（hashtag）、URL 等。第 2 個函式利用 NLTK 的 PorterStemmer 來刪除所有標點符號以及停用詞，並提取每個單字的詞幹。

```
def clean_string(string):
    # 刪除 HTML 特殊字元
    tmp = re.sub(r'\&\w*;', '', string)
    # 刪除用戶名稱
    tmp = re.sub(r'@(\w+)', '', tmp)
    # 刪除超連結
```

接下頁

```
    tmp = re.sub(r'(http|https|ftp)://[a-zA-Z0-9\\./]+',
                 '',
                 tmp)
    # 轉小寫
    tmp = tmp.lower()
    # 刪除主題標籤
    tmp = re.sub(r'#(\w+)', '', tmp)
    # 刪除重複字元
    tmp = re.sub(r'(.)\1{1,}', r'\1\1', tmp)
    # 刪除任何不是字母的東西
    tmp = re.sub("[^a-zA-Z]", " ", tmp)
    # 刪除少於兩個字元的任何內容
    tmp = re.sub(r'\b\w{1,2}\b', '', tmp)
    # 刪除多個空格
    tmp = re.sub(r'\s\s+', ' ', tmp)
    return tmp

def preprocess(string):

    stemmer = PorterStemmer()
    # 刪除標點符號
    removed_punc = ''.join([char for char in string
                            if char not in punctuation])
    cleaned = []
    # 刪除停用詞
    for word in removed_punc.split(' '):
        if word not in stops:
            cleaned.append(stemmer.stem(word.lower()))
    return ' '.join(cleaned)
```

要將文字資料轉換成數值向量，需要決定 n-gram 的 n 要給多少，以及每一筆資料的數值向量有多大（若數值向量大小為 m，則只能表示 m 個不同的單字）。scikit-learn 中有提供 TfidfVectorizer 函式，並藉由設定 ngram_range 和 max_features 參數來決定如何轉換。此函式傳回的資料是一個**稀疏矩陣**（sparse matrix），以節省儲存空間。然而當要訓練模型時，必須使用 toarray() 函式將資料轉換成模型可以接收的 numpy 矩陣資料型別。

我們自己定義 check_features_ngrams 函式，接受特徵數量、n-gram 的 n 值、以及基學習器。此函式會先將文字資料轉換成數值向量，接著呼叫 check_classifier 來訓練每一個基學習器，並且計算基學習器在驗證資料上的效果，最後匯出結果到指定的檔案。

```
def check_features_ngrams(features, n_grams, classifiers):

    print(features, n_grams)

    # 初始化 TfidfVectorizer 函式
    tf = TfidfVectorizer(max_features = features,
                         ngram_range = n_grams,
                         stop_words = 'english')

    # 將文字資料轉換成數值向量
    tf.fit(data.text)
    transformed = tf.transform(data.text)

    np.random.seed(123456)

    def check_classifier(name, classifier):
        print('--'+name+'--')

        # 將稀疏矩陣轉換成 numpy 矩陣
        x_data = transformed[:train_size].toarray()
        y_data = data.polarity[:train_size].values

        # 訓練基學習器
        classifier.fit(x_data, y_data)
        i_s = metrics.accuracy_score(y_data,
                                     classifier.predict(x_data))

        # 在驗證資料集上評估基學習器效能
        x_data = transformed[test_start:test_end].toarray()
        y_data = data.polarity[test_start:test_end].values
        oos = metrics.accuracy_score(y_data,
                                     classifier.predict(x_data))

        # 匯出結果
        with open("outs.txt","a") as f:
```

接下頁

```
            f.write(str(features)+',')
            f.write(str(n_grams[-1])+',')
            f.write(name+',')
            f.write('%.4f'%i_s+',')
            f.write('%.4f'%oos+'\n')

    for name, classifier in classifiers:
        check_classifier(name, classifier)
```

接下來，我們要進行資料預處理、建立模型，使用的基學習器為決策樹、單純貝氏、Ridge 分類器，集成的方法是投票法。為了比較集成模型跟單一基學習器的效能差異，我們也分別訓練參與集成的基學習器。此外，我們也要搜尋不同 n 值的 n-gram 效果，以及找尋最佳的數值向量大小

```
data = data.sample(frac=1).reset_index(drop=True)
data.text = data.text.apply(clean_string)
data.text = data.text.apply(preprocess)

train_size = 10000
test_start = 10000
test_end = 100000

# 創建 csv 標頭
with open("outs.txt","a") as f:
    f.write('features,ngram_range,classifier')
    f.write('train_acc,test_acc\n')

# 測試所有特徵和 n-gram 組合
for features in [500, 1000, 5000, 10000, 20000, 30000]:
    for n_grams in [(1, 1), (1, 2), (1, 3)]:

        # 初始化集成模型
        voting = VotingClassifier([('DT',
                                   DecisionTreeClassifier()),
                                  ('NB',
                                   MultinomialNB()),
                                  ('Ridge',
                                   RidgeClassifier())])
```

接下頁

```
# 整合集成模型與單一基學習器
classifiers = [('DT',
                DecisionTreeClassifier()),
               ('NB',
                MultinomialNB()),
               ('Ridge',
                RidgeClassifier()),
               ('Voting',
                voting)]

# 訓練模型
check_features_ngrams(features,
                      n_grams,
                      classifiers)
```

結果如下所示，隨著特徵數目的增加，準確度也會增加。此外，大致上 3-gram 的效能會比 2-gram 以及 1-gram 還優異。最後，效能最佳出現在特徵數 20000、3-gram 的投票法集成模型（第 4 張圖）。

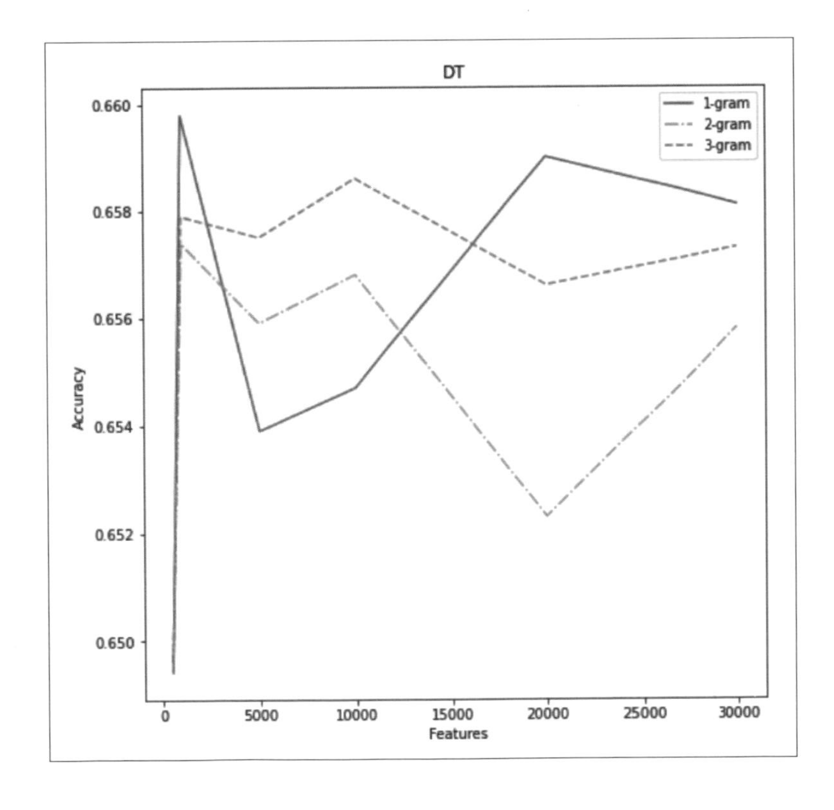

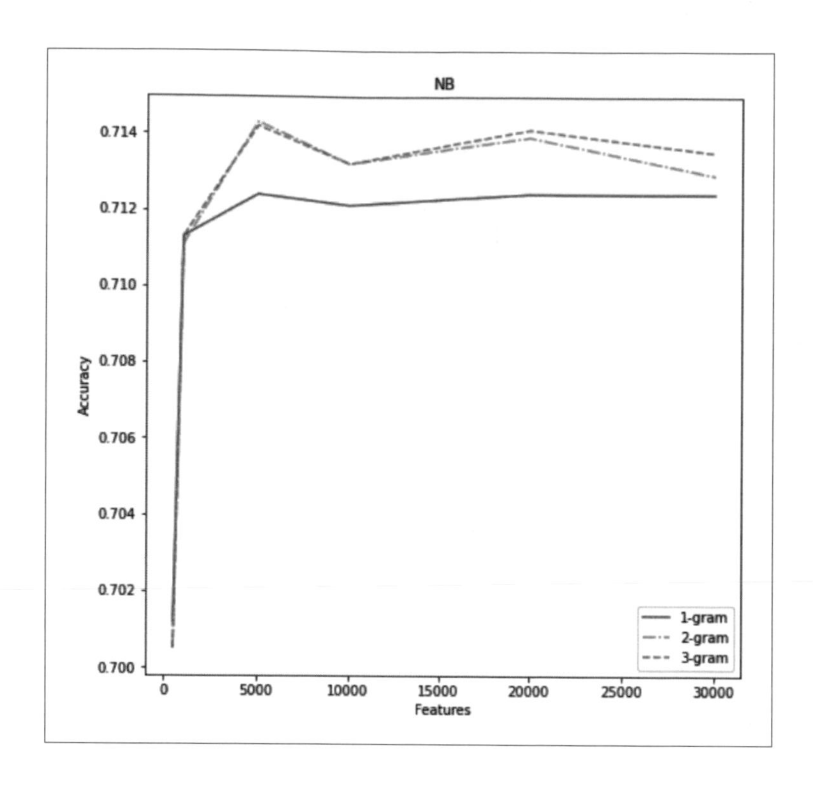
NB
Accuracy
0.714
0.712
0.710
0.708
0.706
0.704
0.702
0.700
0
5000
10000
15000
20000
25000
30000
Features
1-gram
2-gram
3-gram

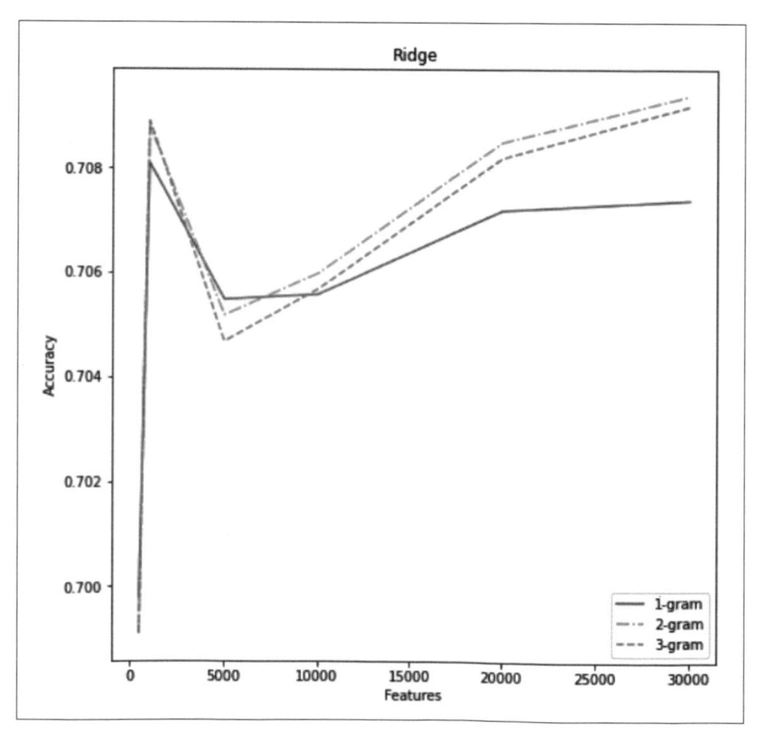
Ridge
Accuracy
0.708
0.706
0.704
0.702
0.700
0
5000
10000
15000
20000
25000
30000
Features
1-gram
2-gram
3-gram

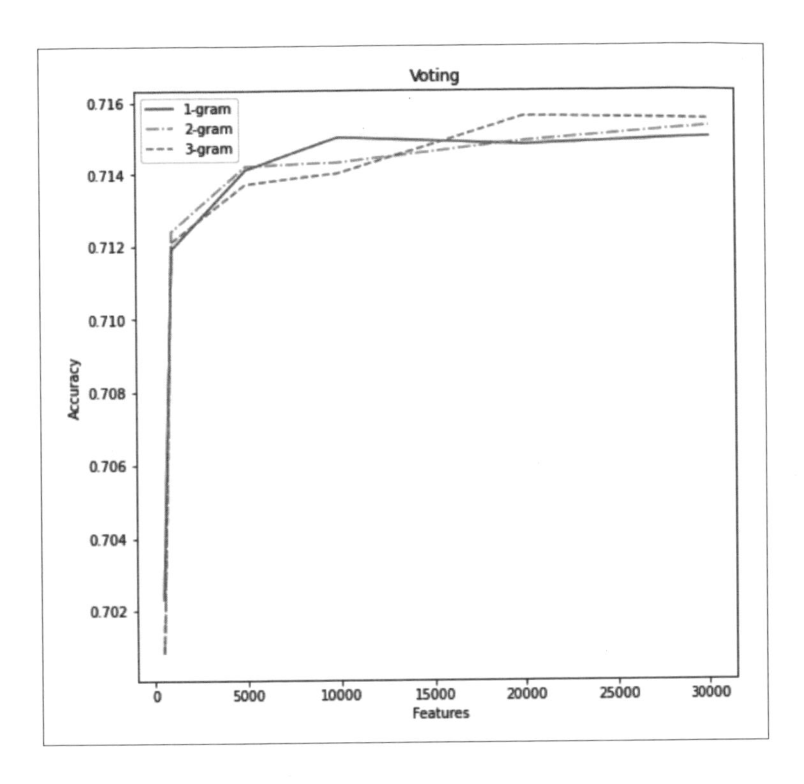

11.4 即時分類推文

本節要使用我們的模型與 Twitter 的 API 即時對推文進行分類。本節使用非常熱門的函式庫 tweepy 3.10.0 版本，函式庫相關說明可以參閱網站 https://github.com/tweepy/tweepy。可以使用 pip install tweepy==3.10.0 來安裝此函式庫，安裝好之後我們就載入所需的函式庫。

```
import tweepy
import time
import copy
```

以程式存取 Twitter 之前要先有相關憑證，在 https://apps.twitter.com/ 進行相關申請程序。我們將 API 密鑰儲存在變數中（**編註：** 申請過程請參閱 https://realpython.com/twitter-bot-python-tweepy/）。

```
# 請將您的 API 密鑰填寫至以下字串
consumer_key=""
consumer_secret=""

access_token=""
access_token_secret=""
```

最後，我們建立連線，用一個迴圈去抓 Twitter 上關於美國總統拜登的相關推文。抓到推文之後套用上一節的資料清理、資料轉換函式，接著使用已經訓練好的模型對推文進行預測。提醒一下，由於 Tweepy 會限制抓取資料的頻率，因此每抓一些資料後，就需要等一段時間，才能再抓新的資料。

```
auth = tweepy.OAuthHandler(api_key, api_key_secret)
auth.set_access_token(access_token, access_token_secret)
api = tweepy.API(auth, wait_on_rate_limit = True)

prev = [""]
while(1):
    for tweet in api.search(q = "Biden",
                            lang = "en",
                            rpp = 10,
                            count = 1):
        test = [f"{tweet.text}"]
        if(test[0] != prev[0]):
            print("Text:\n", test[0])
            prev = copy.deepcopy(test)
            test = pd.DataFrame(test)
            test.columns =['text']
            test.text = test.text.apply(clean_string)
            test.text = test.text.apply(preprocess)
            test_transformed = tf.transform(test.text)
            test_data = test_transformed.toarray()
```

接下頁

```
        print("\nPrediction:",
              voting.predict(test_data)[0])
        print("-------------------------")
        time.sleep(5)
```

就是這麼簡單！以上的程式碼會監控任何包含 Biden 的推文，並即時預測其情感。下表是一些分類結果。

▼**即時分類結果**

推文	預測結果
Why is the government redacting the #JeffreyEpstein pilot logs for plane trips to Lolita Island? The question answers its…	正面
you want us to pay back student loans? the same loans Biden said he would cancel?	負面
Biden returns land to Texas family after it was seized by Trump for border wall I love this! Nice job President Biden…	正面
Some right-wing media outraged Finland's 36 yr old PM out clubbing until 4am & missed text saying colleague was positive…	負面

11.5 小結

在本章中，我們使用集成式學習對推文進行分類。此外，我們介紹了 n-gram、詞頻、逆向檔案頻率、詞幹提取、以及停用詞的概念，探討了文字資料的特徵工程，這些都是使用機器學習處理文字資料的基本技術。為了展示模型的功效，我們最後使用 Twitter 的 API 即時對推文進行分類，藉此展示如何應用一個集成式學習模型。

MEMO

chapter 12

推薦電影

本章內容

推薦系統可以改善使用者體驗並提升公司的獲利，是很有價值的應用。其原理是依據使用者的偏好，為使用者推薦他們可能會喜歡的事物。比如，使用者在亞馬遜（Amazon）上購買智慧型手機時，系統會推薦該款手機的相關配件，如此一來使用者就不需要自己搜索相關配件，同時增加亞馬遜的獲利。本章涵蓋的主題如下：

- 推薦系統
- 神經網路推薦系統
- 使用 Keras 進行電影推薦

本章將使用 MovieLens 資料集，下載網址為 http://files.grouplens.org/datasets/movielens/ml-latest-small.zip。在此感謝 GroupLens 成員同意本書使用其資料集，有關資料集的更多資訊，請閱讀論文「F. Maxwell Harper and Joseph A. Konstan. 2015. The MovieLens Datasets: History and Context. ACM Transactions on Interactive Intelligent Systems (TiiS) 5, 4, Article 19 (December 2015), 19 pages」，此論文的下載網址為 http://dx.doi.org/10.1145/2827872。

12.1 推薦系統

推薦系統的運作機制看似相當複雜，但其實原理非常直觀。每位使用者可以對電影進行評分，推薦系統會用評分試圖找出與新使用者偏好相近的使用者，再根據偏好相近使用者的喜歡電影中，推薦一部給新使用者。我們直接來看以下範例，評分是從最不好的等級 1 到最好的等級 5。

▼範例資料

使用者	星際效應	2001 太空漫遊	駭客任務	金甲部隊	鍋蓋頭	捍衛戰士
使用者 0	5	4		2	1	
使用者 1		1		4	4	3
使用者 2	4		4			1
使用者 3		4	5	5	4	

表中的每位使用者都對一些電影評分，看起來使用者的偏好並沒有完全相同。如果我們要向使用者 2 推薦一部電影，首先要找到最相似的使用者，使用者 2 看起來好像喜歡科幻電影，相似的使用者可能是使用者 0，可是模型必須要有一個方法來量化我們的觀察。如果將每位使用者的偏好視為一個向量，則我們會得到 4 個向量，每個向量有 6 個元素。如果 2 個向量完全一樣，則**餘弦**（cosine）函數值將為 1，代表這 2 個使用者的電影喜好相同；反之，如果向量完全相反，餘弦值則為 -1，代表這 2 個使用

者的電影喜好相反，此做法稱為**餘弦相似度**（cosine similarity）。但是，並非每位使用者都對所有的電影進行評分，這時候我們把空白欄為填入 0，就能計算餘弦相似度了。

▼填滿空白後的範例資料

使用者	星際效應	2001 太空漫遊	駭客任務	金甲部隊	鍋蓋頭	捍衛戰士
使用者 0	5	4	0	2	1	0
使用者 1	0	1	0	4	4	3
使用者 2	4	0	4	0	0	1
使用者 3	0	4	5	5	4	0

餘弦相似度的計算方式，即為 2 向量做**點積**（dot product）之後，接著除以兩個向量的長度。點積的運算即為 2 向量個別元素相乘後加總，向量的長度是元素平方加總後再開根號。舉例來說，使用者 0 跟使用者 1 的餘弦相似度為：

$$\frac{5\times0+4\times1+0\times0+2\times4+1\times4+0\times3}{\sqrt{5^2+4^2+0^2+2^2+1^2+0^2}\times\sqrt{0^2+1^2+0^2+4^2+4^2+3^2}}\approx0.364$$

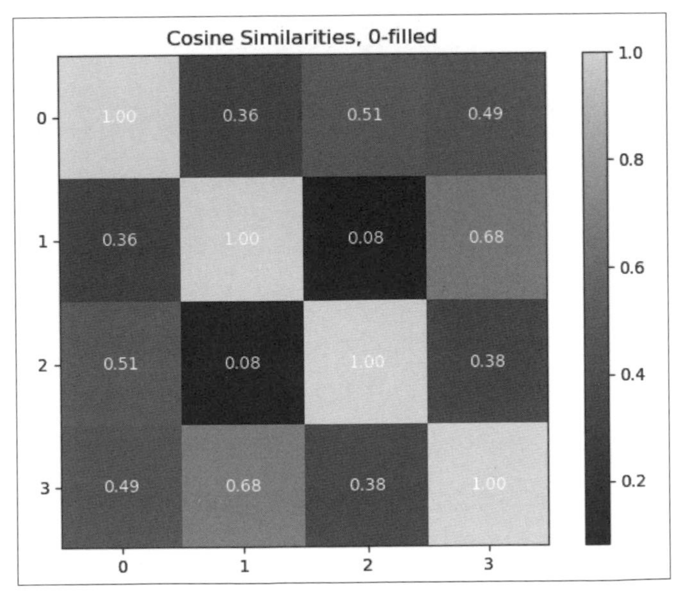

▲ 使用者彼此間的餘弦相似度

我們注意到使用者 0、使用者 2、使用者 3 有相似性，但是，使用者 0 跟使用者 1 的評分明明差很多，怎麼算出來會有相似？因為未被評分的電影都用 0 填入，這是預設使用者沒有看過電影就代表「不喜歡這部電影」，所以如果有 2 位使用者沒看過的電影也很相似，算出來餘弦相似度也會偏高，然而事實上我們並不知道使用者是否不喜歡沒有評分的電影。處理這個問題的方法，是將「每個評分」減去「該使用者的評分平均數」，使得同一位使用者的評分平均數是 0。接著我們才將 0 填入未評分的欄位，來表示使用者對這部電影沒有正面或負面意見。重新計算餘弦相似度，我們得到以下的值。

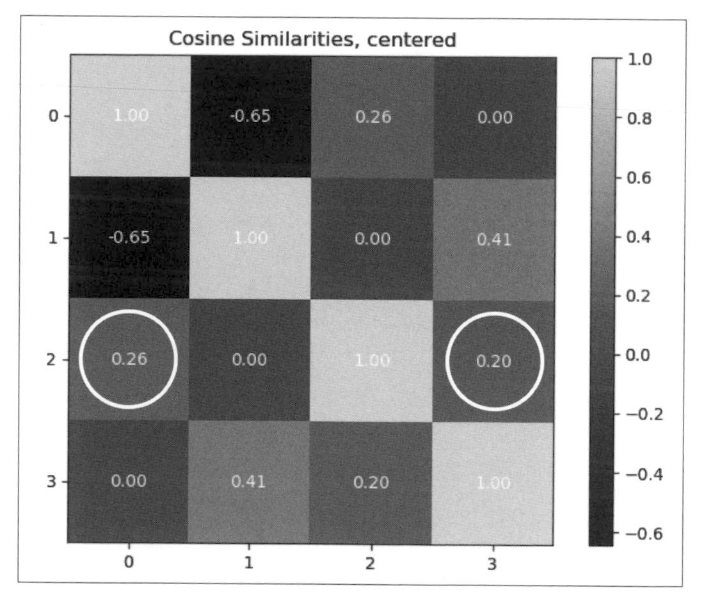

▲ 使用者彼此間的餘弦相似度

現在可以看到使用者 2 跟使用者 0、使用者 3 有相似性，而使用者 0 跟使用者 1 不相似。現在，我們套用 K 近鄰演算法的概念，尋找與使用者 2 最相近的 K 個使用者。在這邊我們取 K = 2，所以最相近的使用者即為使用者 0 跟使用者 3。接著，針對使用者 2 沒看過的電影，我們透過使用者 0 跟使用者 3 的評分，來預測使用者 2 可能的評分。計算的過程中，可以採用餘弦相似度作為加權平均。舉例來說，使用者 2 對電影「金甲部隊」的評分為：

$$\frac{0.26\times 2+0.20\times 5}{0.26+0.20}=3.30$$

所有使用者 2 沒看過的電影評分計算後如下，因此我們可以知道：要推薦 2001 太空漫遊給使用者 2。

使用者	星際效應	2001 太空漫遊	駭客任務	金甲部隊	鍋蓋頭	捍衛戰士
預測使用者 2 的評分		4		3.30	2.30	

上述的作法稱為**協同過濾**（collaborative filtering），而搜索相似的使用者時，稱為**使用者 - 使用者過濾**（user-user filtering）。相同的概念，我們可以改成搜尋哪 2 部電影獲得的評分比較相似，這稱為**項目 - 項目過濾**（item-item filtering）。使用項目 - 項目過濾的好處在於電影通常有明確的類別，比如動作片、驚悚片、紀錄片或喜劇，而每個使用者可能喜歡某些類別的電影。因此，利用電影類別以及什麼類別的電影特別受到哪些使用者愛戴，來進行協同過濾的效果可能會更好。

12.2 神經網路推薦系統

除了使用協同過濾之外，我們也可以利用**深度學習**（deep learning）技術來找出資料裡頭的關係。本章將介紹 2 種深度學習的方法，並展示加上集成式學習的效果。

要使用神經網路處理電影資料，需要依賴**嵌入層**（embedding layer），這種網路結構可以將輸入資料**映射**（mapping）到一個 n 維空間。比如，把數字 1 映射到二維空間的（0.5, 0.5）這個位置。我們要利用嵌入層，將使用者資料和電影資料轉換到 n 維空間，讓神經網路做後續的處理。

我們要實作的第 1 個架構是由 2 個嵌入層組成，架構如下圖所示。這 2 個嵌入層分別將使用者資料跟電影資料轉換成 n 維空間的向量後，接著使用**點積**（dot product）相乘，來預測使用者對電影的評分。雖然這並非傳統的神經網路，但我們一樣可以使用**反向傳播法**（backpropagation）來訓練 2 個嵌入層的參數。

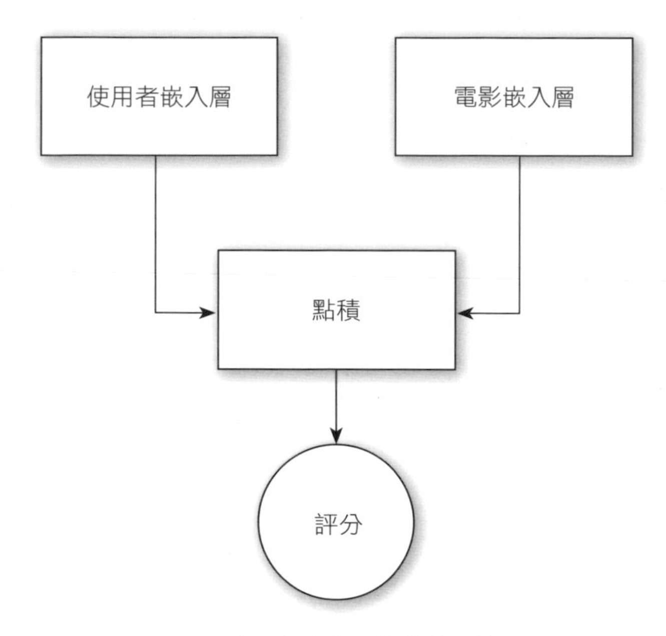

▲ 只含 2 個嵌入層的推薦系統

第 2 個架構則是傳統的神經網路，架構如下圖所示。與第 1 個架構的差別在於我們不會指定 2 個嵌入層的輸出要做點積運算，而是讓神經網路自己決定如何處理 2 個嵌入層的輸出值，作法是將嵌入層的輸出給一系列的**密集層**（dense），又稱為**全連接層**（fully-connected）。

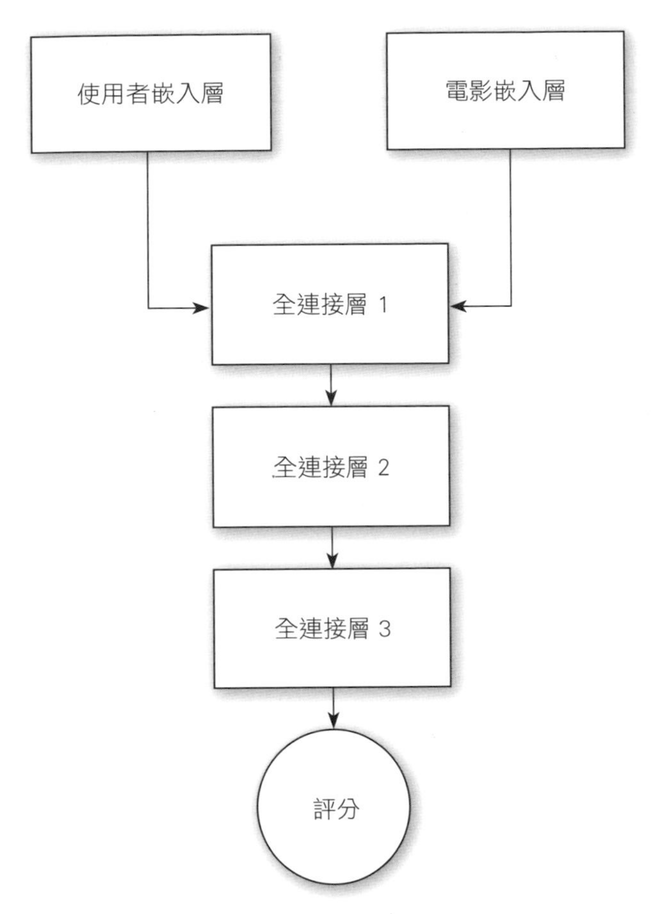

▲ 含有全連接層的推薦系統

訓練網路時，我們使用 Adam **優化器**（optimizer），目標函數為均方誤差，也就是說神經網路要最小化預測電影評分跟實際電影評分的差異。由於嵌入層需要設定輸出的維度，因此我們設計數個基學習器，每一個基學習器可以輸出的嵌入層維度都不同，最後再集成這些基學習器的輸出，得到最終的集成後預測值。

12.3 使用 Keras 實作使用點積的神經網路

在本節中，我們將利用 Keras 建構 12.2 節的神經網路。在建立神經網路之前，我們先看看 MovieLens 資料集的內容。此資料集有大約 100,000 筆資料，每 1 筆資料有 4 個不同的欄位。

- **userId**：使用者的索引
- **movieId**：電影的索引
- **rating**：0 到 5 之間的評分值
- **timestamp**：使用者評分的時間

下表是資料集裡的前幾筆資料，顯然資料集是按照使用者索引排序，若直接依照這個資料排序法訓練模型，可能模型只會針對特定幾個使用者優化，造成過度配適。因此，我們先打亂資料集。此外，我們不會使用 timestamp 特徵，因為電影被評分的時間並非重點。

```
import pandas as pd
data = pd.read_csv('ratings.csv')
print(data.head())
```

使用者索引	電影索引	評分值	時間
1	1	4	964982703
1	3	4	964981247
1	6	4	964982224
1	47	5	964983815
1	50	5	964982931

觀察下圖的評分分佈，可以看到大多數電影的評分是高於 3.5，分數的平均值顯然會比 2.5 分還多。事實上，評分的第一個四分位數範圍為 0.5 到 3，而其他 75% 的評分落在 3 到 5 分範圍內。也就是說，平均而言 4 部電影中只會出現 1 部低於 3 分的電影，這表示大多數使用者對評分都很慷慨。

```
import matplotlib.pyplot as plt
plt.figure(figsize = (8, 8))
data.rating.hist(grid=False)
plt.ylabel('Frequency')
plt.ylabel('Rating')
plt.title('Rating Distribution')
plt.show()
```

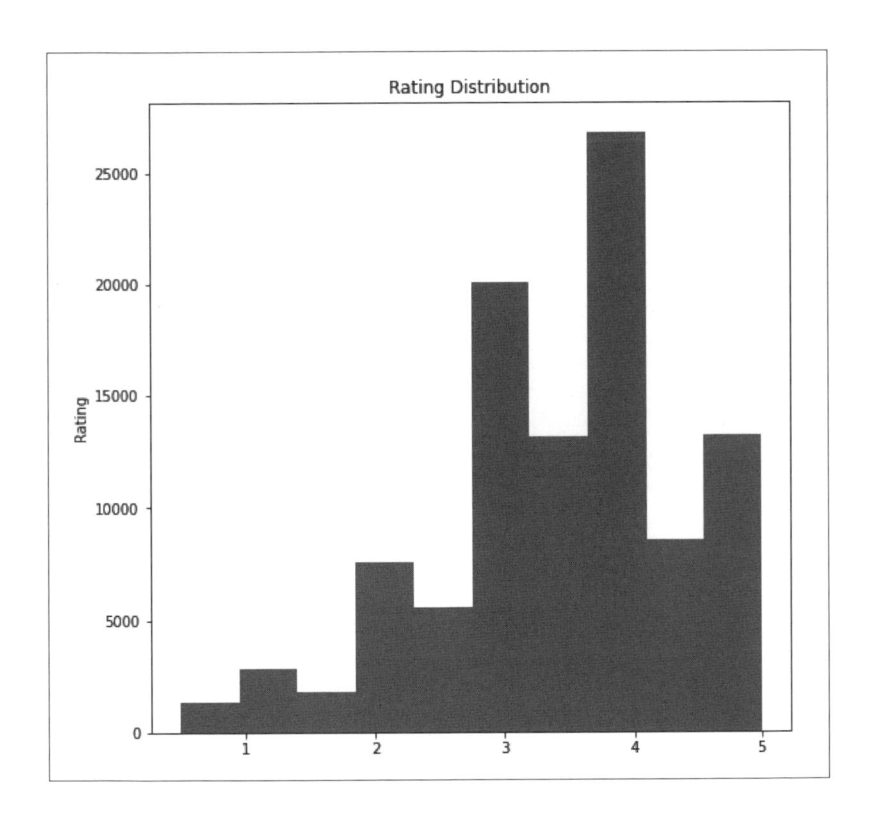

接下來要使用 Keras 來實作模型。第 1 部分程式中，我們先載入需要的函式庫。

```
# 第 1 部分
# 載入函式庫與資料集
from keras.layers import Input, Embedding, Flatten, Dot
from keras.models import Model
from sklearn.model_selection import train_test_split
from sklearn import metrics

import numpy as np
import pandas as pd

np.random.seed(123456)
data = pd.read_csv('ratings.csv')
```

第 2 部分程式要定義一個函式來清理資料，包含去掉時間欄位、利用 pandas 的 shuffle 將資料打亂、資料拆成訓練資料集跟驗證資料集、重新將資料集的索引調整成連續整數值。

```
# 第 2 部分
# 資料清理
def get_data():

    # 刪除時間
    data.drop('timestamp', axis=1, inplace=True)

    # 抓出所有使用者跟電影索引
    users = data.userId.unique()
    movies = data.movieId.unique()

    # 找出新索引跟原始索引的對應關係
    # 原始索引是 movies[i]，會改成 i
    moviemap={}
    for i in range(len(movies)):
        moviemap[movies[i]]=i
    usermap={}
    for i in range(len(users)):
        usermap[users[i]]=i
```

接下頁

```
    # 根據對應關係，將原始索引改成連續整數索引
    data.movieId = data.movieId.apply(lambda x: moviemap[x])
    data.userId = data.userId.apply(lambda x: usermap[x])

    # 打亂資料
    data = data.sample(frac=1.0).reset_index(drop=True)

    # 建立訓練資料、驗證資料集
    train, test = train_test_split(data, test_size=0.2)

    n_users = len(users)
    n_movies = len(movies)

    return train, test, n_users, n_movies

train, test, n_users, n_movies = get_data()
```

第 3 部分程式中要開始建立神經網路結構，keras.layers 模組包含需要的網路結構。

- **輸入層**：接收資料。
- **嵌入層**：實作嵌入層。
- **展平層**：將 n 維張量轉換為一維張量。
- **點積層**：實作點積運算。

我們的神經網路有 2 個嵌入層，一個用於處理電影索引，另一個用於處理使用者索引。神經網路會先使用輸入層來接收索引，此層的輸出會送到嵌入層，並將每一個索引轉換到五維空間，最後通過展平層，即可做點積運算，得到最終的預測值。

```
# 第 3 部分
# 建立神經網路結構

fts = 5

# 輸入層接收資料
# 嵌入層將資料轉換成 5 維矩陣
# 展平層將 5 維矩陣拉直成陣列
movie_in = Input(shape=[1], name="Movie")
mov_embed = Embedding(n_movies,
                      fts,
                      name="Movie_Embed")(movie_in)
flat_movie = Flatten(name="FlattenM")(mov_embed)

user_in = Input(shape=[1], name="User")
user_inuser_embed = Embedding(n_users,
                              fts,
                              name="User_Embed")(user_in)
flat_user = Flatten(name="FlattenU")(user_inuser_embed)

# 計算點積
prod = Dot(name="Mult", axes=1)([flat_movie, flat_user])

# 編譯模型
model = Model([user_in, movie_in], prod)
model.compile('adam', 'mean_squared_error')
model.summary()
```

model.summary() 顯示的訊息中，可以看到該神經網路有大約 52,000 個可訓練參數，而這些參數都在嵌入層中。也就是說，訓練神經網路的過程是要學習如何將使用者和電影索引轉換到五維空間。

```
Model: "model"
________________________________________________________________________
Layer (type)              Output Shape   Param #  Connected to
========================================================================
Movie (InputLayer)        [(None, 1)]    0
________________________________________________________________________
User (InputLayer)         [(None, 1)]    0
________________________________________________________________________
```

接下頁

```
Movie_Embed (Embedding) (None, 1, 5)  48620    Movie[0][0]
_______________________________________________________________
User_Embed (Embedding)  (None, 1, 5)  3050     User[0][0]
_______________________________________________________________
FlattenM (Flatten)      (None, 5)     0        Movie_Embed[0][0]
_______________________________________________________________
FlattenU (Flatten)      (None, 5)     0        User_Embed[0][0]
_______________________________________________________________
Mult (Dot)              (None, 1)     0        FlattenM[0][0]
                                               FlattenU[0][0]
===============================================================
Total params: 51,670
Trainable params: 51,670
Non-trainable params: 0
```

最後一段程式即為訓練模型，並使用驗證資料評估效能。

```
# 第 4 部分
# 訓練神經網路
model.fit([train.userId, train.movieId],
          train.rating,
          epochs=10,
          verbose=1)

# 評估神經網路
print("MSE:",
      metrics.mean_squared_error(test.rating,
                                 model.predict([test.userId,
                                                test.
movieId])))
```

結果如下所示，神經網路在驗證資料集上達到 1.23 的均方誤差。想要改進模型，可以增加嵌入層的維度。不過限制神經網路的地方主要是點積層，與其增加嵌入層的維度，不如讓神經網路自己找尋比點積層更合適的網路結構。因此接下來，我們就要用密集層來取代點積層。

```
Epoch 1/10
2521/2521 [======================] - 4s 2ms/step - loss: 0.7691
Epoch 2/10
2521/2521 [======================] - 5s 2ms/step - loss: 0.7416
Epoch 3/10
2521/2521 [======================] - 4s 2ms/step - loss: 0.7196
Epoch 4/10
2521/2521 [======================] - 4s 2ms/step - loss: 0.7022
Epoch 5/10
2521/2521 [======================] - 4s 2ms/step - loss: 0.6875
Epoch 6/10
2521/2521 [======================] - 4s 2ms/step - loss: 0.6753
Epoch 7/10
2521/2521 [======================] - 4s 2ms/step - loss: 0.6651
Epoch 8/10
2521/2521 [======================] - 4s 2ms/step - loss: 0.6566
Epoch 9/10
2521/2521 [======================] - 4s 2ms/step - loss: 0.6482
Epoch 10/10
2521/2521 [======================] - 4s 2ms/step - loss: 0.6408
MSE: 1.232534449485339
```

編註 更多關於 Keras 的使用，請參考旗標出版的「Deep learning 深度學習必讀 - Keras 大神帶你用 Python 實作」。

12.4 使用 Keras 實作自行探索網路結構的神經網路

為了讓神經網路自己找尋比點積層更合適的網路結構，我們將用一連串密集層替換點積層。不過，由於神經網路中有 2 個嵌入層，必須將 2 個嵌入層的輸出值串起來，接著才一起餵入密集層。載入函式庫、資料集、進行資料清理的程式，與本章第 3 節相同，我們就不再說明。

```
# 第 3 部分
# 建立神經網路結構

fts = 5

# 輸入層接收資料
# 嵌入層將資料轉換成 5 維矩陣
# 展平層將 5 維矩陣拉直成陣列
movie_in = Input(shape=[1], name="Movie")
mov_embed = Embedding(n_movies,
                      fts,
                      name="Movie_Embed")(movie_in)
flat_movie = Flatten(name="FlattenM")(mov_embed)

user_in = Input(shape=[1], name="User")
user_inuser_embed = Embedding(n_users,
                              fts,
                              name="User_Embed")(user_in)
flat_user = Flatten(name="FlattenU")(user_inuser_embed)

# 串接之後餵入密集層
concat = Concatenate()([flat_movie, flat_user])
dense_1 = Dense(128)(concat)
dense_2 = Dense(32)(dense_1)
out = Dense(1)(dense_2)

# 編譯模型
model = Model([user_in, movie_in], out)
model.compile('adam', 'mean_squared_error')
model.summary()
```

經由添加密集層之後，可訓練參數的數量從大約 52,000 個增加到大約 57,200 個，大約多了 10%。

```
Model: "model"
________________________________________________________________
Layer (type)            Output Shape   Param #  Connected to
================================================================
Movie (InputLayer)      [(None, 1)]    0
________________________________________________________________
```

接下頁

```
User (InputLayer)          [(None, 1)]    0
______________________________________________________________________
Movie_Embed (Embedding) (None, 1, 5)   48620      Movie[0][0]
______________________________________________________________________
User_Embed (Embedding)  (None, 1, 5)   3050       User[0][0]
______________________________________________________________________
FlattenM (Flatten)         (None, 5)      0          Movie_Embed[0][0]
______________________________________________________________________
FlattenU (Flatten)         (None, 5)      0          User_Embed[0][0]
______________________________________________________________________
concatenate                (None, 10)     0          FlattenM[0][0]
(Concatenate)                                        FlattenU[0][0]
______________________________________________________________________
dense (Dense)              (None, 128)    1408       concatenate[0][0]
______________________________________________________________________
dense_1 (Dense)            (None, 32)     4128       dense[0][0]
______________________________________________________________________
dense_2 (Dense)            (None, 1)      33         dense_1[0][0]
======================================================================
Total params: 57,239
Trainable params: 57,239
Non-trainable params: 0
______________________________________________________________________
```

第 4 部分訓練模型的程式，與本章第 3 節相同。參數增加後，可以明顯發現訓練時間也增加了。原本每個 epoch 需要大約 4 秒，現在則需要大約 6 秒，大約多了 50%。參數增加量跟訓練時間增加量並非等比例。

```
Epoch 1/10
2521/2521 [======================] - 6s 2ms/step - loss: 0.9398
Epoch 2/10
2521/2521 [======================] - 6s 2ms/step - loss: 0.7328
Epoch 3/10
2521/2521 [======================] - 5s 2ms/step - loss: 0.7041
Epoch 4/10
2521/2521 [======================] - 6s 2ms/step - loss: 0.6884
Epoch 5/10
2521/2521 [======================] - 6s 2ms/step - loss: 0.6783
Epoch 6/10
```

接下頁

```
2521/2521 [======================] - 6s 2ms/step - loss: 0.6701
Epoch 7/10
2521/2521 [======================] - 6s 2ms/step - loss: 0.6654
Epoch 8/10
2521/2521 [======================] - 6s 2ms/step - loss: 0.6597
Epoch 9/10
2521/2521 [======================] - 5s 2ms/step - loss: 0.6572
Epoch 10/10
2521/2521 [======================] - 6s 2ms/step - loss: 0.6535
MSE: 0.772892627969473
```

雖然訓練時間增加了，但是神經網路的效能可以達到均方誤差為 0.77，比上一節的網路架構降低了 60%。由於此架構較優異，我們接下來即會用此架構進行集成學習。

12.5 集成多個神經網路，建立推薦系統

本節當中，我們要用堆疊法來集成多個神經網路。基學習器是三個神經網路，嵌入層的輸出維度分別是 5、10、以及 15。超學習器為貝氏 Ridge 迴歸。

將在原始訓練集上訓練所有網路，並利用它們對驗證資料集進行預測。此外，將訓練貝氏 Ridge 迴歸作為超學習器。我們使用驗證資料集裡後 1000 筆以外的資料，訓練超學習器。最後將在這剩下的 1,000 個樣本上評估堆疊法效能。

第 1 部分與第 2 部分程式，主要為載入函式庫、資料集、進行資料清理，這跟本章第 3 節相同。第 3 部分程式中，我們要準備一個與基學習器相關的函式，包含建立本章第 4 節提到的神經網路，以及使用神經網路進行預測。

```
# 第 3 部分
# 定義基學習器的相關函式
def create_model(n_features=5,
                 train_model=True,
                 load_weights=False):

    fts = n_features

    # 輸入層接收資料
    # 嵌入層將資料轉換成 n 維矩陣
    # 展平層將 n 維矩陣拉直成陣列
    movie_in = Input(shape=[1], name="Movie")
    mov_embed = Embedding(n_movies,
                          fts,
                          name="Movie_Embed")(movie_in)
    flat_movie = Flatten(name="FlattenM")(mov_embed)

    user_in = Input(shape=[1], name="User")
    user_inuser_embed = Embedding(n_users,
                                  fts,
                                  name="User_Embed")(user_in)
    flat_user = Flatten(name="FlattenU")(user_inuser_embed)

    # 串接之後餵入密集層
    concat = Concatenate()([flat_movie, flat_user])
    dense_1 = Dense(128)(concat)
    dense_2 = Dense(32)(dense_1)
    out = Dense(1)(dense_2)

    # 編譯模型
    model = Model([user_in, movie_in], out)
    model.compile('adam', 'mean_squared_error')
    # 訓練模型
    model.fit([train.userId, train.movieId],
              train.rating,
              epochs=10,
              verbose=1)

    return model

def predictions(model):
    preds = model.predict([test.userId, test.movieId])
    return preds
```

第 4 部分程式中，我們要初始化基學習器、超學習器，並且使用基學習器對驗證資料集做預測，得到超學習器的訓練資料。

```
# 第 4 部分
# 初始化基學習器

model5 = create_model(5)
model10 = create_model(10)
model15 = create_model(15)

# 使用基學習器對驗證資料進行預測
preds5 = predictions(model5)
preds10 = predictions(model10)
preds15 = predictions(model15)

# 整合預測值成為超學習器的訓練資料
preds = np.stack([preds5, preds10, preds15],
                 axis=-1).reshape(-1, 3)
```

最後，在所有的驗證資料中，最後面的 1000 筆要來拿評估集成後效能，剩下的驗證資料則拿來訓練超學習器。

```
# 第 5 部分
# 訓練超學習器
from sklearn.linear_model import BayesianRidge
meta_learner = BayesianRidge()
meta_learner.fit(preds[:-1000], test.rating[:-1000])

# 用最後 1000 筆資料來評估集成後效能
print('Base Learner 5 Features')
print(metrics.mean_squared_error(test.rating[-1000:],
preds5[-1000:]))
print('Base Learner 10 Features')
print(metrics.mean_squared_error(test.rating[-1000:],
preds10[-1000:]))
print('Base Learner 15 Features')
print(metrics.mean_squared_error(test.rating[-1000:],
preds15[-1000:]))
print('Ensemble')
print(metrics.mean_squared_error(
    test.rating[-1000:], meta_learner.predict(preds[-1000:])))
```

結果如下表所示。集成後效能可以勝過單一基學器，得到最低的均方誤差。

架構	均方誤差
維度是 5 的神經網路	0.770
維度是 10 的神經網路	0.762
維度是 15 的神經網路	0.757
集成模型	0.756

12.6 小編補充：集成神經網路的參數

除了集成神經網路的輸出之外，其實也可以集成數個神經網路的參數。我們可以紀錄每一個 epoch 的神經網路參數，並且取效能較高的幾個 epoch 參數值的平均數，作為集成後神經網路的參數。以下使用本章資料集實作的範例程式，第 1 部分與第 2 部分程式與本章第 3 節相同，第 3 部分程式開始略有修改，我們只留訓練模型的部分於 create_model 函式。

```
# 第 3 部分
# 定義基學習器的相關函式
def create_model(n_features=5,
                 train_model=True,
                 load_weights=False):

    fts = n_features

    # 輸入層接收資料
    # 嵌入層將資料轉換成 n 維矩陣
    # 展平層將 n 維矩陣拉直成陣列
    movie_in = Input(shape=[1], name="Movie")
    mov_embed = Embedding(n_movies,
                          fts,
                          name="Movie_Embed")(movie_in)
    flat_movie = Flatten(name="FlattenM")(mov_embed)
```

接下頁

```
    user_in = Input(shape=[1], name="User")
    user_inuser_embed = Embedding(n_users,
                                  fts,
                                  name="User_Embed")(user_in)
    flat_user = Flatten(name="FlattenU")(user_inuser_embed)

    # 串接之後餵入密集層
    concat = Concatenate()([flat_movie, flat_user])
    dense_1 = Dense(128)(concat)
    dense_2 = Dense(32)(dense_1)
    out = Dense(1)(dense_2)

    # 編譯模型
    model = Model([user_in, movie_in], out)
    model.compile('adam', 'mean_squared_error')

    return model
```

第 4 部分程式中，我們定義一個**回呼函數**（callback function），可以在訓練基學習器的過程中每次 epoch 結束時，將基學習器的參數儲存在一個字典裡。

```
# 第 4 部分
# 定義回呼函數並訓練模型
weights_dict = {}
weight_callback = LambdaCallback(on_epoch_end=lambda epoch,
    logs: weights_dict.update({epoch:model.get_weights()}))

model = create_model(5)

history = model.fit([train.userId, train.movieId],
                    train.rating,
                    epochs=10,
                    callbacks=weight_callback,
                    verbose=1)
```

訓練結果如下所示，可以發現第 7、9、10 個 epoch 時，基學習器效能最好。

```
Epoch 1/10
2521/2521 [======================] - 6s 2ms/step - loss: 0.9493
Epoch 2/10
2521/2521 [======================] - 5s 2ms/step - loss: 0.7318
Epoch 3/10
2521/2521 [======================] - 5s 2ms/step - loss: 0.7028
Epoch 4/10
2521/2521 [======================] - 5s 2ms/step - loss: 0.6877
Epoch 5/10
2521/2521 [======================] - 5s 2ms/step - loss: 0.6779
Epoch 6/10
2521/2521 [======================] - 5s 2ms/step - loss: 0.6707
Epoch 7/10
2521/2521 [======================] - 5s 2ms/step - loss: 0.6660
Epoch 8/10
2521/2521 [======================] - 5s 2ms/step - loss: 0.6601
Epoch 9/10
2521/2521 [======================] - 5s 2ms/step - loss: 0.6570
Epoch 10/10
2521/2521 [======================] - 5s 2ms/step - loss: 0.6543
```

第 5 部分程式中，我們先輸出基學習器在驗證資料上的均方誤差。接著將第 7、9、10 個 epoch 時的參數讀取出來（第 7 個 epoch 的參數，在字典的索引是 6)，全部相加取平均，填回去神經網路，成為集成後模型。

```
# 第 5 部分
# 集成模型
print('Base Learner')
print(metrics.mean_squared_error(test.rating,
    model.predict([test.userId, test.movieId])))

final_weights = (np.array(weights_dict[9]) +
                 np.array(weights_dict[8]) +
                 np.array(weights_dict[6])) / 3.0
model.set_weights(final_weights)

print('Ensemble')
print(metrics.mean_squared_error(test.rating,
    model.predict([test.userId, test.movieId])))
```

結果如下，可以發現使用平均後的參數，均方誤差會比較低一點。這個方法的好處：我們只需要訓練 1 個基學習器，相較於其他集成方法，效率比較高。

```
Base Learner
0.770878545740803
Ensemble
0.7703929528745254
```

12.7 小結

在本章中，我們介紹了推薦系統的概念及協同過濾的工作原理，並說明如何使用神經網路的嵌入層和點積，來預測使用者的評分。接著，我們修改了神經網路架構，將點積換成密集層，提高神經網路的自由度，增進神經網路的效能。最後，我們說明了如何利用堆疊法整合神經網路，達到良好的預設結果。

本章重點在於介紹集成式學習技術用於神經網路的概念，而非介紹推薦系統。實務上推薦系統還有其他技術，可以相當增進系統的效能。比如，如何加入使用者評語、電影介紹、電影類別等等，都可能大幅度提高效能。

MEMO

chapter 13

世界幸福報告分群

本章內容

在本書的最後一章，我們將利用集成式分群，探索**世界幸福報告**（World Happiness Report）中的幸福感與各種因素的關聯。我們會介紹資料集，接著討論如何使用 OpenEnsembles 函式庫建構集成模型，最後，根據模型提出結果報告。本章涵蓋的主題如下：

- 瞭解世界幸福報告
- 建立集成模型
- 觀察分群結果

13.1 世界幸福報告

世界幸福報告是一項對各個國家進行「幸福感」調查的結果，源於聯合國的某一次關於世界各地福祉及幸福感的會議。該調查使用了**蓋洛普世界民意調查**（Gallup World Poll）的資料產生幸福感排名，調查中受訪者可以對生活品質進行評分，最後得到「**生活階梯**（life ladder，**編註：** 總分的概念）」。相關資料可以在世界幸福報告網站下載（https://worldhappiness.report/ed/2019/），我們主要關注資料集的以下 11 項特徵：

- Log GDP per capita：人均 GDP 的對數
- Social support：社會支持
- Healthy life expectancy at birth：出生時的健康預期壽命
- Freedom to make life choice：生活選擇自由度
- Generosity：慷慨程度
- Perceptions of corruption：腐敗感知程度
- Positive affect：正面影響（幸福、歡笑和享受的平均水平）
- Negative affect：負面影響（擔心、悲傷和憤怒的平均水平）
- Confidence in national government：對國家政府的信心
- Democratic quality：民主品質（政府的民主程度）
- Delivery quality：行政品質（政府的執行力）

藉由散佈圖，我們可以了解這些因素如何影響「生活階梯」。下圖描繪了部分資料中每個因素（x 軸）和生活階梯（y 軸）之間的散佈圖。

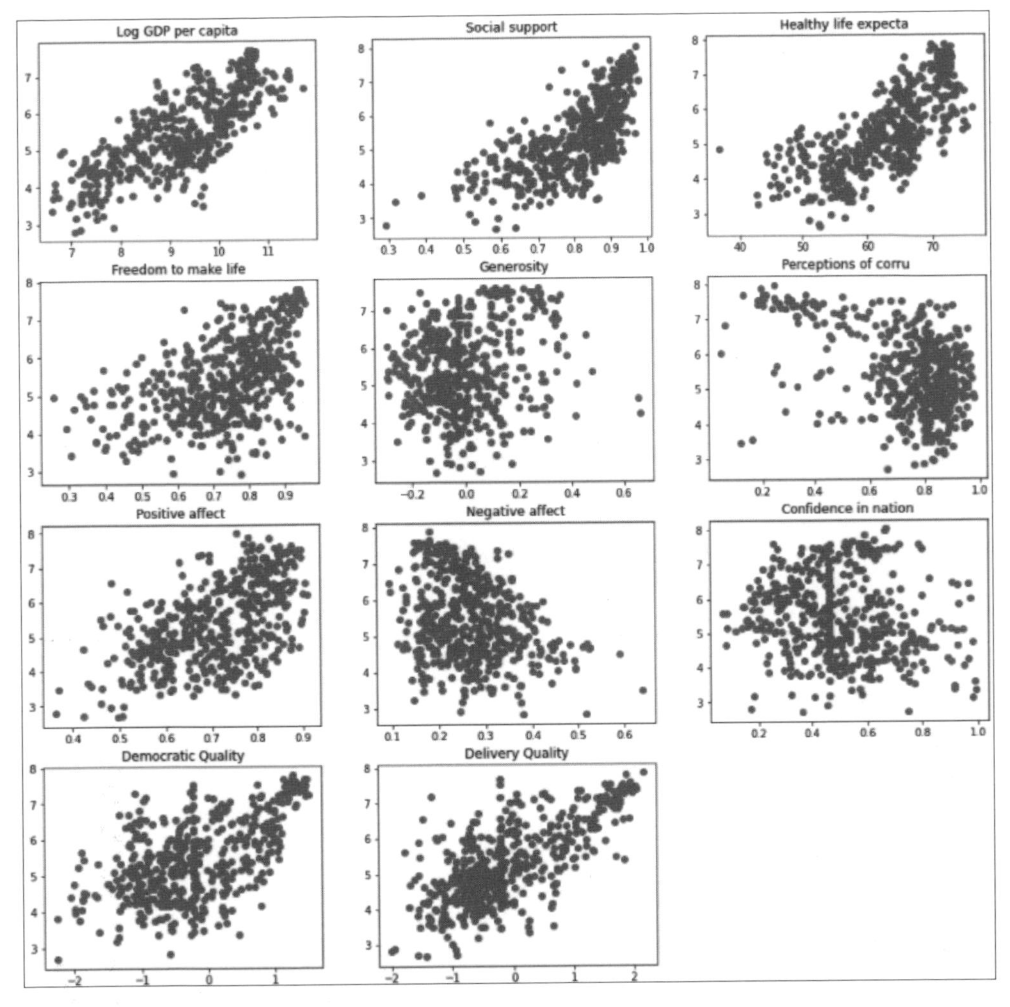

▲ 各種因素對「生活階梯」的散佈圖

從圖中可以發現，「人均 GDP 的對數」、「出生時的健康預期壽命」與「生活階梯」具有最強的正相關；「民主品質」、「行政品質」、「生活選擇自由度」、「正面影響」、「社會支持」也與「生活階梯」呈正相關（**編註：** 純用肉眼觀察正相關的斜度，小編覺得作者提到的幾項特徵斜度都差不多，所以小編自己還是習慣看量化數字來判斷）。「負面影響」和「腐敗感知程度」則與「生活階梯」呈負相關。「對國家政府的信心」則沒有顯著的相關性。經由計算所有資料中每個因素與「生活階梯」的**皮爾森相關係數**（Pearson's correlation coefficient），可以將以上的觀察結果量化。

▼各種因素對生活階梯分數的相關係數

因素	皮爾森相關係數
人均 GDP 的對數	0.772
社會支持	0.700
出生時的健康預期壽命	0.734
生活選擇自由度	0.518
慷慨程度	0.190
腐敗感知程度	-0.409
正面影響	0.542
負面影響	-0.279
對國家政府的信心	-0.088
民主品質	0.589
行政品質	0.677

多年來，研究已累計達 165 個國家，根據其地理位置，這些國家分別位於 10 個不同的區域。在 2018 年的報告中，各區域的國家數如右圖。很明顯可以看出，撒哈拉以南、西歐較高，這並非表示這些地區的人口最多，而是在這些地區內，獨立國家的數量最多。

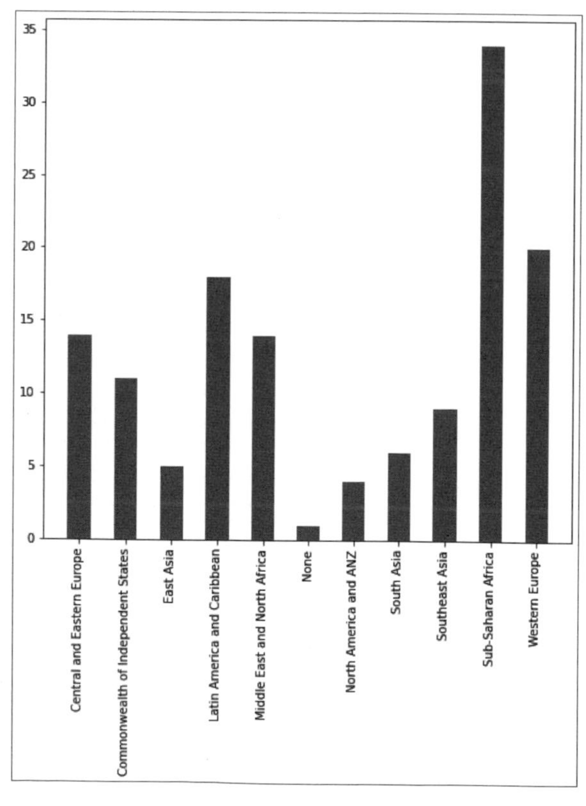

▲ 各區域的國家數比較

接下來，我們也想觀察「生活階梯」的變化，以下箱型圖顯示了 2005 年至 2018 年間「生活階梯」分數。可以看到，2005 年是分數特別高的一年，而其他年份的分數大致上相同。這可能是資料收集的過程中，有某些因素對 2005 年的資料造成影響。

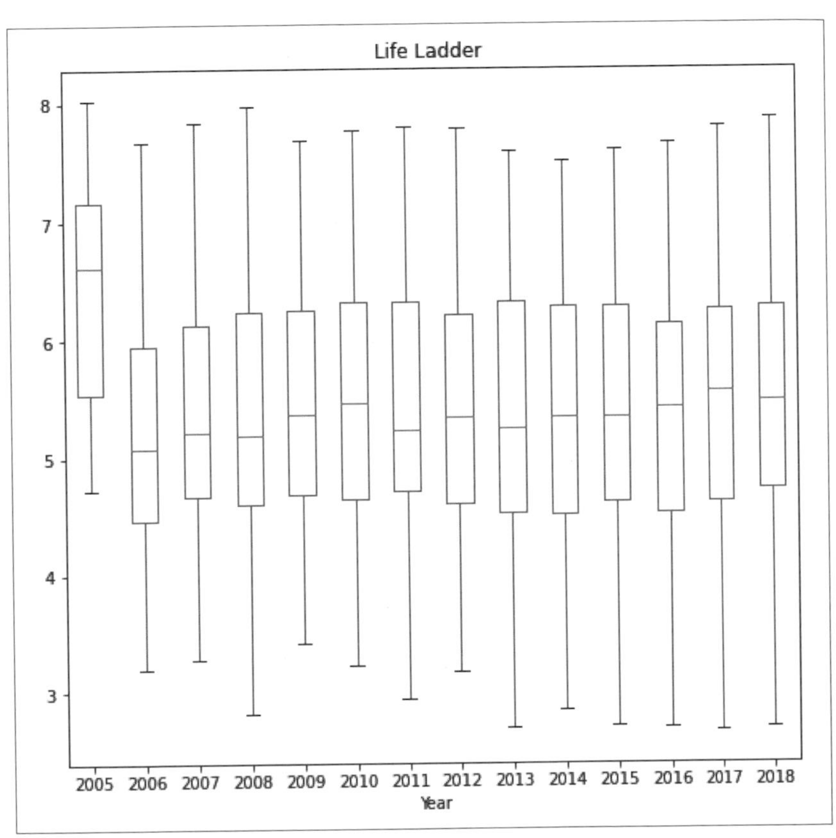

▲「生活階梯」每年變化

事實上，如果我們看每年接受調查的國家數量，可以發現 2005 年的國家數量非常少，只有 27 個國家；而 2006 年有 89 個國家。這個數字持續增加，直到 2011 年才穩定下來。

▼每年調查的國家數量

年分	國家數
2005	27
2006	89
2007	102
2008	110
2009	114
2010	124
2011	146
2012	142
2013	137
2014	145
2015	143
2016	142
2017	147
2018	136

如果箱型圖只畫 2005 年有接受調查的 27 個國家，可以發現雖然平均數和標準差有一些波動，然而「生活階梯」就沒有劇烈的變化。此外，如果將這 2 張箱型圖的平均數相比，會發現這 27 個國家整體來說比其他國家更幸福（**編註：** 這 27 個國家各年度的平均值都在 6 以上，明顯高於所有國家的總平均，我們後續會以 2017 年的資料來做示範，比較能有客觀的分析結果）。

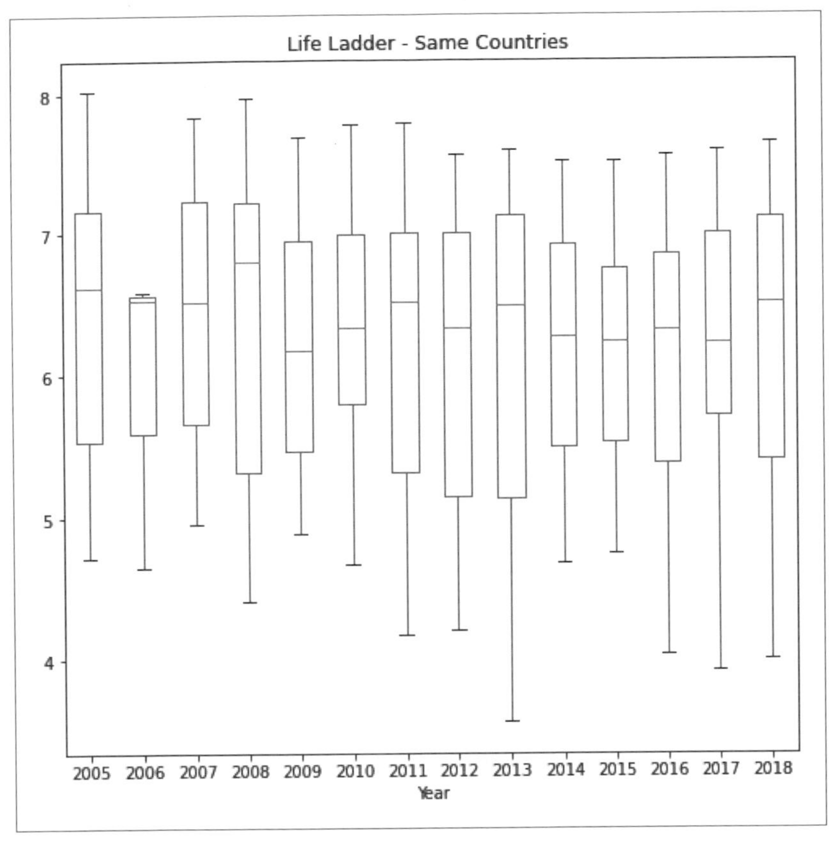

▲ 27 個國家「生活階梯」每年變化

13.2 使用原始特徵建立集成模型

我們將使用本書第 8 章中介紹的 OpenEnsembles 函式庫來建立集成模型。由於資料集中並沒有標籤，無法使用**同質性**（homogeneity）來評估模型效能，因此就使用**輪廓係數**（silhouette coefficient），相關內容請看本書 8.2 節。

第一部分程式中首先載入資料集。因為 2018 年的資料有很多缺漏（例如，欠缺關於行政品質及民主品質的資料），我們改使用 2017 年的資料來做分群，並且使用中位數來填補少數的缺失值。另外，我們先將前一節提到要使用的 11 項特徵取出，儲存在 cluster_data 中以便之後運用。

```
# 第 1 部分
# 載入函式庫
import matplotlib.pyplot as plt
import numpy as np
import openensembles as oe
import pandas as pd
from sklearn import metrics

# 載入資料集
data = pd.read_csv('WHR.csv')
regs = pd.read_csv('Regions.csv')

# 使用 2017 年的資料並填補缺少的項目
recents = data[data.Year == 2017]
recents = recents.dropna(axis=1, how="all")
recents = recents.fillna(recents.median())

# 使用以下特徵
columns = ['Log GDP per capita',
           'Social support',
           'Healthy life expectancy at birth',
           'Freedom to make life choices',
           'Generosity',
           'Perceptions of corruption',
           'Positive affect',
           'Negative affect',
           'Confidence in national government',
           'Democratic Quality',
           'Delivery Quality']

cluster_data = oe.data(recents[columns], columns)
```

第 2 部分程式中我們要建立集成模型，將測試 2、4、6、8、10、12、以及 14 不同的子群數，同時也要測試 5、10、20、以及 50 個基學習器。

我們使用共現鏈來組合基學習器的輸出，因為本書第 8 章的實驗中發現共現鏈的結果更穩定、執行所需的時間較少。集成後會將結果儲存在 pandas DataFrame，其中每一行對應一個子群數，每列對應一個基學習器數量。

```
# 第 2 部分程式
# 建立集成模型
np.random.seed(123456)
results = {'K':[], 'size':[], 'silhouette': []}
# 測試不同的子群數
Ks = [2, 4, 6, 8, 10, 12, 14]
# 測試不同的基學習器個數
sizes = [5, 10, 20, 50]
for K in Ks:
    for ensemble_size in sizes:
        # 初始化基學習器
        ensemble = oe.cluster(cluster_data)
        for i in range(ensemble_size):
            # 訓練基學習器
            name = f'kmeans_{ensemble_size}_{i}'
            ensemble.cluster('parent', 'kmeans', name, K)

        # 使用共現鏈組成所有基學習器的輸出
        preds = ensemble.finish_co_occ_linkage(threshold = 0.5)
        print(f'K: {K}, size {ensemble_size}:', end=' ')
        # 計算輪廓係數
        silhouette = metrics.silhouette_score(
            recents[columns], preds.labels['co_occ_linkage'])

        print('%.2f' % silhouette)
        results['K'].append(K)
        results['size'].append(ensemble_size)
        results['silhouette'].append(silhouette)

results_df = pd.DataFrame(results)
cross = pd.crosstab(results_df.K,
                    results_df['size'],
                    results_df['silhouette'],
                    aggfunc=lambda x: x)
print(cross)
```

結果如下表所示。輪廓係數隨著子群數的增加而降低，而且對於小於 6 的子群數，不同的基學習器數量，輪廓係數都是穩定的數值。因此，若要挑選最好的模型，可以考慮子群數為 2、基學習器為 10。但是，目前為止我們的資料都沒有經過任何預處理，所以有可能特徵的尺度會影響 K 平均法。

▼原始資料輪廓係數

子群數\基學習器數	5	10	20	50
2	0.613418	0.617703	0.617703	0.617703
4	0.533317	0.533317	0.533317	0.533317
6	0.474677	0.475362	0.475362	0.475362
8	0.292850	0.385546	0.306898	0.306898
10	0.288257	0.315491	0.285979	0.285979
12	0.349781	0.335281	0.349781	0.349781
14	0.306760	0.326623	0.351496	0.312236

13.3 使用正規化特徵建立集成模型

為了避免因為特徵尺度的關係，導致某些特徵比其他特徵重要，我們要正規化特徵：每個特徵都減去平均值，再除以標準差。這只需要修改本章第 2 節的第 1 部分程式最後幾行即可完成，第 2 部分程式則與上一節相同。

```
# 第 1 部分
# 載入函式庫
import matplotlib.pyplot as plt
import numpy as np
import openensembles as oe
import pandas as pd
from sklearn import metrics

# 載入資料集
data = pd.read_excel('WHR.xls')
regs = pd.read_excel('REG.xls')
```

接下頁

```
# 使用 2017 年的資料並填補缺少的項目
recents = data[data.Year == 2017]
recents = recents.dropna(axis=1, how="all")
recents = recents.fillna(recents.median())

# 使用以下特徵
columns = ['Log GDP per capita',
           'Social support',
           'Healthy life expectancy at birth',
           'Freedom to make life choices',
           'Generosity',
           'Perceptions of corruption',
           'Positive affect',
           'Negative affect',
           'Confidence in national government',
           'Democratic Quality',
           'Delivery Quality']

# 特徵正規化
normalized = recents[columns]
normalized = normalized - normalized.mean()
normalized = normalized / normalized.std()

cluster_data = oe.data(recents[columns], columns)
```

結果如下表，看起來差異並沒有很多。因此，我們接下來考慮使用 t-分佈隨機鄰居嵌入（t-SNE）來對特徵做降維。

▼正規化資料輪廓係數

子群數\基學習器數	5	10	20	50
2	0.617703	0.617703	0.617703	0.617703
4	0.533317	0.533317	0.533317	0.533317
6	0.478052	0.478052	0.475362	0.475362
8	0.343622	0.343622	0.396384	0.396384
10	0.279106	0.282917	0.287309	0.285979
12	0.358490	0.272239	0.341354	0.349781
14	0.322151	0.352029	0.318664	0.323565

13.4 使用 t- 分佈隨機鄰居嵌入降維後特徵建立集成模型

我們將原本的特徵，經由 t- 分佈隨機鄰居嵌入法來減少到 2 個特徵。與本章第 2 節的第 1 部分程式相比，只需要多載入 t- 分佈隨機鄰居嵌入法函式庫，並且最後幾行要對特徵做降維。第 2 部分程式則維持不變。

```
# 第 1 部分
# 載入函式庫
import matplotlib.pyplot as plt
import numpy as np
import openensembles as oe
import pandas as pd
from sklearn import metrics
from sklearn.manifold import t_sne

# 載入資料集
data = pd.read_excel('WHR.xls')
regs = pd.read_excel('REG.xls')

# 使用 2017 年的資料並填補缺少的項目
recents = data[data.Year == 2017]
recents = recents.dropna(axis=1, how="all")
recents = recents.fillna(recents.median())

# 使用以下特徵
columns = ['Log GDP per capita',
           'Social support',
           'Healthy life expectancy at birth',
           'Freedom to make life choices',
           'Generosity',
           'Perceptions of corruption',
           'Positive affect',
           'Negative affect',
           'Confidence in national government',
           'Democratic Quality',
           'Delivery Quality']
```

接下頁

```
# 用 TSNE 轉換資料
tsne = t_sne.TSNE()
transformed = pd.DataFrame(tsne.fit_
transform(recents[columns]))
cluster_data = oe.data(transformed, [0, 1])
```

結果如下表所示，可以看到 t- 分佈隨機鄰居嵌入法並沒有比較好。因此接下來，我們要用正規化特徵、子群數為 2、基學習器數量為 10 來做進一步的分析。

▼降維資料輪廓係數

子群數\基學習器數	5	10	20	50
2	0.537244	0.537244	0.537244	0.537244
4	0.465501	0.465501	0.465501	0.465501
6	0.406375	0.406375	0.406375	0.406375
8	0.348458	0.348458	0.350876	0.348458
10	0.279560	0.347159	0.287306	0.287306
12	0.281732	0.287311	0.225189	0.285772
14	0.272668	0.282722	0.283355	0.286154

13.5 觀察分群結果

想要進一步了解資料集的結構，我們用正規化特徵、子群數為 2、基學習器數量為 10 來做分群，使用的演算法為 K 平均法。我們仿照本章第 2 節的程式，並將集成模型做的分群結果寫入資料集。最後，根據每一項特徵，我們畫出該特徵在 2 個子群的平均數長條圖。長條圖中的長條排序方法，是根據該子群的「生活階梯」由小到大排列。

```
# 第 1 部分
# 載入函式庫
import matplotlib.pyplot as plt
import numpy as np
import openensembles as oe
import pandas as pd
from sklearn import metrics

# 載入資料集
data = pd.read_excel('WHR.xls')
regs = pd.read_excel('REG.xls')

# 使用 2017 年的資料並填補缺少的項目
recents = data[data.Year == 2017]
recents = recents.dropna(axis=1, how="all")
recents = recents.fillna(recents.median())

# 使用以下特徵
columns = ['Log GDP per capita',
           'Social support',
           'Healthy life expectancy at birth',
           'Freedom to make life choices',
           'Generosity',
           'Perceptions of corruption',
           'Positive affect',
           'Negative affect',
           'Confidence in national government',
           'Democratic Quality',
           'Delivery Quality']

# 特徵正規化
normalized = recents[columns]
normalized = normalized - normalized.mean()
normalized = normalized / normalized.std()

cluster_data = oe.data(recents[columns], columns)

# 第 2 部分程式
# 建立集成模型
ensemble = oe.cluster(cluster_data)
for i in range(10):
```
接下頁

```
    name = f'kmeans({i}-tsne'
    ensemble.cluster('parent', 'kmeans', name, 10)

# 使用共現鏈組成所有基學習器的輸出
preds = ensemble.finish_co_occ_linkage(threshold = 0.5)

# 第 3 部分程式
# 分析成果

columns = ['Life Ladder',
           'Log GDP per capita',
           'Social support',
           'Healthy life expectancy at birth',
           'Freedom to make life choices',
           'Generosity',
           'Perceptions of corruption',
           'Positive affect',
           'Negative affect',
           'Confidence in national government',
           'Democratic Quality',
           'Delivery Quality']

# 將預測值加入資料集
recents['Cluster'] = preds.labels['co_occ_linkage']
grouped = recents.groupby('Cluster')

# 計算平均值
means = grouped.mean()[columns]

# 建立長條圖
def create_bar(col, nc, nr, index):
    plt.subplot(nc, nr, index)
    values = means.sort_values('Life Ladder')[col]
    values.plot(kind='bar')
    plt.title(col[:18])

# 繪製每項特徵
plt.figure(figsize = (20, 60))
plt.subplots_adjust(hspace=0.4)
i = 1
for col in columns:
    create_bar(col, 3, 4, i)
```

接下頁

```
    i += 1
plt.show()

# 列出每個子群的國家
for index, row in recents.iterrows():
    print(row['Country name'], row['Cluster'])
```

長條圖如下圖所示，群集根據平均生活階梯分數進行排序，以方便在特徵之間進行比較。如我們所見，2 個子群在「生活梯度」、「人均 GDP 的對數」、「社會支持」等項目，都有比較大的差異百分比。

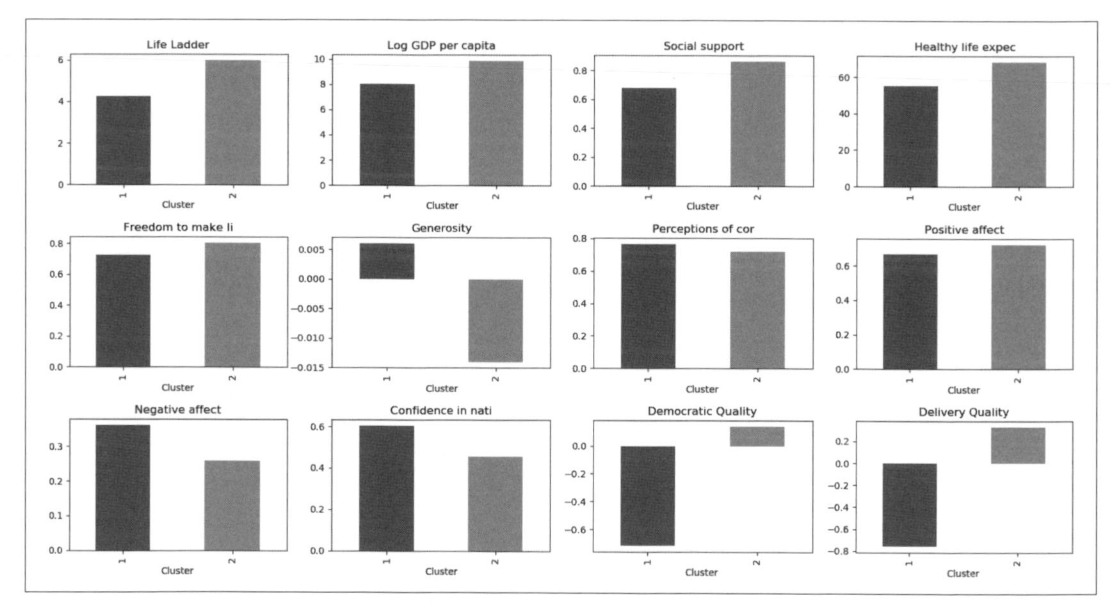

▲ 各項特徵在每個子群的平均數長條圖

看起來好像只要 2 個子群就夠了。不過如果試試其他超參數設定，也許可以看出資料的其他面向。所以接下來我們來試試看分 10 個子群。

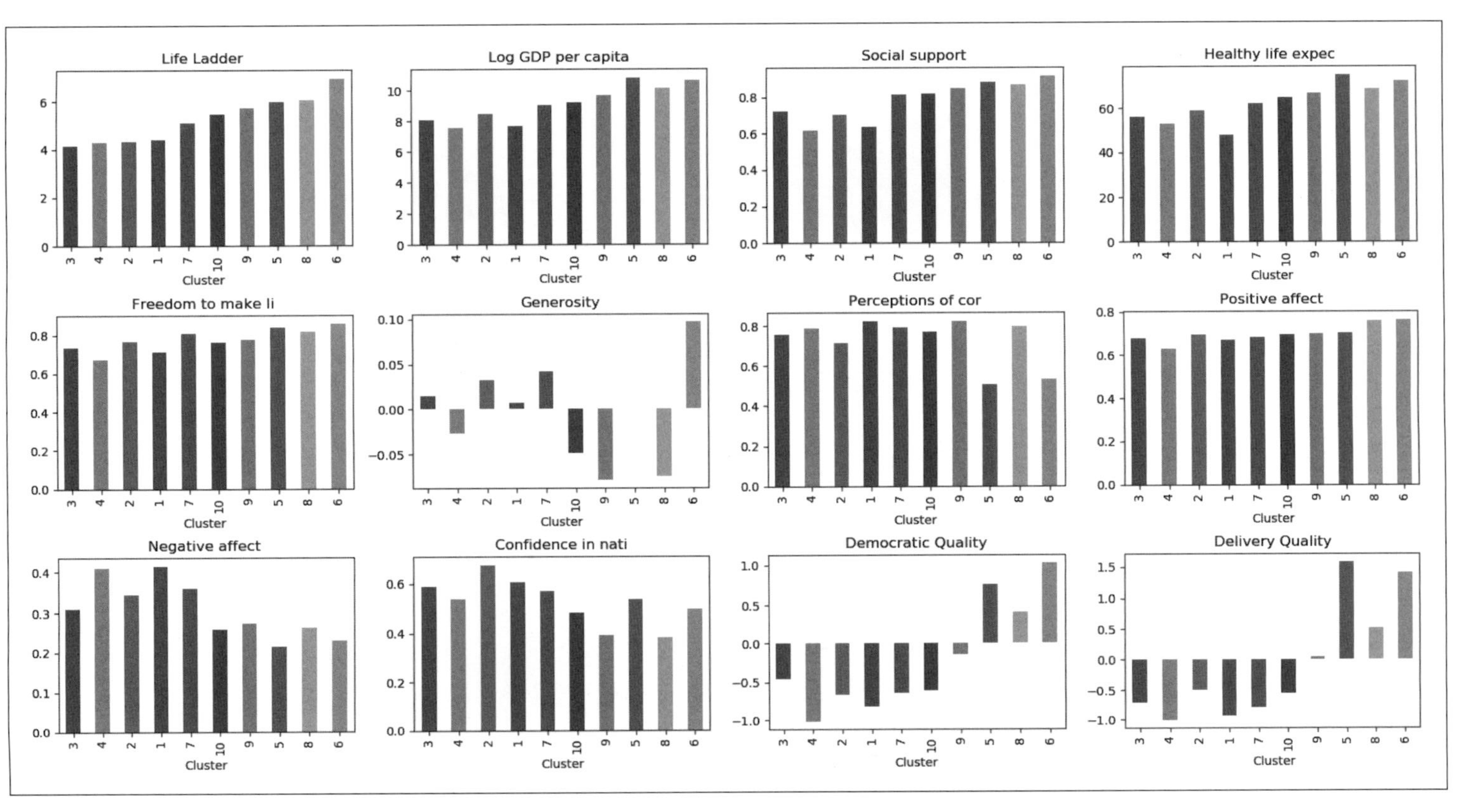
Life Ladder
Log GDP per capita
Social support
Healthy life expec
Freedom to make li
Generosity
Perceptions of cor
Positive affect
Negative affect
Confidence in nati
Democratic Quality
Delivery Quality
Cluster

▲ 10 個子群的分析結果

▼分群結果

子群索引	國家
1	中非共和國、查德、象牙海岸、賴索托、奈及利亞、獅子山
2	波紮那、衣索匹亞、加彭、印度、伊拉克、肯亞、寮國、馬達加斯加、緬甸、巴基斯坦、盧安達、塞內加爾
3	剛果(布拉柴維爾)、甘比亞、迦納、海地、賴比瑞亞、馬拉威、茅利塔尼亞、納米比亞、南非、坦尚尼亞、烏干達、葉門、尚比亞、辛巴威
4	阿富汗、貝南、布基那法索國、喀麥隆、剛果(金沙薩)、幾內亞、馬利、莫三比克、尼日、南蘇丹、多哥
5	香港、日本、新加坡、西班牙
6	澳大利亞、奧地利、比利時、加拿大、哥斯大黎加、塞普勒斯、丹麥、芬蘭、法國、德國、希臘、冰島、愛爾蘭、以色列、義大利、盧森堡、馬爾他、荷蘭、紐西蘭、挪威、葡萄牙、斯洛維尼亞、南韓、瑞士、瑞典、英國
7	玻利維亞、柬埔寨、埃及、印尼、利比亞、蒙古、尼泊爾、菲律賓、土庫曼
8	阿爾巴尼亞、阿根廷、巴林、智利、中國、克羅埃西亞、捷克、愛沙尼亞、蒙特內哥羅、巴拿馬、波蘭、斯洛伐克、美國、烏拉圭
9	亞美尼亞、波士尼亞與赫塞哥維納、巴西、保加利亞、哥倫比亞、厄瓜多、宏都拉斯、匈牙利、牙買加、約旦、科威特、拉脫維亞、黎巴嫩、立陶宛、馬其頓、模里西斯、墨西哥、尼加拉瓜、祕魯、羅馬尼亞、沙烏地阿拉伯、塞爾維亞、斯里蘭卡、台灣、泰國、突尼西亞、土耳其、阿拉伯聯合大公國、越南
10	阿爾及利亞、亞塞拜然、孟加拉、白俄羅斯、多明尼加、薩爾瓦多、喬治亞、瓜地馬拉、伊朗、哈薩克、科索沃、吉爾吉斯、摩爾多瓦、摩洛哥、巴勒斯坦、巴拉圭、俄羅斯、塔吉克、千里達及托巴哥、烏克蘭、烏茲別克、委內瑞拉

當我們分更多子群，並且將每個子群的國家都列出來，可以發現更細微的事情。比如，整體來說，子群 1 到 4 中的國家較動盪（比如有戰爭）。子群 7、9、10 中的國家，相對穩定，然而在經濟發展、民主發展、政府能力比較不好。其中子群 7 的國家中，在「負面影響」的表現特別差，因此可能影響了「生活階梯」。子群 5、6、8 中的國家，則有較好的經濟發展以及社會制度。其中子群 5 的國家幸福指數比子群 6 還低，可能是因為民主品質的關係。而子群 8 的國民對國家的信心似乎較為不足、民主品質也較差。與世界其他地區相比，子群 6 包含幾乎在各個方面都更好的國家。平均而言，這些國家的人均 GDP、預期壽命、慷慨程度和自由度最高，同時對本國政府具有足夠的信心，對腐敗的感知性也很低。如果不考慮文化背景，這些國家會被認為是適宜居住的國家。

13.6 小結

在本章中，我們使用集成式學習的分群方法，來分析世界幸福報告資料。我們實驗不同子群數、基學習器數，來觀察集成後效能的差異。並且嘗試使用原始特徵、正規化特徵、降維的特徵，評估不同的特徵工程是否對於建模有影響。集成分群的實驗操作，可以用 OpenEnsembles 函式庫快速完成。

在本章的內容中，我們有展示資料探索的過程，包含計算相關係數，觀察數年來資料的變化等等。此外，我們也示範了評價指標只是一個參考的數值，透過視覺化的方式，即便評價指標不是最高分的模型，也許能夠提供額外的資訊。

MEMO

結語

在本書中，我們涵蓋了大多數集成式學習技術。在回顧機器學習的時候，我們討論了資料集、基本機器學習演算法、以及機器學習的主要問題：偏誤和變異，並且說明如何使用學習曲線以及驗證曲線，來評估模型的偏誤與變異。集成式學習技術即是透過結合多個基學習器，來降低偏誤與變異。然而集成式學習也會帶來新的問題，如模型的解釋性、運算資源等。

集成式學習可以分為生成式和非生成式 2 大類。我們介紹了屬於非生成式的投票法和堆疊法，以及生成式的自助聚合法、提升法和隨機森林。此外，我們也說明如何使用集成式學習來組合多個分群基學習器，例如多數決投票、圖閉合和共現鏈。本書的最後一篇以 5 個真實世界的資料集：檢測詐騙交易、預測比特幣價格、推特情感分析、推薦電影、世界幸福報告分群，展示集成式學習如何幫助我們打造更好的模型。

最後，筆者要提醒各位讀者一個在機器學習世界裡重要的概念：資料品質對模型效能的影響，比各種複雜的演算法、集成式學習技巧都還要大。也就是說，集成式學習是要解決模型的弱點，比如多用一個基學習器來處理先前基學習器的問題。然而，對於品質不好的資料集，即便使用複雜的集成式學習技術，或是使用大量的基學習器，可能依然無法提升模型的效能。

作者簡介

George Kyriakides

希臘馬其頓大學計算機方法與應用碩士畢業，目前為研究員。研究領域包含分散式神經網路架構、自動化生成及最佳化預測模型於影像辨識、時間序列資料、以及商業應用等。

Konstantinos G. Margaritis

英國羅浮堡大學應用資訊工程博士畢業，目前為希臘馬其頓大學應用資訊系教授。資訊工程的教學經驗長達 30 年，研究領域為平行及分散式智慧運算與機器學習。

集成式學習 Python實踐！

Hands-On Ensemble Learning with Python

集成式學習 Python實踐！

Hands-On Ensemble Learning with Python